Benno Artmann / Eine Einführung in die Algebra

BENNO ARTMANN

Eine Einführung in die Algebra

Unter ständiger Berücksichtigung
der ganzen und der rationalen Zahlen

Mit 79 Abbildungen
und 2 Zeichnungen von Saul Steinberg

VANDENHOECK & RUPRECHT IN GÖTTINGEN

Moderne Mathematik in elementarer Darstellung
13

Herausgegeben von
A. Kirsch (Kassel) und H.-G. Steiner (Bayreuth)

ISBN 3-525-40535-9

Gesamtherstellung: Hubert & Co., Göttingen

VORWORT

In diesem Buch werden, wie im Titel angedeutet, die Anfänge der Algebra mit besonderer Ausrichtung auf die Zahlbereiche entwickelt. Die Absicht des Textes erklärt sich am besten aus seiner Entstehung: An der Universität Gießen wird für die Fachausbildung der zukünftigen Mathematiklehrer der Sekundarstufe I ein viersemestriger Kurs mit Teilen über Grundlagen, Algebra, Wahrscheinlichkeitsrechnung, Geometrie und Analysis angeboten. Im Zuge dieses Kurses habe ich ein Sommersemester (mit 3 Wstd. Vorlesung und 3 Wstd. Übungen in kleinen Gruppen) auf die Algebra verwendet, das dabei benutzte Skript wurde zum vorliegenden Buch ausgearbeitet.

In dem gegebenen Rahmen war es in erster Linie notwendig, durch eine sinnvolle Beschränkung des Inhalts die Anhäufung unnötig vieler Begriffe zu vermeiden und so oft wie möglich auf den in der Sekundarstufe I zu unterrichtenden Stoff Bezug zu nehmen. So geht es in vielen Fällen hauptsächlich darum, grobe Vorstellungen zu präzisieren, die Perspektive ein wenig zu korrigieren, die Zusammenhänge etwas klarer zu machen, ohne in jedem Beispiel Endgültigkeit – und insbesondere volle Allgemeinheit – anzustreben. Dabei war es immer meine Absicht, den Studenten die Erfahrung zu vermitteln, daß man Mathematik treibt, um interessante Aussagen über vorliegende (in welchem Sinne auch immer) Gegenstände zu gewinnen, und nicht um ein akrobatisches Spiel mit neuen Worten aufzuführen.

Die – geringen – Voraussetzungen für das Verständnis dieses Buches habe ich in § 0 zusammengestellt. Die Behandlung der Teilbarkeitslehre und der rationalen Zahlen ergab sich im Zuge der oben genannten Vorlesung, sie sind als Vorbereitung auf den Hauptteil gedacht und können – wie in dem Schema auf S. 10 angegeben – ohne Schwierigkeiten übergangen werden. Bei der Konstruktion der rationalen Zahlen habe ich den Weg über die Nennermengen und Quotientenbereiche (Teilringe von $\mathbb{Q}$) gewählt, um nicht ein eindeutig bestimmtes Endobjekt zu erreichen und so den sonst monotonen Vorgang etwas aufzulockern. Es folgt dann der im Schema als Minimalkurs in Algebra bezeichnete Hauptteil. Bis dahin – und mit den Abschnitten 5B, 6C, 7D, E, jedoch ohne Matrizen – wurde der Stoff in der Vorlesung behandelt. In den letzten Paragraphen werden dann drei Themen etwas mehr ins Detail gehend untersucht.

Morphismus und universelles Element sind Leitbegriffe der Darstellung, dabei folge ich einem Vorschlag von S. Mac Lane. Für den Begriff „universelles Element“ ist in § 0 eine Definition gewählt, die sich m. E. im hier gegebenen Rahmen bewährt. Ich habe versucht, diesen Begriff einigermaßen konsequent anzuwenden, auch wenn durch dies Gerüst in einigen Fällen (wie z.B. im Abschnitt 2.C) der gewohnte direkte Zugriff ein wenig behindert wird. Die Vorteile sieht man klar in den Paragraphen 4, 5 und 7.

Die allermeisten der Aufgaben sind in den Übungsgruppen erprobt. Um diese Verwendungsmöglichkeit auch weiter offenzuhalten, habe ich auf Lösungsangaben verzichtet. Kleinere Kontrollfragen sind in den Text eingestreut, damit der Leser sofort das Verständnis einer Definition überprüfen kann.

Zu danken habe ich in erster Linie Herrn G. Pickert: Er hat den mehrfach erwähnten Kurs entworfen und zuerst gelesen, ohne seine Vorarbeiten wäre dies Buch nicht entstanden. Auch für viele Verbesserungsvorschläge zum Manuskript danke ich ihm, und zugleich den Herren Kirsch (Kassel) und Weidig (Landau). Frau B. Feige hat mir große Mühen bei der Anfertigung des Manuskripts abgenommen, dafür meinen besonderen Dank. Dem Verlag danke ich für das bereitwillige Eingehen auf meine Wünsche. Schließlich sollen die Studenten und Tutoren des Kurses 1970/72 nicht vergessen werden, die mich oft in den Übungsgruppen auf den Boden der Realität zurückgerufen haben, denen viele erläuternde Bemerkungen zu verdanken sind und die letzten Endes die Realisierbarkeit dieses Konzepts bewiesen haben.

Gießen, November 1972 Benno Artmann

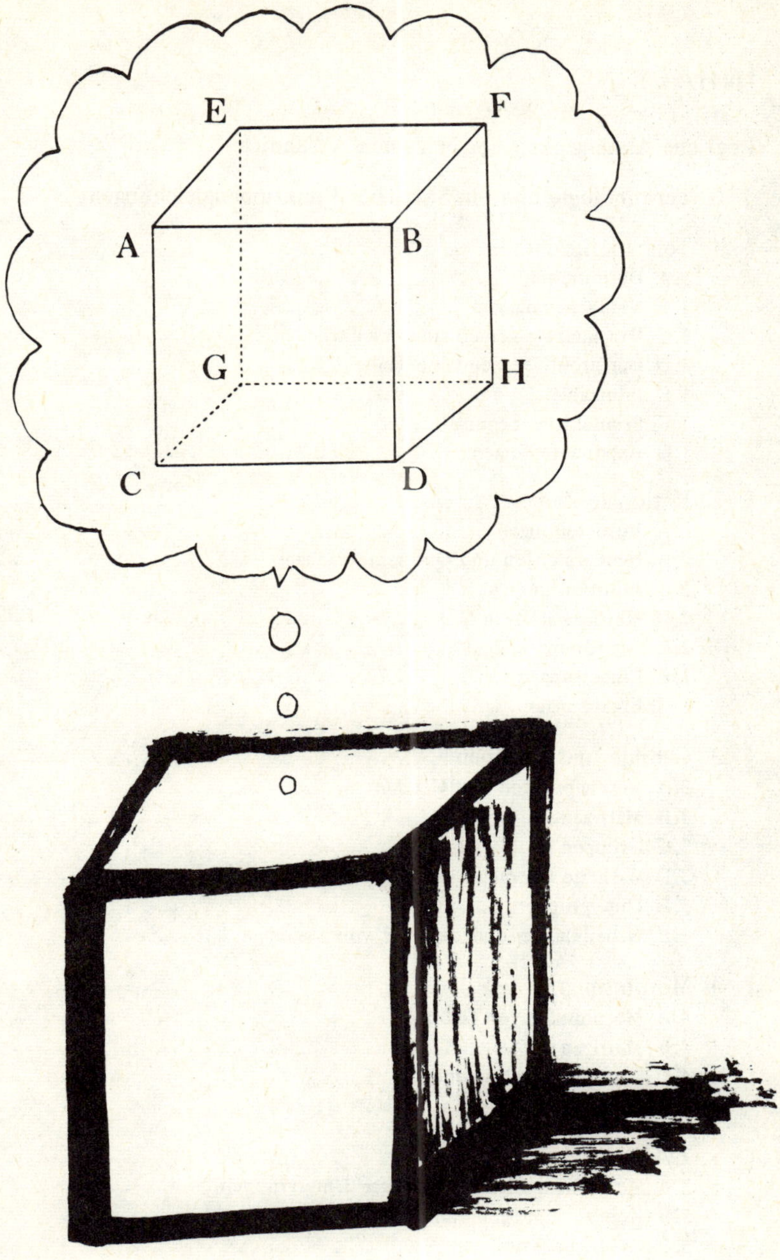
E
F
A
B
G
H
C
D

INHALT

Logische Abhängigkeit der einzelnen Abschnitte

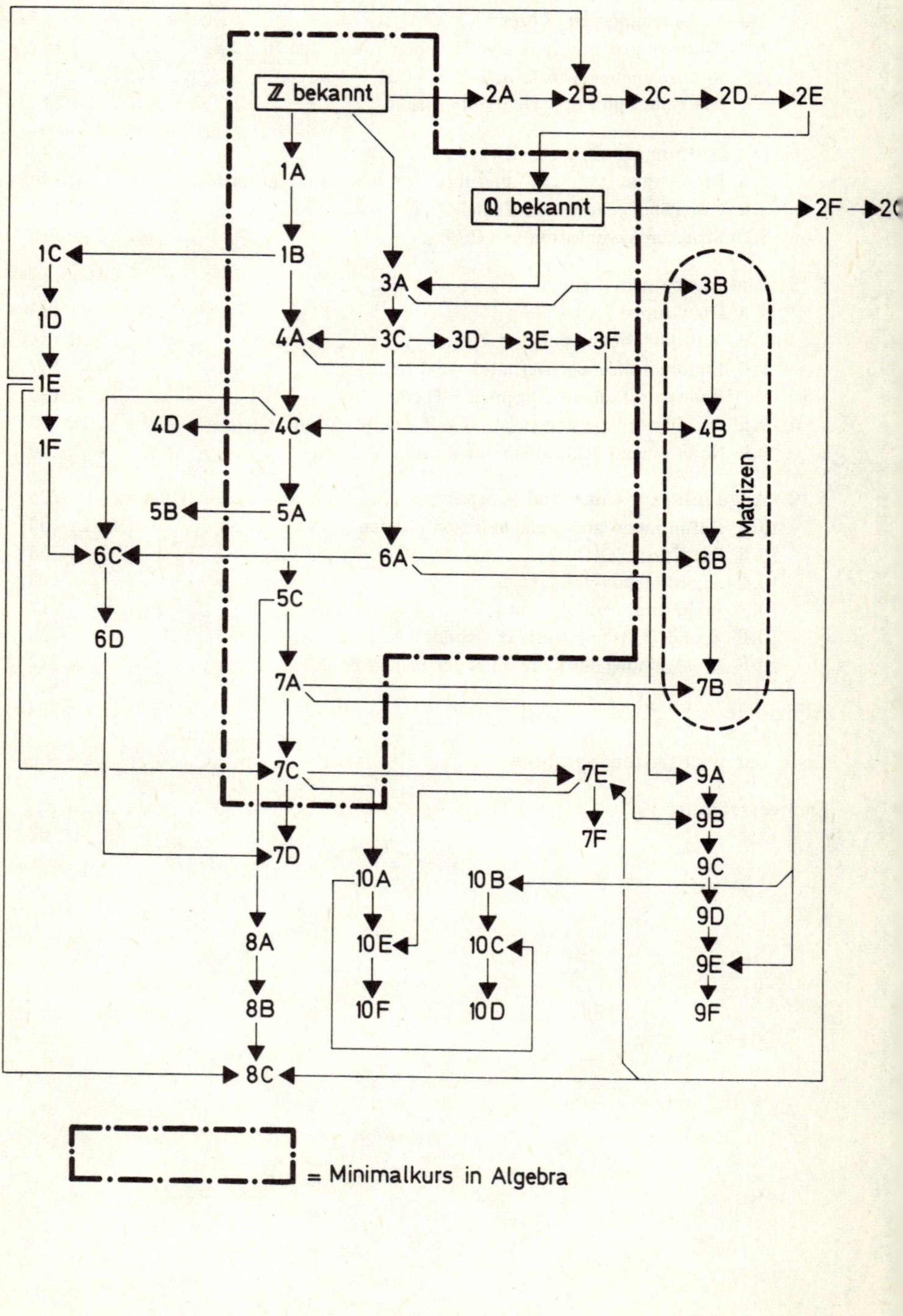

§ 0. Terminologie und ein Satz über Funktionengleichungen

In diesem Eingangsparagraphen ist nur die im vorliegenden Buch gebrauchte Terminologie zusammengestellt. Eine anfängliche Vertrautheit des Lesers insbesondere mit den Begriffen Menge und Funktion sollte schon vorhanden sein. Der Satz über die Lösbarkeit von Funktionengleichungen wird im Buch mehrmals angewendet, sein Beweis ist ausführlich dargelegt.

Mengen: Ohne Erläuterung gebrauchen wir die Begriffe Menge, Durchschnitt, Vereinigung, Inklusion (= Enthaltenseinbeziehung), cartesisches Produkt (= Kreuzprodukt). Feste Bezeichnungen sind $\emptyset$ für die leere Menge und

$\mathbb{N} = \{1, 2, 3, \ldots\}$ für die Menge der natürlichen Zahlen,
$\mathbb{N}_0 = \{0, 1, 2, \ldots\}$ für die Menge der natürlichen Zahlen mit 0,
$\mathbb{Z} = \{0, 1, -1, 2, -2, \ldots\}$ für die Menge der ganzen Zahlen.

Logik: Der Leser sollte die logischen Zeichen $\forall$ (für alle), $\exists$ (es gibt), $\Rightarrow$ (wenn – so), $\Leftrightarrow$ (genau dann, wenn) kennen und mit ihnen umgehen können, z. B. die entsprechenden Negationen bilden können. Wir machen gelegentlich Gebrauch von der Kontraposition, d. h. von der Äquivalenz $(\mathscr{A} \Rightarrow \mathscr{B}) \Leftrightarrow$ (nicht $\mathscr{B} \Rightarrow$ nicht $\mathscr{A}$). Das Zeichen $=_{\text{def}}$ bedeutet: ist definiert als, ebenso $\Leftrightarrow_{\text{def}}$. Das Zeichen $\exists_1$ bedeutet: es gibt genau ein.

Zahlen: Die Zahlbereiche $\mathbb{N}$, $\mathbb{N}_0$, $\mathbb{Z}$ setzen wir als bekannt voraus. Dazu gehören neben den elementaren Eigenschaften von Addition, Multiplikation und Anordnung auch das Prinzip der vollständigen Induktion und die sogenannte Wohlordnungseigenschaft von $\mathbb{N}$: Ist $M \subseteq \mathbb{N}$ und $M \neq \emptyset$, so hat M ein kleinstes Element. Für die ganzen Zahlen weisen wir ausdrücklich hin auf folgende Eigenschaften:

$$\forall z \in \mathbb{Z}: (\exists n \in \mathbb{N}_0: z = n) \text{ oder } (\exists n \in \mathbb{N}: z = -n),$$

$$\forall a, b \in \mathbb{Z}: ab = 0 \Rightarrow (a = 0 \text{ oder } b = 0)$$

und die *Monotoniegesetze*

$$(\text{Mon}^+)\ \forall a, b, x \in \mathbb{Z}: a \leqq b \Rightarrow a + x \leqq b + x$$
$$(\text{Mon}\cdot)\ \forall a, b, x \in \mathbb{Z}: a \leqq b \text{ und } 0 \leqq x \Rightarrow ax \leqq bx.$$

Gelegentlich benutzen wir auch die Menge $\mathbb{R}$ der reellen Zahlen in Beispielen und Aufgaben, hauptsächlich im Zusammenhang mit der Existenz von Wurzeln.

Funktionen: Es ist für unsere Zwecke belanglos, ob man den Funktionsbegriff via Relationen auf den Mengenbegriff zurückführt oder als undefinierten Grundbegriff zum Mengenbegriff hinzunimmt. Wir stellen die Terminologie für Funktionen etwas ausführlicher dar. Dabei betrachten wir eine Funktion (oder gleichbedeutend Abbildung) als eine Vorschrift, durch welche jedem Element x einer Menge M genau ein Element φx einer Menge N zuordnet. φx heißt das Bild von x unter φ. Die Bedingungen an die Zuordnung stellen wir noch einmal heraus, wir nennen sie Funktionsbedingungen:

(F 1) *Jedem Element von M wird mindestens ein Element von N zugeordnet.*

(F 2) *Jedem Element von M wird höchstens ein Element von N zugeordnet.*

Die Menge M nennen wir auch den *Definitionsbereich* der Funktion φ. Zwei Funktionen φ, ψ sind gleich, wenn sie den gleichen Definitionsbereich haben und für jedes Element x dieses Definitionsbereichs gilt $\varphi x = \psi x$. Da oft auch die Menge N von Interesse ist, geben wir Funktionen meist in der Form $\varphi : M \to N$ oder $M \overset{\varphi}{\to} N$ an. Die Zuordnung der Elemente wird durch $x \to \varphi x$ abgekürzt, so daß man $\varphi = (x \to \varphi x)$ hat.

Die Funktion $\varphi : M \to N$ heißt *injektiv* (eineindeutig, umkehrbar), wenn je zwei verschiedene Elemente des Definitionsbereichs auch verschiedene Bilder haben, in Zeichen

$$\varphi : M \to N \text{ injektiv} \Leftrightarrow_{\text{def}} \forall\, r, s \in M : r \neq s \Rightarrow \varphi r \neq \varphi s$$

Die Funktion $\varphi : M \to N$ heißt *surjektiv* (Abbildung auf N), wenn es zu jedem $y \in N$ ein $x \in M$ mit $y = \varphi x$ gibt. In Zeichen:

$$\varphi : M \to N \text{ surjektiv} \Leftrightarrow_{\text{def}} \forall\, y \in N \;\; \exists\, x \in M : y = \varphi x$$

Hierbei ist die Angabe der Menge N (auch Zielmenge genannt) natürlich wesentlich, ohne Angabe der Zielmenge kann man nicht von der Surjektivität einer Funktion sprechen.

Die Funktion $\varphi : M \to N$ heißt *bijektiv*, falls sie injektiv und surjektiv ist.

Sind $\varphi : A \to B$ und $\psi : B \to C$ Funktionen, so ist die *Verkettung* $\varphi \circ \psi : A \to C$ definiert durch $\varphi \circ \psi x = \psi(\varphi x)$ für alle $x \in A$.

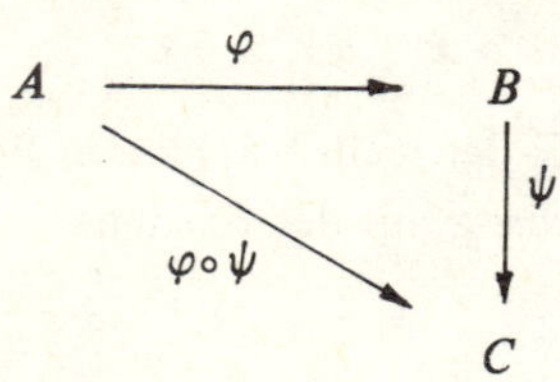

Abb. 1

Bei dieser Schreibweise haben wir uns an der Reihenfolge der Funktionen im Diagramm orientiert, nicht an der Schreibweise $\psi(\varphi x)$, wie es auch oft geschieht. *Der Leser sei darauf hingewiesen, daß die Schreibweise für das Verketten in der Literatur nicht einheitlich ist.* Weiter kann man auch Funktionen $\varphi : A \to B$ und $\psi : B' \to C$ mit $B \subseteq B'$ verketten.

Das Verketten von Funktionen ist assoziativ:

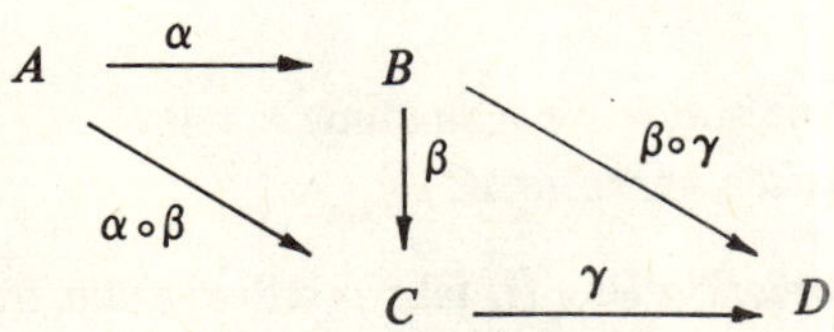

Abb. 2

Sind Funktionen α, β, γ wie im Diagramm gegeben, so gilt $(\alpha \circ \beta) \circ \gamma = \alpha \circ (\beta \circ \gamma)$.

Zu jeder Menge A hat man die durch $\mathrm{id}_A\, x = x$ definierte *identische Funktion* $\mathrm{id}_A : A \to A$.

Der Zusammenhang zwischen Verketten und Bijektivität wird durch folgende häufig gebrauchte Aussage hergestellt:

0.1 Satz über die Umkehrfunktion: *$\varphi : A \to B$ ist bijektiv genau dann, wenn es eine Funktion $\psi : B \to A$ mit $\varphi \circ \psi = \mathrm{id}_A$ und $\psi \circ \varphi = \mathrm{id}_B$ gibt.*

Die Funktion ψ ist durch diese Eigenschaften eindeutig bestimmt, wir schreiben $\psi = \varphi^{-1}$ und sagen, φ^{-1} sei die zu φ inverse Funktion.

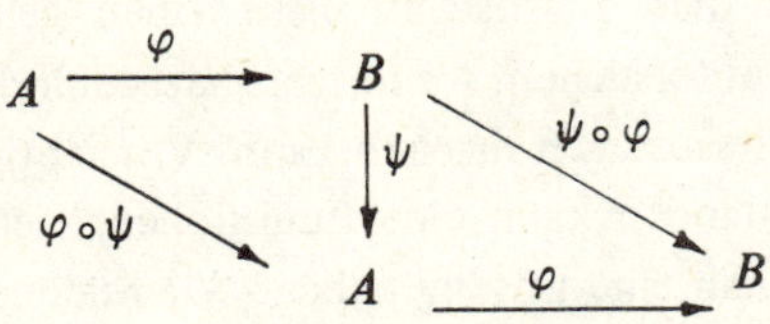

Abb. 3

Relationen: Eine Relation ρ in einer Menge M wird meist gegeben durch eine Aussageform $\mathscr{A}(x, y)$ mit zwei Variablen x, y, deren Einsetzbereich M ist. Zum Beispiel definiert man $\leqq$ in der Menge $\mathbb{N}$ durch die Aussageform $\mathscr{A}(x, y) = (\exists\, z \in \mathbb{N}_0 : x + z = y)$. Für manche Zwecke ist es sinnvoll, Relationen als Paarmengen einzuführen.

Die Relation ρ heißt *Äquivalenzrelation* (in M), falls ρ folgende Eigenschaften hat:

(1) ρ ist *reflexiv*, d.h.: $\forall x \in M : x \rho x$,
(2) ρ ist *symmetrisch*, d.h.: $\forall x, y \in M : x \rho y \Rightarrow y \rho x$,
(3) ρ ist *transitiv*, d.h.: $\forall x, y, z \in M : x \rho y$ und $y \rho z \Rightarrow x \rho z$.

Wir nehmen an, daß der Leser die Beziehungen zwischen Äquivalenzrelationen und Klasseneinteilungen (Partitionen) einer Menge M kennt. Jedem $x \in M$ wird die Äquivalenzklasse

$$\kappa x = \{y \in M \mid x \rho y\}$$

zugeordnet. Dadurch entsteht eine surjektive Abbildung $\kappa : M \to M / \rho$ von M auf die Menge der Äquivalenzklassen von ρ in M.

Eine Relation ρ heißt *Ordnungsrelation* (in M), falls ρ reflexiv und transitiv ist sowie die folgende Eigenschaft hat

(4) ρ ist *identiv*, d.h.: $\forall x, y \in M : x \rho y$ und $y \rho x \Rightarrow x = y$.

Ist eine Menge M mit einer Ordnungsrelation ρ in M gegeben, so nennt man das Paar (M, ρ) eine geordnete Menge. Beispiel: $(\mathbb{N}, \leqq)$. Die Ordnungsrelation ρ heißt linear falls gilt

(5) ρ ist *linear*, d.h.: $\forall x, y \in M : x \rho y$ oder $y \rho x$.

Die Lösbarkeit von Funktionengleichungen

Es ist eine wichtige Eigenschaft der ganzen Zahlen, daß es zu beliebig gegebenen $a, b \in \mathbb{Z}$ immer genau ein $x \in \mathbb{Z}$ mit $a + x = b$ gibt. Man sagt dafür auch, jede Gleichung $a + x = b$ (mit vorgegebenen a, b) habe genau eine Lösung. Gerade weil die natürlichen Zahlen diese Eigenschaft nicht haben, geht man ja von $\mathbb{N}$ zu $\mathbb{Z}$ über. Wir wollen hier untersuchen, wann man bezüglich der Funktionsverkettung ähnliche Lösbarkeitsaussagen machen kann. Vorsichtig fragen wir zunächst: Unter welchen Umständen kann eine Funktionengleichung $\alpha \circ \xi = \beta$ bei vorgegebenen α, β genau eine Lösung haben? Wir zeichnen ein Diagramm:

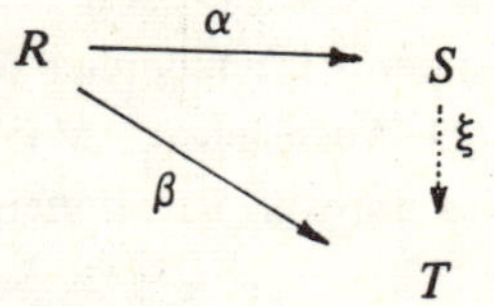

Abb. 4

Hier sieht man sofort, daß es im Falle $\alpha : R \to S$ und $\beta : X \to Y$ mit $X \neq R$ keine Lösung geben kann. Wir nehmen also an $\alpha : R \to S$ und $\beta : R \to T$. Für die Eindeutigkeit von ξ finden wir mit einer Skizze schnell eine notwendige Voraussetzung:

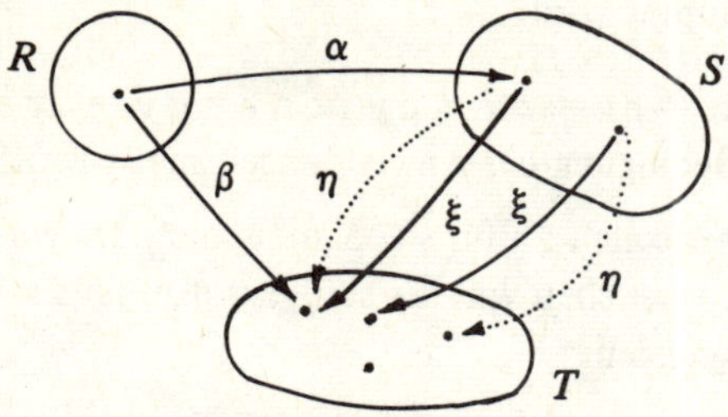

Abb. 5

Hier gilt $\alpha \circ \xi = \beta = \alpha \circ \eta$ und $\xi \neq \eta$. Offenbar liegt das daran, daß α nicht surjektiv ist, man also den freien Punkt in S beliebig abbilden kann und trotzdem die richtige Verkettung erhält. Wenn wir also genau eine Lösung verlangen, müssen wir α als surjektiv voraussetzen.

Schließlich machen wir uns noch eine weitere Skizze:

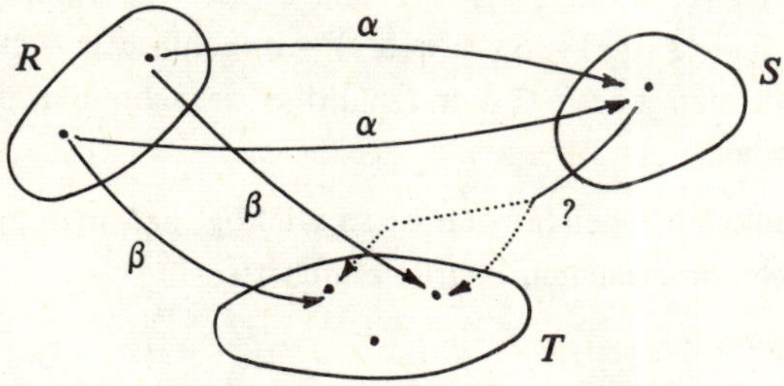

Abb. 6

Man sieht am Bild sofort, daß man hier keine Funktion ξ mit $\alpha \circ \xi = \beta$ finden kann, denn dann müßte ξ den Punkt aus S auf zwei verschiedene Punkte von T abbilden. Diese Situation können wir ausschalten mit der Forderung: Wenn $\beta x \neq \beta y$, so $\alpha x \neq \alpha y$.

Wir sind nun in der Lage, den gesuchten Satz zu formulieren:

0.2 Satz über die eindeutige Lösbarkeit von Funktionengleichungen: *Es sei $\alpha : R \to S$ eine surjektive Funktion und $\beta : R \to T$ eine Funktion, so daß für alle $x, y \in R$ gilt $\beta x \neq \beta y \Rightarrow \alpha x \neq \alpha y$. Dann gibt es genau eine Funktion $\xi : S \to T$ mit $\alpha \circ \xi = \beta$.*

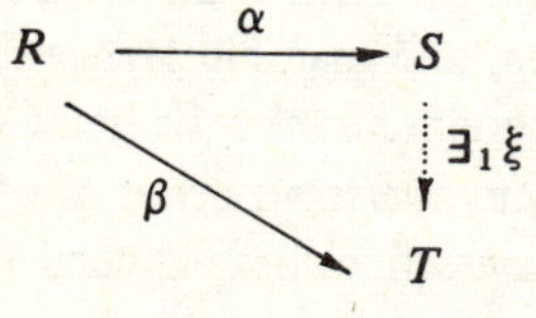

Abb. 7

Die Situation werden wir immer mit einem Diagramm wie hier darstellen. Dabei bedeutet $\exists_1$: es gibt genau ein. Der gestrichelte Pfeil steht immer dort, wo die Existenz einer Funktion behauptet wird.

Anmerkung: Äquivalent zu $\beta x \neq \beta y \Rightarrow \alpha x \neq \alpha y$ ist $\alpha x = \alpha y \Rightarrow \beta x = \beta y$. In dieser Form werden wir die Bedingung bei Anwendungen meist verifizieren.

Beweis: a) Existenz von ξ. Wir sollen ξs für $s \in S$ definieren. Da wir $\alpha \circ \xi x = \xi(\alpha x) = \beta x$ erhalten müssen, versuchen wir: Es sei $\xi s = \beta x$, falls $s = \alpha x$. Nachweis der Funktionsbedingungen:

(F 1) Da α surjektiv ist, gibt es zu jedem $s \in S$ ein $x \in R$ mit $\alpha x = s$, also ist zu jedem $s \in S$ mindestens ein Element $\xi s \in T$ definiert.
(F 2) Es sei $\xi s \neq \xi t$ und $s = \alpha x$, $t = \alpha y$. Wir haben $\beta x = \xi s \neq \xi t = \beta y$ und nach Voraussetzung dann auch $\alpha x \neq \alpha y$, also $s \neq t$.

b) Eindeutigkeit der Lösung.

Wir nehmen an $\alpha \circ \xi = \beta = \alpha \circ \eta$ mit $\xi : S \to T$ und $\eta : S \to T$. Dann haben wir für $s \in S$ mit $\alpha x = s : \xi s = \xi(\alpha x) = \beta x = \eta(\alpha x) = \eta s$. Nun war α als surjektiv vorausgesetzt, also kann man jedes $s \in S$ in der Form αx schreiben. Es gilt also $\forall s \in S : \xi s = \eta s$, das heißt $\xi = \eta$.

Die Lösbarkeit von Funktionengleichungen ist so wichtig, daß man zur Abkürzung der Formulierungen einen neuen Begriff einführt:

0.3 Definition. Eine Funktion $\alpha : A \to B$ heißt *universell* in Bezug auf eine Menge $\mathscr{F}$ von Funktionen (mit Definitionsbereich A), falls $\alpha \in \mathscr{F}$ und es zu jedem $\varphi : A \to C$ aus $\mathscr{F}$ genau eine Funktion $\xi : B \to C$ mit $\alpha \circ \xi = \varphi$ gibt. Mit anderen Worten: Falls die Gleichung $\alpha \circ \xi = \varphi$ für jedes $\varphi \in \mathscr{F}$ eindeutig lösbar ist.

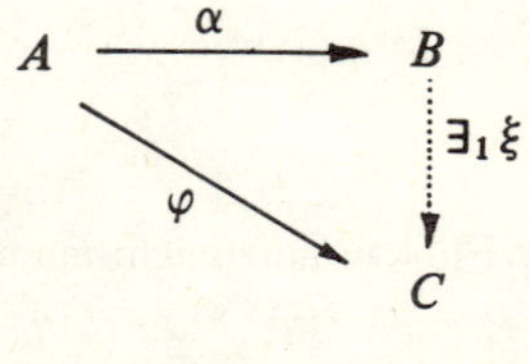

Abb. 8

In vielen Zusammenhängen ist es vernünftig, nicht alle möglichen Funktionen, sondern nur gewisse Klassen von Funktionen mit speziellen Eigenschaften zu betrachten (z. B. stetige Funktionen oder Morphismen). Dann wird man auch die Definition von ‚universell' so modifizieren, daß man die Menge der zulässigen Lösungen der Gleichung $\alpha \circ \xi = \varphi$ noch einschränkt. Es heißt dann: ... falls $\alpha \in \mathscr{F}$ und es zu jedem $\varphi \in \mathscr{F}$ genau ein *zulässiges* ξ mit $\alpha \circ \xi = \varphi$ gibt. (Manchmal geht man auch so weit, B als universell zu bezeichnen, wenn die

Funktion $\alpha : A \to B$ aus dem Zusammenhang völlig klar ist. Diesen Gebrauch werden wir nicht übernehmen.)

Anwendung auf Äquivalenzrelationen

Man kommt verhältnismäßig oft in eine Situation, in der man eine Funktion von der Menge der Äquivalenzklassen $A/\sim$ (einer Menge A bzgl. der Äquivalenzrelation $\sim$) definieren will mit Hilfe von Repräsentanten (= Elementen) der Klassen. Genauer handelt es sich um folgendes Problem: Zu einer bekannten Funktion $\gamma : A \to C$ sucht man eine Funktion $\xi : A/\sim \to C$ mit $\kappa \circ \xi = \gamma$. Die letzte Gleichung gibt wieder, daß ξ mit Hilfe der Repräsentanten definiert werden soll.

Die Äquivalenzklassenbildung $\kappa : A \to A/\sim$ ist surjektiv. Aus unserem Satz erhalten wir also genau ein ξ mit $\alpha \circ \xi = \gamma$, wenn wir die Bedingung

$$\gamma x \neq \gamma y \Rightarrow \kappa x \neq \kappa y$$

nachweisen können. Mit Kontraposition erhalten wir die gleichwertige Bedingung

$$\kappa x = \kappa y \Rightarrow \gamma x = \gamma y.$$

Nun bedeutet $\kappa x = \kappa y$ nichts anderes als $x \sim y$. Man hat dann den Satz in folgender Spezialisierung:
Ist $\sim$ eine Äquivalenzrelation in A und $\gamma : A \to C$ eine Funktion mit $x \sim y \Rightarrow \gamma x = \gamma y$, so gibt es genau eine Funktion $\xi : A/\sim \to C$ mit $\alpha \circ \xi = \gamma$.

Statt $x \sim y \Rightarrow \gamma x = \gamma y$ sagt man auch γ sei *konstant auf den den Äquivalenzklassen* von $\sim$. Unter Verwendung des Begriffs „universell" können wir die Aussage nun so formulieren:

Die Projektion $\kappa : A \to A/\sim$ auf die Klassen der Äquivalenzrelation $\sim$ ist universell in Bezug auf alle diejenigen Funktionen $\gamma : A \to C$, welche konstant auf den Äquivalenzklassen von $\sim$ sind.

§ 1. Teilbarkeitslehre

1.A Definitionen

Es ist eigentlich überflüssig, eine Definition des Wörtchens „teilt" anzugeben. Jedermann weiß, worum es sich handelt: Die Zahl a teilt die Zahl b, wenn b ein Vielfaches von a ist. Damit hat man die Teilbarkeit mit Hilfe der Multiplikation ausgedrückt, und diese wollen wir hier als gegeben hinnehmen. Man kann auch so sagen: a teilt b, wenn die Gleichung $ax = b$ mit $a, b \in \mathbb{N}$ eine Lösung in $\mathbb{N}$ hat. Um der systematischen Behandlung willen stellen wir die formale Definition an den Anfang:

1.1 Definition. Es seien $a, b \in \mathbb{N}$. Wir sagen *a teilt b,* in Zeichen $a \mid b$, wenn es $c \in \mathbb{N}$ gibt mit $ac = b$
In Zeichen:

$$a \mid b \Leftrightarrow_{\text{def}} \exists c \in \mathbb{N} : ac = b.$$

$\mid$ ist eine Relation, die *Teilbarkeitsrelation* in $\mathbb{N}$. Statt „a teilt b" sagen wir auch „b ist Vielfaches von a".

(K 1.1) Zeigen Sie: Wenn $x \mid a$ und $x \mid b$, so $x \mid a + b$.

Eigenschaften der Teilbarkeitsrelation

Jede Zahl a aus $\mathbb{N}$ hat die trivialen Teiler 1 und a, denn es gilt ja $1 \cdot a = a$. (M. a. W: a ist Vielfaches von 1 und auch von a.). Wir notieren

(a) Für alle $x \in \mathbb{N}$ gilt $x \mid x$.

(b) Wenn $x \mid y$ und $y \mid z$, so $x \mid z$.

Begründung: Wenn $x \mid y$ und $y \mid z$, so gibt es $r \in \mathbb{N}$ mit $xr = y$ und $s \in \mathbb{N}$ mit $ys = z$. Dann ist $z = ys = xrs$, also z ein Vielfaches von x.

(c) Wenn $x \mid y$ und $y \mid x$, so $y = x$.

Begründung: Wenn $x \mid y$ und $y \mid x$, so gibt es $r, s \in \mathbb{N}$ mit $xr = y$ und $ys = x$. Danach ist $xrs = x$, also $rs = 1$. Wegen $r, s \in \mathbb{N}$ folgt daraus $r = s = 1$ und deshalb ist $x = y$.

1.2 Satz: *Die Teilbarkeitsrelation ist eine Ordnungsrelation in* $\mathbb{N}$.

Beweis: Eine Ordnungsrelation ist durch die Eigenschaften reflexiv, transitiv und identitiv charakterisiert, die wir in (a), (b) und (c) für die Teilbarkeitsrelation nachgewiesen haben.

Vergleich der geordneten Mengen $(\mathbb{N}, \mid)$ *und* $(\mathbb{N}, \leqq)$.

Die Relation $\leqq$ in $\mathbb{N}$ (oder $\mathbb{N}_0$) ist definiert durch $a \leqq b \Leftrightarrow_{\text{def}} \exists c \in \mathbb{N}_0 : a + c = b$.

Der Vergleich mit der Definition von $\mid$ zeigt, daß beide Relationen formal gleich, nur unter Verwendung der beiden verschiedenen Rechenoperationen + und · definiert sind. Sozusagen ist $\mid$ in Bezug auf die Multiplikation das, was $\leqq$ in Bezug auf die Addition ist. Ein Unterschied fällt aber sofort auf: $\leqq$ ist linear, d. h. für alle $a, b \in \mathbb{N}$ gilt $a \leqq b$ oder $b \leqq a$. Die Relation $\mid$ ist jedoch nicht linear, denn 2 teilt nicht 3 und 3 teilt nicht 2. Wir wollen „teilt nicht" in Zukunft auch durch $\nmid$ bezeichnen. Weiter kann man sagen, daß sich $\leqq$ und $\mid$ in einer Richtung vertragen: Wenn $a \mid b$, so $a \leqq b$; in der anderen jedoch nicht. Es gilt zwar $5 \leqq 7$, jedoch nicht $5 \mid 7$.

Die Einschränkung der Teilbarkeitsrelation auf Teilmengen von $\mathbb{N}$.

Ist M eine Teilmenge von $\mathbb{N}$, so ist auch $(M, \mid)$ eine geordnete Menge. Hierbei sind insbesondere solche Teilmengen von $\mathbb{N}$ interessant, welche schon mit Hilfe der Teilbarkeitsrelation definiert sind, z. B.: Für $a \in \mathbb{N}$ sei
$T_a =_{\text{def}} \{x \in \mathbb{N} \mid x \text{ teilt } a\}$ die Menge der Teiler von a.

Beispiel: $T_{28} = \{1, 2, 4, 7, 14, 28\}$. Es ist oft nützlich, sich die Teilbarkeitsverhältnisse an einem Ordnungsdiagramm klarzumachen. Wir zeichnen das Diagramm von $(T_{28}, \mid)$

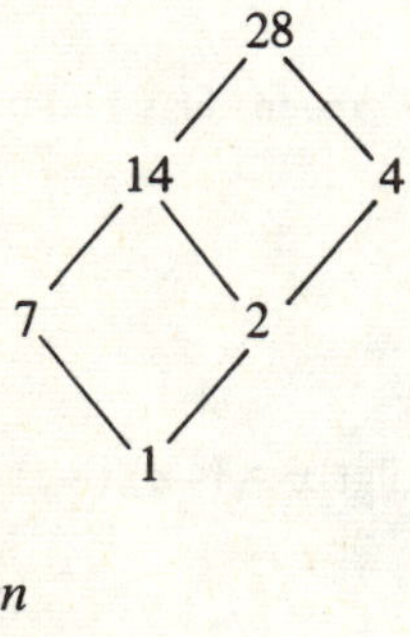

Abb. 9

Aufgaben

(K 1.2) Zeichnen Sie die Ordnungsdiagramme von $(T_{30}, \mid)$ und $(T_{243}, \mid)$ und $(T_{496}, \mid)$.

(A 1.3) Geben Sie $a \neq 28$ an, so daß $(T_a, \mid)$ folgendes Ordnungsdiagramm hat:

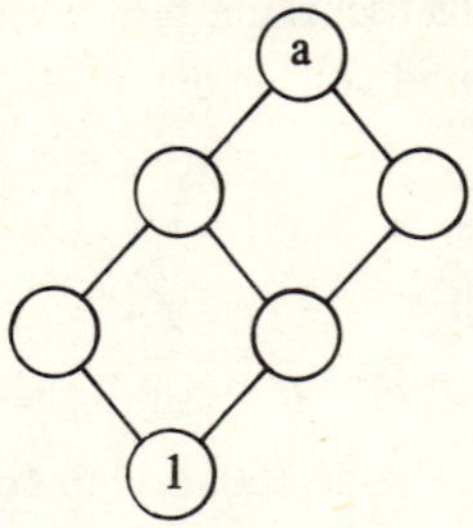

Abb. 10

1.B Vielfachenmengen

Wir interessieren uns für Teilbarkeitsaussagen in $\mathbb{N}$. Diese kann man prinzipiell in $\mathbb{N}$ allein beweisen. Es ist jedoch oft technisch einfacher und auch für die spätere Verwendung in der Algebra nützlich, zum Beweis solcher Sätze mit ganzen Zahlen, also in $\mathbb{Z}$ anstatt in $\mathbb{N}$, zu arbeiten. Für $a \in \mathbb{Z}$ setzen wir

$$a\,\mathbb{Z} =_{\text{def}} \{a z \mid z \in \mathbb{Z}\}.$$

Es ist a $\mathbb{Z}$ die *Menge aller Vielfachen* von a in $\mathbb{Z}$, deshalb nennen wir $a\,\mathbb{Z}$ auch eine *Vielfachenmenge.* (Entsprechend definiert man für $a \in \mathbb{N}$ die Mengen $a\,\mathbb{N}$ bzw. $a\,\mathbb{N}_0$). Man nennt a ein *erzeugendes Element* von $a\,\mathbb{Z}$.

Beispiel: Es ist

$$(-3)\,\mathbb{Z} = \{\ldots 9, 6, 3, 0, -3, -6, -9, \ldots\}$$

An diesem Beispiel erkennt man $(-3)\,\mathbb{Z} = 3\,\mathbb{Z}$, und die Verallgemeinerung dieser Aussage fällt nicht schwer:

1.3 Lemma: *Für alle $a \in \mathbb{Z}$ gilt $a\,\mathbb{Z} = (-a)\,\mathbb{Z}$.*

Beweis: Wir müssen die Gleichheit zweier Mengen zeigen. Das bedeutet hier, da es sich um Teilmengen von $\mathbb{Z}$ handelt:

$$\forall x \in \mathbb{Z} : x \in a\,\mathbb{Z} \Leftrightarrow x \in (-a)\,\mathbb{Z}.$$

Dies ist schnell getan:

Gilt $x \in a\,\mathbb{Z}$, so gibt es $z \in \mathbb{Z}$ mit $x = az$ und es folgt $x = (-a)(-z) \in (-a)\mathbb{Z}$. Umgekehrt erhält man

$$\begin{aligned} x \in (-a)\,\mathbb{Z} &\Rightarrow \exists\, z : x = (-a)\, z \\ &\Rightarrow \exists\, z : x = a(-z) \\ &\Rightarrow x \in a\,\mathbb{Z}. \end{aligned}$$

1.4 Lemma: *Zu jedem $x \in \mathbb{Z}$ gibt es genau ein $a \in \mathbb{N}_0$ mit $x\mathbb{Z} = a\mathbb{Z}$.*

Beweis: Zuerst zeigen wir, daß ein a mit $a\mathbb{Z} = x\mathbb{Z}$ existiert. Das ist nach dem eben bewiesenen Lemma einfach, da ja $x\mathbb{Z} = (-x)\mathbb{Z}$ gilt und wenigstens eines der Elemente $x, -x$ in $\mathbb{N}_0$ liegt. Haben wir $x \in \mathbb{N}_0$, so setzen wir $a = x$, und falls $x \notin \mathbb{N}_0$, so setzen wir $a = -x$.

Es bleibt zu zeigen, daß es nur ein $a \in \mathbb{N}_0$ und $x\mathbb{Z} = a\mathbb{Z}$ gibt. Wir nehmen an es sei auch $b \in \mathbb{N}_0$ und $b\mathbb{Z} = x\mathbb{Z}$. Dann ist $a\mathbb{Z} = b\mathbb{Z}$, also jedenfalls $b \in a\mathbb{Z}$ und $a \in b\mathbb{Z}$. Daraus folgt: $\exists\, w \in \mathbb{Z} : b = aw$ und $\exists\, y \in \mathbb{Z} : a = by$. Ist $a = 0$, so erhalten wir sofort $b = 0$, also $a = b$. Ist $a \neq 0$, so setzen wir ein: $a = by = awy$ und erhalten $wy = 1$. Da w und y ganze Zahlen sind, folgt $w = y = 1$ oder $w = y = -1$. Der Fall $w = -1$ kann aber nicht eintreten, da sonst $b = a(-1) \notin \mathbb{N}_0$ sein würde. Es ist also $w = 1$ und danach $b = a \cdot 1 = a$.

Mit diesem Lemma sieht man, daß man zur Bildung von Vielfachenmengen nur Zahlen aus $\mathbb{N}_0$ heranzuziehen braucht, dann aber zu je zwei verschiedenen Zahlen auch verschiedene Vielfachenmengen erhält. Man kann dies auch so ausdrükken: Es sei $\mathscr{V}$ die Menge aller Vielfachenmengen. Dann wird durch die Zuordnung $a \to a\mathbb{Z}$ eine bijektive Funktion $\mathbb{N}_0 \to \mathscr{V}$ definiert. Die Brauchbarkeit der Vielfachenmengen für die Teilbarkeitslehre kommt nun in der Tatsache zum Ausdruck, daß diese Funktion die Teilbarkeitsrelation in $\mathbb{N}$ in die Inklusion für Vielfachenmengen übersetzt:

1.5 Lemma: *Für alle $a, b \in \mathbb{N}$ gilt:*
a teilt $b \Leftrightarrow b\mathbb{Z} \subseteq a\mathbb{Z}$.

(K 1.4) Verifizieren Sie diese Aussage für $a = 6$, $b = 18$ und $a = 6$, $b = 7$.

Beweis: (i) a teilt b

$$\Rightarrow \exists\, c \in \mathbb{N} : ac = b$$
$$\Rightarrow b\mathbb{Z} = ac\mathbb{Z}$$
$$= \{(ac)z \mid z \in \mathbb{Z}\}$$
$$= \{a(cz) \mid z \in \mathbb{Z}\} \subseteq \{ax \mid x \in \mathbb{Z}\} = a\mathbb{Z}$$

(ii) $a\mathbb{Z} \subseteq b\mathbb{Z} \Rightarrow a \in b\mathbb{Z}$

$$\Rightarrow \exists\, r \in \mathbb{Z} : a = br$$

Wegen $a, b > 0$ muß hier auch $r > 0$ sein, also $r \in \mathbb{N}$ und es folgt $a \mid b$.

Beispiel: (Beschränkung auf $(T_{36}, \mid)$):

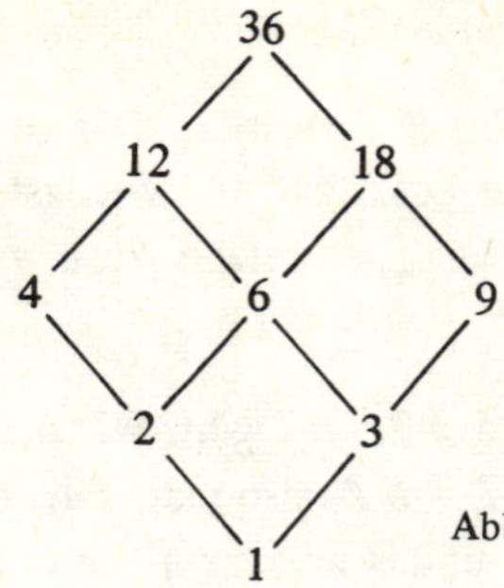

Abb. 11

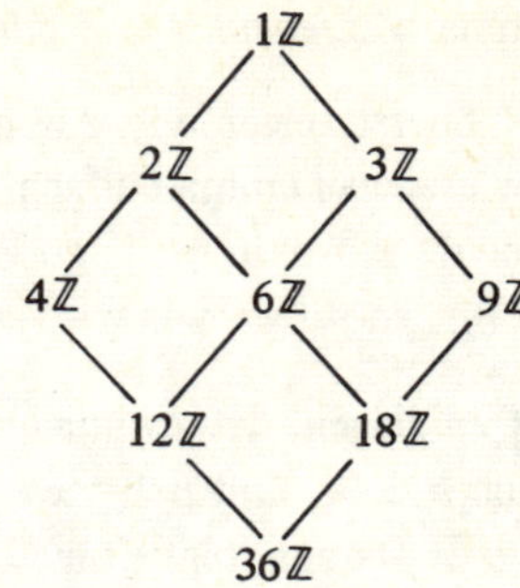

Abb. 12

Für $a, b \in \mathbb{Z}$ ist $a\,\mathbb{Z} \cap b\,\mathbb{Z}$ die Menge der Zahlen aus $\mathbb{Z}$, welche sowohl Vielfache von a als auch von b sind. Wir betrachten das Beispiel $a = 12$, $b = 8$. Es ist

$$12\,\mathbb{Z} = \{\ldots, -24, -12, 0, 12, 24, 36, 48, \ldots\}$$

$$8\,\mathbb{Z} = \{\ldots, -24, -16, -8, 0, 8, 16, 24, 32, 40, 48, \ldots\}$$

und es liegt die Vermutung nahe

$$12\,\mathbb{Z} \cap 8\,\mathbb{Z} = 24\,\mathbb{Z}$$

(K 1.5) Stellen Sie eine entsprechende Vermutung für $15\,\mathbb{Z}$ und $20\,\mathbb{Z}$ auf.

Es wäre interessant zu wissen, ob $a\,\mathbb{Z} \cap b\,\mathbb{Z}$ in jedem Falle wieder eine Vielfachenmenge ist. Nun haben wir Vielfachenmengen bisher immer in der Form $x\,\mathbb{Z}$ mit einem erzeugenden Element x angegeben, und ein solches erzeugendes Element ist bei $a\,\mathbb{Z} \cap b\,\mathbb{Z}$ nicht unmittelbar zu sehen. (Im Beispiel mit $a = 12$, $b = 8$ war es 24). Um zu erkennen, daß $a\,\mathbb{Z} \cap b\,\mathbb{Z}$ immer eine Vielfachenmenge ist, sucht man nach einer Beschreibung der Vielfachenmengen ohne Angabe eines erzeugenden Elements. Der Vorbereitung einer solchen Beschreibung dient der folgende Satz, der eine fundamentale Eigenschaft der ganzen Zahlen wiedergibt und auf den wir im Laufe dieses Buches an vielen Stellen zurückgreifen werden.

1.6 Satz: Division mit Rest in $\mathbb{Z}$. *Es seien $n \in \mathbb{N}$ und $z \in \mathbb{Z}$. Dann gibt es genau ein Paar (q, r) mit $q, r \in \mathbb{Z}$ und $0 \leqq r < n$ derart, daß $z = q\,n + r$.*

(K 1.6) Bestimmen Sie q und r in den Fällen $n = 7$, $z = 30$ und $n = 5$, $z = -6$.

(K 1.7) Veranschaulichen Sie sich die Verhältnisse am Zahlenstrahl, indem Sie die Menge $5\,\mathbb{Z}$ markieren und q und r bestimmen für $n = 5$ und $z = -8, 4, 12, 15$.

Beweis des Satzes: Wir zeigen zuerst die Existenz wenigstens eines Paares (q, r) mit $z = q\,n + r$.

Fall 1. Es sei $z = m \geqq 0$. Wir betrachten die Menge

$$M = \{xn \mid xn > m\}.$$

Wegen $(m + 1)\, n > mn \geqq m\,1 = m$ liegt $(m + 1)\, n$ in M, es ist also M nicht leer. M ist Teilmenge von $\mathbb{N}$, da alle Elemente von M größer als $m \geqq 0$ sind. Dann gibt es eine kleinste Zahl b in M, zu der es $q \in \mathbb{Z}$ gibt mit $b = (q + 1)\, n$. Wir erhalten $qn \leqq m < (q + 1)\, n = b$.

Daraus folgt $0 \leqq m - qn < b - qn = n$, also mit $r = m - qn$: $m = qn + r$ und $0 \leqq r < n$.

Fall 2. Es sei $z < 0$. Wir haben $z = -m$ mit $m > 0$. Nach Fall 1 gibt es q, r mit $0 \leqq r < n$ und $m = qn + r$, also ist $z = -qn - r$. Ist $r = 0$, so sehen wir $z = (-q)\, n + 0$ und haben wegen $0 \leqq 0 < n$ das gewünschte Paar $(-q, 0)$.

Ist $r \neq 0$, so folgt $0 \leqq n - r < n$ und wir erhalten $z = (-q-1)\, n + (n-r)$ mit $0 \leqq n-r < n$, also ist $(-q-1, n-r)$ ein Paar mit den gewünschten Eigenschaften. Damit ist die Existenz eines solchen Paares für alle $z \in \mathbb{Z}$ gezeigt.

Wir nehmen nun an es sei $qn + r = z = tn + s$ mit $0 \leqq r, s < n$ und zeigen $q = t$ und $r = s$. In $\mathbb{Z}$ gilt $t \leqq q$ oder $q \leqq t$, wir nehmen etwa $t \leqq q$ an. Nun folgt $0 \leqq (q - t)n = s - r \leqq s < n$, also $0 \leqq (q - t)n < n$ mit $q - t \geqq 0$, und dann muß $q - t = 0$ sein. Wir haben jetzt $q = t$ und damit auch $s = r$ wegen $qn + r = tn + s$. Also ist das Paar (q, r) durch die im Satz genannten Bedingungen eindeutig bestimmt.

1.7 Satz: Kennzeichnung der Vielfachenmengen. *Eine Teilmenge V von $\mathbb{Z}$ ist eine Vielfachenmenge genau dann, wenn gilt:*

$$(UG)\begin{cases} V \neq \emptyset \text{ und} \\ \text{(i) } x, y \in V \Rightarrow x + y \in V \\ \text{(ii) } x \in V \Rightarrow -x \in V \end{cases}$$

Bemerkung. Mit diesem Satz ist es gelungen, die Vielfachenmengen ohne Verwendung des erzeugenden Elements zu beschreiben. Man sollte auch darauf achten, daß in dem Satz die multiplikativ definierten Vielfachenmengen durch die rein additive Bedingung (UG) gekennzeichnet werden. Wir werden im Hinblick auf spätere Verwendung (UG) auch die Untergruppenbedingung nennen. Dieser und der vorangehende Satz sind nicht nur die eigentlichen Schlüssel zur Teilbarkeitslehre, sondern haben auch wichtige Konsequenzen in der Algebra.

Beweis: (a) Wir zeigen zuerst: Ist V eine Vielfachenmenge, so ist die Bedingung (UG) erfüllt. Es gibt also $a \in \mathbb{Z}$ mit $V = a\,\mathbb{Z}$. Dann ist $a \cdot 0 = 0 \in V$, also $V \neq \emptyset$.

(i) Es seien $x, y \in a\mathbb{Z}$. Dann gibt es $r, s \in \mathbb{Z}$ mit $x = ar$ und $y = as$. Folglich ist $x + y = a(r + s) \in a\mathbb{Z}$

(ii) Wieder sei $x = ar \in a\mathbb{Z}$. Dann ist $-x = a(-r) \in a\mathbb{Z}$. Die Menge $a\,\mathbb{Z}$ erfüllt also die Bedingung (UG)

(b) Wir zeigen nun: Erfüllt V die Bedingung (UG), so gibt es $a \in \mathbb{Z}$ mit $V = a\,\mathbb{Z}$ (d. h. V ist Vielfachenmenge). Wegen $V \neq \emptyset$ hat V mindestens ein Element. Es könnte sein $V = \{0\}$. Dann ist aber $V = 0\,\mathbb{Z}$ und wir sind fertig. Für den Rest des Beweises dürfen wir also annehmen $V \neq \{0\}$.

Wir gehen jetzt so vor: Zunächst suchen wir das kleinste positive Element a von V auf und beweisen dann $V = a\mathbb{Z}$.

(b 1) Zunächst ist also die Existenz von a zu sichern. Wegen $V \neq \{0\}$ gibt es ein Element $x \in V$ mit $x \neq 0$, und nach (ii) ist auch $-x \in V$. Eines der beiden Elemente $x, -x$ ist mit Sicherheit größer als 0. Wir können also sagen: $\exists y \in V : y > 0$, oder gleichbedeutend $V \cap \mathbb{N} \neq \emptyset$. Die Teilmenge $V \cap \mathbb{N}$ von $\mathbb{N}$ hat ein kleinstes Element a. Wir geben diese Eigenschaft von a noch einmal in der Fassung, in der wir sie später brauchen werden:

$$a \in V \cap \mathbb{N} \text{ und } (0 \leqq r < a \text{ und } r \in V \Rightarrow r = 0)$$

(b 2) Wir behaupten $V = a\,\mathbb{Z}$. Zum Beweis zeigen wir $a\,\mathbb{Z} \subseteq V$ und $V \subseteq a\,\mathbb{Z}$.

(b 2a) $a\,\mathbb{Z} \subseteq V$. Mit Induktion zeigen wir: $\forall\ n \in \mathbb{N} : an \in V$. Als Induktionsanfang haben wir $a \cdot 1 = a \in V$ nach der Definition von a. Ist nun $a \cdot k \in V$, so folgt $ak + a \in V$ nach (i) und deshalb $ak + a = a(k + 1) \in V$.
Damit ist der Induktionsbeweis schon abgeschlossen.

Wegen $a \in V$ ist nach (ii) auch $-a \in V$ und mit (i) erhalten wir $a + (-a) = 0 = a0 \in V$.

Ist nun $z \in \mathbb{Z}$ mit $z = -m < 0$ gegeben, so erhalten wir $am \in V$ nach unserem Induktionsbeweis und dann $az = a(-m) = -am \in V$ nach Bedingung (ii). Also gilt für alle $z \in \mathbb{Z} : az \in V$ und somit $a\,\mathbb{Z} \subseteq V$.

(b 2b) $V \subseteq a\mathbb{Z}$. Es sei $x \in V$. Wir müssen zeigen: $\exists\ z \in \mathbb{Z} : x = az$. Nach dem Satz über die Division mit Rest gibt es q, r mit $x = aq + r$ und $0 \leqq r < a$. Nach (b 2a) ist $aq \in V$, also nach (ii) auch $-aq \in V$ und nach (i) auch $x + (-aq) = r \in V$. Nun war aber a das kleinste positive Element von V, also folgt $r = 0$ und $x = aq \in a\mathbb{Z}$.

Aufgabe

(A 1.8) Es sei W eine Teilmenge von $\mathbb{Z}$ mit der Eigenschaft: $W \neq \emptyset$ und $(x, y \in W \Rightarrow x - y \in W)$. Untersuchen Sie, ob W eine Vielfachenmenge sein muß oder nicht (Falls ja, Beweis, falls nein, Beispiel angeben.)

1.C Das kleinste gemeinsame Vielfache

Vor dem Beweis der Sätze 1.6 und 1.7 hatte die Frage nach der Natur der Menge $a\,\mathbb{Z} \cap b\,\mathbb{Z}$ gestanden. Dieses Problem läßt sich mit den neuen Hilfsmitteln leicht lösen.

1.8 Satz: *Zu $a, b \in \mathbb{Z}$ gibt es stets $c \in \mathbb{Z}$ mit $a\,\mathbb{Z} \cap b\,\mathbb{Z} = c\,\mathbb{Z}$.*

Beweis: Wir benutzen die Bedingung (UG) aus Satz 1.7, um $a\,\mathbb{Z} \cap b\,\mathbb{Z}$ als Vielfachenmenge zu erkennen.

Wegen $0 \in a\,\mathbb{Z}$ und $0 \in b\,\mathbb{Z}$ ist $0 \in a\mathbb{Z} \cap b\mathbb{Z}$, also $a\,\mathbb{Z} \cap b\mathbb{Z} \neq \emptyset$.

(i) $\quad x, y \in a\mathbb{Z} \cap b\mathbb{Z}$

$$\Rightarrow \left\{\begin{matrix} x, y \in a\,\mathbb{Z} \Rightarrow x + y \in a\,\mathbb{Z} \\ \\ x, y \in b\,\mathbb{Z} \Rightarrow x + y \in b\,\mathbb{Z} \end{matrix}\right\} \Rightarrow x + y \in a\mathbb{Z} \cap b\mathbb{Z}$$

(ii) $\quad x \in a\mathbb{Z} \cap b\,\mathbb{Z}$

$$\Rightarrow \left\{\begin{matrix} x \in a\,\mathbb{Z} \Rightarrow -x \in a\,\mathbb{Z} \\ \\ x \in b\,\mathbb{Z} \Rightarrow -x \in b\,\mathbb{Z} \end{matrix}\right\} \Rightarrow -x \in a\,\mathbb{Z} \cap b\mathbb{Z}.$$

Damit gilt (UG) und $a\,\mathbb{Z} \cap b\,\mathbb{Z}$ ist eine Vielfachenmenge.
Da wir uns hauptsächlich für die Vielfachen von natürlichen Zahlen interessieren, geben wir die Aussage noch einmal in einer darauf zugeschnittenen Formulierung wieder:

1.9 Folgerung: *Zu $a, b \in \mathbb{N}$ gibt es stets genau ein $c \in \mathbb{N}$ mit $a\,\mathbb{Z} \cap b\,\mathbb{Z} = c\,\mathbb{Z}$.*

Beweis: Nach 1.8 ist $a\,\mathbb{Z} \cap b\,\mathbb{Z}$ eine Vielfachenmenge, und nach Lemma 1.4 gibt es genau ein $c \in \mathbb{N}_0$, welches diese Vielfachenmenge erzeugt. Dieses c kann nicht 0 sein, denn es ist $0 \neq ab \in a\,\mathbb{Z} \cap b\,\mathbb{Z}$ und nach Definition ab ein Vielfaches von c.

Wir bleiben von nun an immer bei $a, b \in \mathbb{N}$ und wollen die Eigenschaften der so durch a und b eindeutig bestimmten Zahl c untersuchen.

(1) Im Beweis von Satz 1.7, Teil (b) war das erzeugende Element der Vielfachenmenge V als das kleinste positive Element bestimmt worden. Demzufolge ist hier c das kleinste positive Element der Vielfachenmenge $a\mathbb{Z} \cap b\mathbb{Z}$, welche ja aus den gemeinsamen Vielfachen von a und b besteht.

(2) Die Bestimmung „kleinstes Element" in (1) ist in Bezug auf die Ordnungsrelation $\leqq$ in $\mathbb{N}$ vorgenommen worden. Wir zeigen nun, daß c auch *kleinstes Element in Bezug auf die Ordnungsrelation* $|$ *in* $\mathbb{N}$ ist. Diese Aussage ist für uns wichtiger als (1), da sie c im Sinne der Teilbarkeitsrelation fixiert. Wir heben heraus:

1.10 Lemma: *Die in Folgerung* 1.9 *zu* $a, b \in \mathbb{N}$ *bestimmte Zahl* $c \in \mathbb{N}$ *hat die Eigenschaften*

(kgVi) $a \mid c$ *und* $b \mid c$

(kgVii) $\forall x \in \mathbb{N} : a \mid x$ *und* $b \mid x \Rightarrow c \mid x$

Beweis: Wegen $c\mathbb{Z} \subseteq a\mathbb{Z} \cap b\mathbb{Z}$ gilt (kgVi). Wegen $c\mathbb{Z} \supseteq a\mathbb{Z} \cap b\mathbb{Z}$ und $a, b, c \in \mathbb{N}$ gilt (kgVii).

Die erste Bedingung besagt, daß c Vielfaches von a und auch von b ist, während (ii) sagt, daß c das in Bezug auf die Relation $|$ kleinste Element mit dieser Eigenschaft ist. Wir veranschaulichen uns die Bedingungen am Ordnungsdiagramm bezüglich $|$:

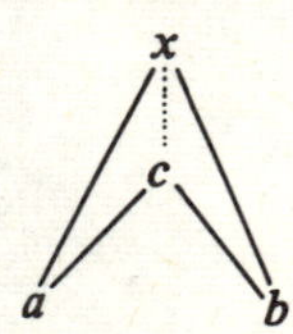

Abb. 13

Wegen (i) hat man die aufsteigenden Verbindungen von a und b nach c und wegen (ii) folgt aus der Existenz der Verbindungen von a und b nach x die Existenz der gestrichelten Verbindung von c nach x.

Es ist bemerkenswert, daß die Zahl c schon durch die Bedingungen (kgVi, ii) eindeutig festgelegt ist, ohne daß man auf die ursprüngliche Definition von c und 1.9 zurückgreifen muß. Wir nehmen einmal an, daß r und s die beiden Bedingungen erfüllen. Dann lassen wir in (kgVii) einmal r und einmal s die Rolle von x spielen und erhalten $s \mid r$ und $r \mid s$, also $r = s$.

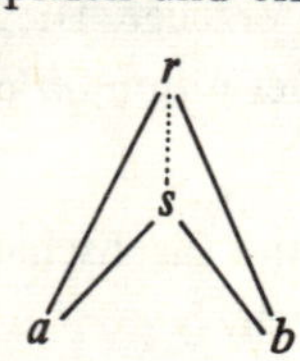

Abb. 14

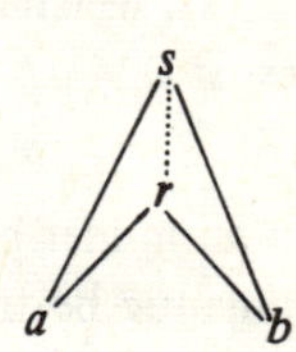

Abb. 15

Kombinieren wir dies mit der Existenzaussage aus 1. 9, so erhalten wir:

Zu jedem Paar $(a, b) \in \mathbb{N} \times \mathbb{N}$ gibt es genau ein $c \in \mathbb{N}$ welches (kgV i) und (kgV ii) erfüllt.

1.11 Definition: Die eindeutig bestimmte und nach 1.9 und 1.10 zu $a, b \in \mathbb{N}$ auch immer vorhandene Zahl $c \in \mathbb{N}$, welche (kgV i, ii) erfüllt, nennen wir das *kleinste gemeinsame Vielfache* von a und b, in Zeichen $c = \text{kgV}(a, b)$. Danach ist $\text{kgV} : \mathbb{N} \times \mathbb{N} \to \mathbb{N}$ eine Funktion. (Existenz und Eindeutigkeit sind hier nichts anderes als die Funktionsbedingungen (F 1, 2).) Wir haben also

$$a\,\mathbb{Z} \cap b\,\mathbb{Z} = \text{kgV}(a, b)\mathbb{Z}$$

und wegen $a\,\mathbb{Z} \cap b\,\mathbb{Z} = b\,\mathbb{Z} \cap a\,\mathbb{Z}$ folgt sofort

$$\text{kgV}(a, b) = \text{kgV}(b, a).$$

Unsere Überlegungen haben die Existenz der Funktion kgV erwiesen, wir haben aber bisher noch keine Möglichkeit, das kgV zweier Zahlen auch tatsächlich auszurechnen. Was ist etwa kgV (34 201, 78 342)?

Aufgaben

(K 1.9) Zeigen Sie: Für $a = 6$ und $b = 10$ erfüllt $c = 30$ die Bedingungen (kgV i, ii). Keine Primfaktorzerlegung benutzen!

(A 1.10) Beweisen Sie mit Hilfe der Bedingungen (kgV i, ii):

$$a \mid b \Leftrightarrow \text{kgV}(a, b) = b.$$

1.D Der größte gemeinsame Teiler

Die Definition eines größten gemeinsamen Teilers ist ganz analog zu der eines kleinsten gemeinsamen Vielfachen, man setzt nur immer „Teiler“ an Stelle von „Vielfaches“. Da wir noch nichts über Existenz und Eindeutigkeit wissen, formulieren wir vorsichtig.

1.12 Definition: Es seien $a, b \in \mathbb{N}$. Dann heißt $d \in \mathbb{N}$ *ein größter gemeinsamer Teiler* von a und b, falls

(ggT i) $d \mid a$ und $d \mid b$

(ggT ii) $\forall x \in \mathbb{N} : x \mid a$ und $x \mid b \Rightarrow x \mid d$.

Diagramm:

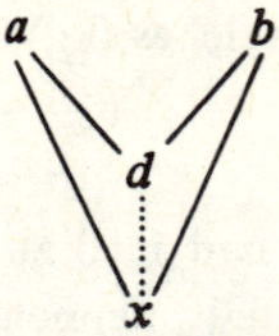

Abb. 16

Wir merken an, daß auch hier „größter" in Bezug auf die Ordnungsrelation | gemeint ist, nicht in Bezug auf $\leqq$. Benutzt man die Teilermengen T_a und T_b, so kann man (ggTi, ii) ähnlich wie beim kgV durch die Forderung $T_d = T_a \cap T_b$ ersetzen.

(K 1.11) Zeichnen Sie die Ordnungsdiagramme von $(T_{42}, |)$ und $(T_{12}, |)$ und bestimmen Sie damit einen ggT von 42 und 12.

Wie beim kgV überlegen wir auch hier, daß es zu zwei Zahlen höchstens einen größten gemeinsamen Teiler geben kann:

1.13 Lemma: *Zu $a, b \in \mathbb{N}$ gibt es höchstens ein $d \in \mathbb{N}$, welches* (ggTi) *und* (ggTii) *erfüllt.*

Beweis: Wir nehmen an, daß r und s beide Bedingungen erfüllen. Dann lassen wir in (ggTii) einmal r und einmal s die Rolle von x spielen:

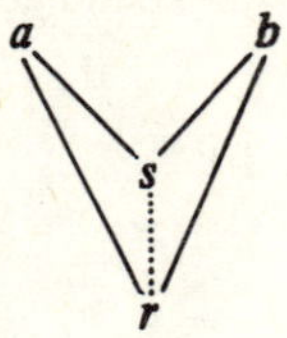

Abb. 17

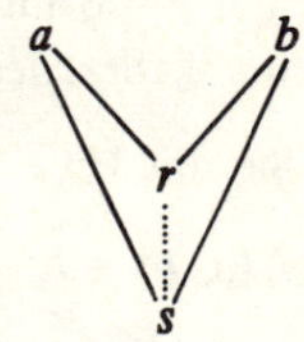

Abb. 18

und erhalten $r \mid s$ und $s \mid r$, also $r = s$.

Wie können wir nun die Existenz des größten gemeinsamen Teilers zeigen? Durch unsere Erfahrungen angeleitet, versuchen wir es mit $a\,\mathbb{Z} \cup b\,\mathbb{Z}$.

Beispiel: Für $a = 6$ und $b = 10$ erfüllt $d = 2$ die Bedingungen (ggTi) und (ggTii), wie man leicht nachprüft. Es ist $6\,\mathbb{Z} \cup 10\,\mathbb{Z} = \{\ldots -12, -10, -6, 0, 6, 10, 12, 18, 20, \ldots\}$ und man sieht sofort, daß dies keine Vielfachenmenge ist. So kommt man also nicht vorwärts.

Wenn man Vielfachenmengen benutzen will, muß man nach einem anderen Konstruktionsverfahren suchen, welches eine Vielfachenmenge aus $a\,\mathbb{Z}$ und $b\,\mathbb{Z}$ liefert, die die Stelle von $a\,\mathbb{Z} \cup b\,\mathbb{Z}$ vertritt. Die Elemente von $a\,\mathbb{Z} \cup b\,\mathbb{Z}$ kann man alle in der Form $ax + by$ mit $x = 0$ oder $y = 0$ schreiben. Dieser Hinweis führt dazu, einmal Mengen der Art $\{ax + by \mid x, y \in \mathbb{Z}\}$ zu betrachten, und das bringt uns tatsächlich zum Ziel.

1.14 Satz. Existenz und additive Darstellung des ggT. *Für alle* $a, b \in \mathbb{N}$ *gibt es genau ein* $d \in \mathbb{N}$, *welches* (ggTi) *und* (ggTii) *erfüllt. Es gibt* $x, y \in \mathbb{Z}$ *mit* $d = ax + by$.

Beweis: Daß es höchstens ein d mit den verlangten Eigenschaften geben kann, haben wir schon in Lemma 1.13 gesehen. Es sei $V = \{ax + by \mid x, y \in \mathbb{Z}\}$. Wir behaupten (a) Es ist $V = d\,\mathbb{Z}$ mit $d \in \mathbb{N}$ und (b) d erfüllt (ggTi) und (ggTii).

(a) Um V als Vielfachenmenge nachzuweisen, prüfen wir die Untergruppenbedingung (UG) von Satz 1.7.

Wegen $a = a \cdot 1 + b \cdot 0 \in V$ ist $V \neq \emptyset$

(i) Es seien $v_1, v_2 \in V$. Dann gibt es x_1, y_1 und x_2, y_2 mit

$$v_1 = ax_1 + by_1$$

$$v_2 = ax_2 + by_2.$$

Es folgt

$$v_1 + v_2 = a(x_1 + x_2) + b(y_1 + y_2) \in V.$$

(ii) Aus $v = ax + by \in V$ folgt $-v = a(-x) + b(-y) \in V$.
Es ist also V eine Vielfachenmenge d.h. es gibt $d \in \mathbb{N}_0$ mit $V = d\,\mathbb{Z}$. Wegen $0 \neq a \in V$ ist $d \neq 0$, also $d \in \mathbb{N}$. Da d in V liegt, gibt es $x, y \in \mathbb{Z}$ mit $d = ax + by$. Wir haben also schon die additive Darstellung von d.

(b) d erfüllt (ggTi): Es ist $a = a \cdot 1 + b \cdot 0 \in d\,\mathbb{Z}$, also gibt es $r \in \mathbb{Z}$ mit $a = dr$ und wegen $a, d \in \mathbb{N}$ folgt $r \in \mathbb{N}$, also $d \mid a$.

Es ist $b = a \cdot 0 + b \cdot 1 \in d\,\mathbb{Z}$ und man erhält ebenso $d \mid b$.

d erfüllt (ggTii): Wenn $t \mid a$ und $t \mid b$, so gibt es r, s mit $tr = a$ und $ts = b$, und es gilt für alle $x, y \in \mathbb{Z}$:

$$\begin{aligned} ax + by &= trx + tsy \\ &= t(rx + sy) \end{aligned}$$

Also gilt $V = d\,\mathbb{Z} \subseteq t\,\mathbb{Z}$ und nach Lemma 1.5 dann $t \mid d$.

Wir schreiben nun $d = \text{ggT}(a, b)$ und haben wie beim kgV die Funktion

$$\text{ggT} : \mathbb{N} \times \mathbb{N} \to \mathbb{N}$$

Da die Bedingungen (ggTi, ii) sich bei Vertauschung von a und b nicht ändern, erhalten wir

$$\text{ggT}(a, b) = \text{ggT}(b, a).$$

Wie beim kgV fehlt uns aber auch hier ein Verfahren zur konkreten Berechnung des ggT und der Zahlen x, y mit $ax + by = \text{ggT}(a, b)$.

Wir zeigen an einem Beispiel, wie man auch ohne Berechnungsverfahren die additive Darstellung verwenden kann:

1.15 *Aufgabe. Beweisen Sie: Wenn* $b \mid a$ *und* $c \mid a$ *und* $\text{ggT}(b, c) = 1$, *so* $bc \mid a$.

Lösung: Man macht sich zuerst die Situation an Beispielen klar:

1) $a = 200$, $b = 25$, $c = 4$. Es gilt $\text{ggT}(25{,}4) = 1$ und $bc \mid 200$.

2) $a = 30$, $b = 10$, $c = 6$. Es ist $\text{ggT}(10{,}6) = 2$ und $bc = 60 \nmid 30$. Die Bedingung $\text{ggT}(b, c) = 1$ ist also offenbar entscheidend, aber leider erhält man aus diesen Beispielen keinen Hinweis auf einen Lösungsweg. Wir versuchen es nun mit der additiven Darstellung: Es gibt $x, y \in \mathbb{Z}$ mit $ax + by = 1$. Außerdem haben wir als Voraussetzung die Produktdarstellungen $a = br$ und $a = cs$. Diese Information ziehen wir in folgendem Ansatz zusammen:

$$\begin{aligned} a = a \cdot 1 &= a(bx + cy) \\ &= abx + acy \\ &= csbx + brcy \\ &= bc(sx + ry), \end{aligned}$$

also teilt das Produkt bc die Zahl a. – Dieser Ansatz ist ein Trick, auf den man nicht ohne weiteres kommt. (Vergleiche auch Lemma 1.21.)

Effektive Berechnung des ggT

Ein Berechnungsverfahren für den ggT wird von Euklid in Buch VII, § 1 angegeben, es heißt dort Wechselwegnahme. Heute nennt man es meist den *Euklidischen Algorithmus* (Algorithmus = Rechenverfahren). Die Grundlage für dieses Verfahren ist folgende Aussage:

1.16 Lemma: *Wenn* $b = aq + r$, *so* $\text{ggT}(a, b) = \text{ggT}(a, r)$.

Beweis: Es sei $d = \text{ggT}(a, b)$.

(i) $d \mid a$ und $d \mid b \Rightarrow d \mid b + (-q)\,a = r$

$\Rightarrow d \mid a$ und $d \mid r$

(ii) Wenn $x \mid a$ und $x \mid r$, so $x \mid aq + r = b$.

Es folgt $x \mid a$ und $x \mid b$, also $x \mid d$.

Nach (i) und (ii) erfüllt d die Bedingungen (ggT i, ii) für den $\text{ggT}(a, r)$.

1.17 Euklidischer Algorithmus

Zur Berechnung des ggT wendet man das gerade bewiesene Lemma in Verbindung mit der Division mit Rest an. Es seien $b = a_o$ und $a = a_1$ und $r = a_2$, sowie

$$a_o = q_1 a_1 + a_2 \text{ mit } 0 \leqq a_2 < a_1$$

$$a_1 = q_2 a_2 + a_3 \text{ mit } 0 \leqq a_3 < a_2 < a_1$$

$$.....$$

$$a_{n-1} = q_n a_n + a_{n+1} \text{ mit } 0 \leqq a_{n+1} < \ldots < a_1$$

$$a_n = q_{n+1} a_{n+1} + 0$$

Wegen $0 \leqq a_{n+1} < a_n < a_{n-1} < \ldots < a_2 < a_1$ ist man nach höchstens a_1 Schritten bei der letzten Zeile angelangt, d.h. es ist sicher $n \leqq a_1$. Nach dem vorigen Lemma erhalten wir

$$\begin{aligned} \text{ggT}(a_o, a_1) &= \text{ggT}(a_1, a_2) \\ &= \text{ggT}(a_2, a_3) \\ &= \text{ggT}(a_n, a_{n+1}) \end{aligned}$$

Nun gilt aber $a_{n+1} \mid a_n$, und dann ist ggT $(a_n, a_{n+1}) = a_{n+1}$, denn a_{n+1} ist Teiler von a_n und a_{n+1}, und jeder gemeinsame Teiler von a_{n+1} und a_n teilt a_{n+1}.

Beispiel: $a_o = 1092$, $a_1 = 1155$.

$$1092 = 0 \cdot 1155 + 1092$$

$$a_1 = 1155 = 1 \cdot 1092 + 63$$

$$a_2 = 1092 = 17 \cdot 63 + 21$$

$$a_3 = 63 = 3 \cdot 21 + 0$$

Also ist ggT (1092, 1155) = 21.

Der Euklidische Algorithmus hat den weiteren Vorteil, daß er auch $x, y \in \mathbb{Z}$ mit ggT $(a_o, a_1) = a_o x + a_1 y$ liefert. Dies sieht man, indem man die Gleichungskette von rückwärts auflöst:

$$\begin{aligned} \text{ggT}(a_o, a_1) &= a_{n+1} \\ &= a_{n-1} - q_n a_n \\ &= (1 - q_{n-1})\, a_{n-1} + (-q_n)\, a_{n-2} \\ &\ \ldots \\ &= a_o x + a_1 y \end{aligned}$$

Beispiel:

$$
\begin{aligned}
21 &= 1092 - 17 \cdot 63 \\
&= 1092 - 17\,(1155-1092) \\
&= (-17)\,1155 + 18 \cdot 1092 \\
&= 18\,a_0 + (-17)\,a_1
\end{aligned}
$$

Man darf aus diesem Verfahren allerdings nicht den Schluß ziehen, die Koeffizienten x, y mit $ax + by = \mathrm{ggT}\,(a, b)$ seien eindeutig bestimmt. Es ist z. B.

$$
\begin{aligned}
20 \cdot 2 + 12 \cdot (-3) = 4 &= \mathrm{ggT}\,(20, 12) \\
&= 20\,(-4) + 12 \cdot 7.
\end{aligned}
$$

Statt aus unserem Satz 1.7 kann man also auch aus dem Euklidischen Algorithmus Existenz und additive Darstellung des ggT herleiten. Der Aufbau der Zahlentheorie bei Euklid benutzt diesen Weg an Stelle unserer Überlegungen mit den Vielfachenmengen.

Aufgaben

(A 1.12) Bestimmen Sie mit Hilfe des Euklidischen Algorithmus $d = \mathrm{ggT}\,(3206, 2989)$ und $x, y \in \mathbb{Z}$ mit $d = 3206x + 2989y$.

(A 1.13) Beweisen Sie: $\forall\, n \in \mathbb{N} : \mathrm{ggT}\,(n, 2n + 1) = 1$.

(A 1.14) Die Folge f der Fibonacci-Zahlen ist definiert durch $f_1 = 1$, $f_2 = 2$ und $f_n = f_{n-1} + f_{n-2}$ für $n \geqq 3$.

a) Berechnen Sie f_3 bis f_{10},

b) Zeigen Sie: Für alle $n \in \mathbb{N}$ ist $\mathrm{ggT}\,(f_n, f_{n+1}) = 1$.

(A 1.15) Beweisen Sie: Für alle $a, b, x \in \mathbb{N}$ gilt $\mathrm{ggT}\,(xa, xb) = x\,\mathrm{ggT}\,(a, b)$

(A 1.16) Beweisen Sie: Aus $\mathrm{ggT}\,(a, b) = 1$ folgt $\mathrm{ggT}\,(a+b, a-b) \in \{1, 2\}$.

(A 1.17) Zeigen Sie für $a, b \in \mathbb{N}$:

$$\exists\, x, y \in \mathbb{Z} : xa + yb = 1 \Rightarrow \mathrm{ggT}\,(a, b) = 1$$

1.E Primzahlen

1.18 Definition: $a \in \mathbb{N}$ heißt *unzerlegbar,* falls $T_a = \{1, a\}$.

Mit anderen Worten:

a unzerlegbar $\Leftrightarrow_{\text{def}} \forall\, b \in \mathbb{N} : a = bc \Rightarrow (b = a$ oder $b = 1)$.

$a \in \mathbb{N}$ heißt *Primzahl,* falls a von 1 verschieden und unzerlegbar ist. Wir bezeichnen die Menge aller Primzahlen mit $\mathbb{P}$ und verwenden für die Elemente von $\mathbb{P}$ (in diesem

Paragraphen) hauptsächlich die Variablen p, q. Wir interpretieren die Definition am Ordnungsdiagramm von $(\mathbb{N}, |)$:

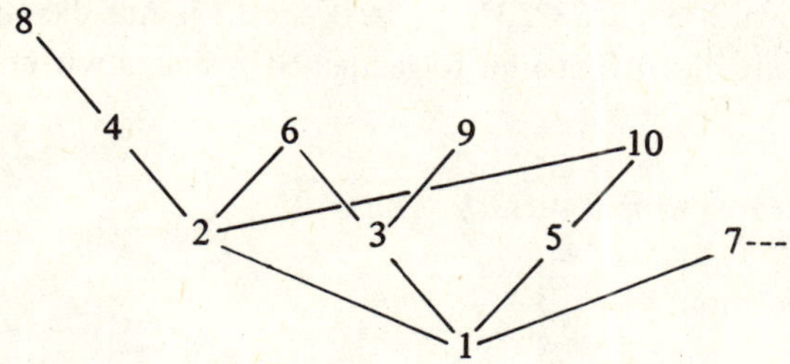

Abb. 19

Die Menge $\mathbb{P}$ besteht gerade aus den oberen Nachbarn von 1. Aus der Definition erhält man direkt folgende Aussagen: Sind p, q Primzahlen, so gilt

a) $\text{ggT}(p, q) = 1$ oder $p = q$

b) $p \mid q \Rightarrow p = q$.

Beides erkennt man am Ordnungsdiagramm:

Abb. 20

Einige kleine Primzahlen kann man sofort hinschreiben: 2, 5, 11, 17, 23. Man muß sich aber zunächst einmal Klarheit darüber verschaffen, ob es nur endlich viele (etwa $\leqq 10000000$) oder unendlich viele Primzahlen gibt. Die dazu nötigen Überlegungen wurden schon von den griechischen Mathematikern angestellt.

1.19 Lemma. (Euklid VII, 31) **Existenz eines Primteilers.** *Jede natürliche Zahl $\neq 1$ wird von mindestens einer Primzahl geteilt.*

Formale Schreibweise dieser Aussage:

$$\forall a \in \mathbb{N} \setminus \{1\} \quad \exists p \in \mathbb{P} \quad : p \mid a.$$

Beweis: Wir betrachten die Menge T_a der Teiler von a. Wegen $a \neq 1$ ist $a \in M = T_a \setminus \{1\}$. M ist also eine nicht leere Teilmenge von $\mathbb{N}$ und hat danach ein kleinstes Element p, wobei dann $a = p \cdot t$ ist. Wir zeigen, daß p unzerlegbar ist. Da $1 \notin M$ gilt, ist dann p eine Primzahl.

Den Beweis für die Unzerlegbarkeit führen wir mit Kontraposition:

p ist zerlegbar $\Rightarrow p$ ist nicht kleinstes Element von M. Ist nämlich $p = r \cdot s$ mit $r \neq 1, p$ (also auch $s \neq 1, p$), so folgt $r < p$ und $a = p\,t = r\,(s\,t)$, also $r \mid a$ und $1 < r < p$, d.h. p ist nicht kleinstes Element von M.

Bemerkung: Es ist möglicherweise $p = a$, wie man etwa sieht bei $T_{41} = \{1, 41\}$ und $M = T_{41} \setminus \{1\} = \{41\}$, also ist $p = 41$ das kleinste Element von M.

Wir wissen nun, daß in jeder natürlichen Zahl mindestens eine Primzahl steckt. Das beantwortet aber noch nicht die Frage nach der Endlichkeit von $\mathbb{P}$. In den unendlich vielen Zahlen $3, 3^2, 3^3, 3^4, 3^5, \ldots$ z. B. steckt ja nur die eine Primzahl 3. Für die Entscheidung dieser Frage im folgenden Satz stellen wir noch eine Vorüberlegung an:

Ist $a > 1$, so folgt a teilt nicht $b = aq + 1$.

Beweis mit Kontraposition:

$$a \mid b \Rightarrow b = as = aq + 1 \Rightarrow a\,(s - q) = 1 \Rightarrow a = 1.$$

1.20 Satz von Euklid (IX, 20): *Es gibt unendlich viele Primzahlen.*

Formulierung von Euklid: *Es gibt mehr Primzahlen als jede vorgelegte Anzahl von Primzahlen.* (Das Wort unendlich wird vermieden).

Dies sagt nichts anderes als:

Sind n Primzahlen vorgegeben, so gibt es mindestens noch eine weitere.

Beweis (von Euklid): Es seien $p_1, \ldots, p_n$ die vorgelegten Primzahlen. Man bilde $b = p_1 \cdot p_2 \ldots p_n + 1$.

Aus Lemma 1.19 erhalten wir eine Primzahl q mit $q \mid b$. Nach der Vorüberlegung gilt $\forall i \in \{1, \ldots, n\} : p_i$ teilt nicht b.

Daraus folgt $q \neq p_i$ für alle i, also gibt es mehr Primzahlen als $p_1, \ldots, p_n$.

Anmerkung: Bei diesem Beweisverfahren kann b eine Primzahl sein oder auch nicht. Beispiele: $2 \cdot 3 \cdot 5 \cdot 7 + 1 = 211 \in \mathbb{P}$ und $2 \cdot 3 \cdot 5 \cdot 7 \cdot 11 \cdot 13 + 1 = 30031 = 59 \cdot 509 \notin \mathbb{P}$, aber es ist $59 \in \mathbb{P}$.

Folgerung aus dem Satz von Euklid: Man erhält eine unendliche Folge, wenn man die Primzahlen der Größe nach anordnet:

$$(p_1, p_2, p_3, p_4, p_5, p_6, \ldots) = (2, 3, 5, 7, 11, 13, \ldots)$$

Diese Folge der Primzahlen in ihrer natürlichen Anordnung werden wir später mehrfach benutzen.

Bemerkung: Wir haben wieder nur die Existenz der unendlichen Primzahlfolge gezeigt, aber kein Mittel in der Hand, für ein beliebiges n die Primzahl p_n anzugeben. Rechenverfahren dazu existieren nicht. Braucht man einmal größere Primzahlen, so schlägt man am besten in Tafeln nach.

Aufgabe

(K 1.18) Es sei $A = \{n \in \mathbb{N} \mid n < 49\}$ und $V_2 = A \cap 2\mathbb{Z}$, $V_3 = A \cap 3\mathbb{Z}$, $V_5 = A \cap 5\mathbb{Z}$. Zeichnen Sie das Venn-Diagramm der Mengen V_2, V_3, V_5 in der Grundmenge A (sämtliche Zahlen eintragen!). Was ergibt sich für $A \setminus (V_2 \cup V_3 \cup V_5)$?

1.F Primfaktorzerlegung

Im Lemma 1.19 haben wir gesehen, daß jede natürliche Zahl mindestens einen Primteiler hat. Dies und die folgende Aussage sind grundlegend für den Satz von der eindeutigen Primfaktorzerlegung.

1.21 Lemma (Euklid VII, 30). *Es sei $1 \neq p \in \mathbb{N}$. p ist Primzahl genau dann, wenn*

(*PT*) *Für alle $a, b \in \mathbb{N} : p \mid ab \Rightarrow p \mid a$ oder $p \mid b$.*

Wir nennen (*PT*) die *Primteilerbedingung.* Mit Kontraposition erhalten wir die äquivalente Formulierung:

(*PT*) (*PT*) $p \nmid a$ und $p \nmid b \Rightarrow p \nmid ab$.

Mit der Primteilerbedingung kann man feststellen, ob eine Primzahl in einem Produkt aufgeht. Das ist nützlich bei Induktionsbeweisen, wo man über die kleineren Zahlen a, b schon etwas weiß und eine Aussage für das größere Produkt $a \cdot b$ herleiten will.

Beweis: a) Sei p eine Primzahl, wir nehmen an $p \mid ab$. Zu zeigen ist: $p \mid a$ oder $p \mid b$. Gilt $p \mid a$, so sind wir fertig. Falls $p \nmid a$, so ist ggT $(p, a) = 1$, denn wir haben $T_p = \{1, p\}$. Mit der additiven Darstellung des ggT erhalten wir $x, y \in \mathbb{Z}$ mit

$$1 = xp + ya.$$

Es folgt

$$b = 1 \cdot b = (xp + ya)\, b = pxb + aby$$

Wegen $p \mid ab$ gibt es c mit $ab = pc$, also erhalten wir

$$b = pxb + pcy = p\,(xb + cy),$$

also teilt p die Zahl b.

b) Hier ist zu zeigen: p erfüllt $(PT) \Rightarrow p$ ist unzerlegbar. Wir beweisen die Kontraposition:

p ist zerlegbar $\Rightarrow p$ erfüllt nicht (PT).

p ist zerlegbar $\Rightarrow \exists\, a, b : p = ab$ und $1 < a, b < p$.

$\Rightarrow \exists\, a, b : p \mid ab$ und $p \nmid a$ und $p \nmid b$

$\Rightarrow$ p erfüllt nicht (PT)

Folgerung: Sind $p, q_1, \ldots, q_s$ Primzahlen und gilt $p \mid q_1 \cdot q_2 \ldots q_s$, so gibt es $i \in \{1, \ldots, s\}$ mit $p = q_i$. – Mit anderen Worten: Teilt eine Primzahl ein Produkt von Primzahlen, so ist sie gleich einem der am Produkt beteiligten Primfaktoren.

Beweis der Folgerung: Mit dem Lemma erhalten wir

$$p \mid q_1 (q_2 \ldots q_s) \Rightarrow p \mid q_1 \text{ oder } p \mid q_2 \ldots q_s.$$

Wiederholte Anwendung ergibt schließlich

$$p \mid q_1 \text{ oder } p \mid q_2 \text{ oder } \ldots \text{ oder } p \mid q_s.$$

Da wir nur Primzahlen haben, folgt daraus

$$p = q_1 \text{ oder } p = q_2 \text{ oder } \ldots \text{ oder } p = q_s$$

$$\Leftrightarrow \exists\, i \in \{1, \ldots, s\} : p = q_i.$$

1.22 Satz von der eindeutigen Primfaktorzerlegung (Hauptsatz der elementaren Zahlentheorie)

Zu jeder natürlichen Zahl $n \geqq 2$ gibt es Primzahlen $p_1, \ldots p_r$ mit $n = p_1 \cdot p_2 \ldots p_r$.

Diese Darstellung ist eindeutig bis auf die Reihenfolge der Faktoren.

(Hierbei ist natürlich nicht gemeint, daß es sich um die ersten r Primzahlen in natürlicher Reihenfolge handelt. Möglicherweise besteht das Produkt nur aus einem einzigen Faktor.)

Beweis: Wir haben zweierlei behauptet:

1) Die *Existenz* einer Primfaktorzerlegung:

$$\forall\, n \geqq 2\ \exists\, p_1, \ldots, p_r \in \mathbb{P} : n = p_1 p_2 \ldots p_r.$$

2) Deren *Eindeutigkeit*, d.h. falls

$$p_1 \ldots p_r = n = q_1 \ldots q_s,$$

so folgt $r = s$ und es handelt sich bis auf die Reihenfolge um die gleichen Primzahlen. Dies präzisieren wir noch einmal: Falls die vorkommenden Primzahlen der Größe nach geordnet sind, d.h.

$$p_1 \leqq p_2 \leqq p_3 \leqq \ldots \leqq p_r \text{ und}$$

$$q_1 \leqq q_2 \leqq \ldots \leqq q_s,$$

so folgt $r = s$ und $p_i = q_i$ für $i = 1, \ldots, r$.

Der Beweis von 1) erfolgt mit Lemma 1.19 (Existenz eines Primteilers), der von 2) mit Lemma 1.21 (Primteilerbedingung).

1) Induktionsbeweis. Wegen der Primfaktorzerlegung $2 = 2$ ist der Induktionsanfang gesichert. Induktionsschritt: Wir nehmen an, daß jede Zahl $\leqq k$ eine Primfaktorzerlegung besitzt. Nach Lemma 1.19 hat $k + 1$ einen Primteiler p, also ist

$$k + 1 = p \cdot t \text{ mit } t < k + 1.$$

Nach Induktionsvoraussetzung hat t eine Primfaktorzerlegung $t = p_2 \ldots p_r$, also ist $k + 1 = p \cdot p_2 \ldots p_r$ eine Primfaktorzerlegung.

2) Induktionsbeweis. Da $2 = 2$ die einzige Primfaktorzerlegung von 2 ist, haben wir den Induktionsanfang. Induktionsschritt: Wir nehmen an, daß für jede Zahl $\leqq k$ die Zerlegung eindeutig ist und untersuchen $k + 1$. Es sei $p_1 \ldots p_r = k + 1 = q_1 \ldots q_1 \ldots q_s$

mit $\quad p_1 \leqq p_2 \leqq \ldots \leqq p_r \quad$ und $\quad q_1 \leqq q_2 \leqq \ldots \leqq q_s$.

Nach der Folgerung zu Lemma 1.21 gibt es $i \in \{1, \ldots, s\}$ und $j \in \{1, \ldots, r\}$ mit $p_r = q_i$ und $q_s = p_j$. Aus der gewählten Anordnung erhalten wir

$$p_r = q_i \leqq q_s = p_j \leqq p_r$$

$$\Rightarrow p_r \leqq q_s \leqq p_r$$

$$\Rightarrow p_r = q_s.$$

Daraus folgt

$p_1 \cdot p_2 \ldots p_{r-1} = q_1 \ldots q_{s-1}$, und da diese Zahl kleiner als $k + 1$ ist, haben wir nach Induktionsvoraussetzung

$$r - 1 = s - 1 \text{ und } p_i = q_i \text{ für } i \in \{1, \ldots, r - 1\},$$

also auch $r = s$ und zusammen mit $p_r = q_s$ die Eindeutigkeit der Zerlegung für $k + 1$.

Aufgaben

(A 1.19) Verallgemeinern Sie Lemma 1.21 zu der Aussage:

$$[\,\text{ggT}\,(a, c) = 1 \text{ und } c \mid a\,b\,] \Rightarrow c \mid b.$$

(A. 1.20) Teilbarkeitslehre in $G = \{1\} \cup 2\,\mathbb{N} = \{1, 2, 4, 6, 8, 10, \ldots\}$
Die Begriffe teilt, unzerlegbar, prim sind wie in $\mathbb{N}$ definiert. Kenntnis der Teilbarkeitslehre in $\mathbb{N}$ wird vorausgesetzt.

a) Untersuchen Sie die Menge der gemeinsamen Teiler von 60 und 36 in G. Können Sie einen größten gemeinsamen Teiler angeben?

b) Bestimmen Sie alle Primzahlen $\leqq 50$ in G.

c) Beweisen Sie Lemma 1.19 in G (Jede Zahl aus G hat mindestens einen Primteiler aus G)

d) Beweisen Sie die Existenz einer Primfaktorzerlegung für die Elemente von G. (Analog zu Teil 1) des Hauptsatzes).

e) Zeigen Sie, daß die Primteiler-Bedingung von Lemma 1.21 in G nicht gilt (d. h. Geben Sie Zahlen $a, b \in G$ und eine Primzahl $q \in G$ mit $q \mid a\,b$ und $q \nmid a$ und $q \nmid b$ an.)

f) Geben Sie ein Beispiel einer Zahl $n \in G$ mit zwei verschiedenen Primfaktorzerlegungen an.

g) Untersuchungen Sie, ob in zwei verschiedenen Primfaktorzerlegungen von $n \in G$ wenigstens die Anzahlen der Faktoren gleich sein müssen.

h) Können Sie einige (oder alle) Zahlen aus G angeben, deren Primfaktorzerlegung eindeutig bestimmt ist?

(A 1.21) Eine Kette ist eine linear geordnete Menge. Bestimmen Sie

$$K = \{a \in \mathbb{N} \mid (T_a, \mid\,) \text{ ist Kette}\}$$

1.G Exponentenfolgen

Wir betrachten zur Einführung ein Beispiel. Einige der dabei auftretenden Begriffe werden später genauer erklärt. $a = 18\,375$ und $b = 26\,620$ haben die Primfaktorzerlegungen

$$a = 3 \cdot 5 \cdot 5 \cdot 5 \cdot 7 \cdot 7 = 3^1 \cdot 5^3 \cdot 7^2$$

$$b = 2 \cdot 2 \cdot 5 \cdot 11 \cdot 11 \cdot 11 = 2^2 \cdot 5^1 \cdot 11^3.$$

Um eine einheitliche Darstellung der Primfaktorzerlegung zu erhalten, gehen wir aus von der Folge der Primzahlen in natürlicher Ordnung $(p_1, p_2, p_3, \ldots, p_n, \ldots) = (2, 3, 5, 7, \ldots, p_n, \ldots)$ und schreiben

$$\begin{aligned} a &= 2^0 \cdot 3^1 \cdot 5^3 \cdot 7^2 \cdot 11^0 \cdot 13^0 \cdot \ldots \cdot p_n{}^0 \cdot \ldots \\ &= 1 \cdot 3 \cdot 5^3 \cdot 7^2 \cdot 1 \cdot 1 \cdot \ldots \cdot 1 \cdot \ldots \end{aligned}$$

als formales Produkt mit unendlich vielen Faktoren, wobei aber von einer gewissen Stelle an nur noch Einsen auftreten.

$$b = 2^2 \cdot 3^0 \cdot 5^1 \cdot 7^0 \cdot 11^3 \cdot 13^0 \cdot \ldots \cdot p_n{}^0 \cdot \ldots$$

Wenn die Reihenfolge der Primzahlen ein für allemal festgelegt ist, braucht man nur noch die auftretenden Exponenten zu beachten, das ergibt eine Zuordnung

$$a \to \alpha = (0, 1, 3, 2, 0, 0, \ldots)$$

$$b \to \beta = (2, 0, 1, 0, 3, 0, 0, \ldots).$$

In den Folgen der Exponenten kommen dabei von einer gewissen Stelle an nur noch Nullen vor.

Multiplikation ergibt nun

$$\begin{aligned} ab &= 489\,142\,500 \\ &= 3^1 \cdot 5^3 \cdot 7^2 \cdot 2^2 \cdot 5^1 \cdot 11^3 \\ &= 2^{0+2} \cdot 3^{1+0} \cdot 5^{3+1} \cdot 7^{2+0} \cdot 11^{0+3} \cdot 13^0 \cdot 17^0 \\ &= 2^2 \cdot 3^1 \cdot 5^4 \cdot 7^2 \cdot 11^3 \cdot 13^0 \cdot 17^0 \cdot \ldots \end{aligned}$$

Die zugeordnete Exponentenfolge ist

$$\begin{aligned} ab \to \gamma &= (2, 1, 4, 2, 3, 0, 0, 0, \ldots) \\ &= (0+2, 1+0, 3+1, 2+0, 0+3, 0+0, \ldots) \\ &= \alpha + \beta. \end{aligned}$$

Bei der Multiplikation von Zahlen addieren sich die Exponenten der zugehörigen Primfaktorzerlegungen.

Zahlen und Exponentenfolgen

Eine *Folge* (mit Werten in einer Menge M) ist eine Funktion $\alpha : \mathbb{N} \to M$. Statt αi schreibt man gern α_i. Die Folge kann man dann mit einer Wertetabelle angeben:

$$\alpha = (\alpha_1, \alpha_2, \alpha_3, \ldots).$$

Wir interessieren uns für Folgen $\alpha : \mathbb{N} \to \mathbb{N}_0$ mit der Eigenschaft, daß nur endlich viele der Funktionswerte α_i von Null verschieden sind, denn solche treten bei der Primfaktorzerlegung auf. Statt „*nur für endlich viele i ist* $\alpha_i \neq 0$" sagen wir auch „*fast alle* α_i *sind gleich* 0". Die Menge der beschriebenen Folgen nennen wir $\Sigma\,\mathbb{N}$ (gelesen: Sigma $\mathbb{N}$, nach einer in der Gruppentheorie üblichen Bezeichnungsweise), also

$$\Sigma\,\mathbb{N} = \{\alpha : \mathbb{N} \to \mathbb{N}_0 \mid \textit{fast alle } \alpha_i = 0\}.$$

Jeder Zahl $a \in \mathbb{N}$ wollen wir nun eine Folge $\alpha \in \Sigma\,\mathbb{N}$ zuordnen durch die Vorschrift:

$$\text{Ist } a = 2^{\alpha_1} \cdot 3^{\alpha_2} \cdot \ldots \cdot p_n{}^{\alpha_n}$$

die Primfaktorzerlegung von a, wobei p_n *die n-te Primzahl und* $\alpha_i \geqq 0$ für $i \in \{1, \ldots, n\}$ ist, so sei

$$\alpha = (\alpha_1, \alpha_2, \ldots, \alpha_n, 0, 0, 0, \ldots)$$

Nach dem Hauptsatz Teil 1) hat jedes $a \in \mathbb{N}$ eine endliche Primfaktorzerlegung, also erfüllt die Zuordnung die Funktionsbedingung (F 1), wobei wir allerdings noch $1 \to (0, 0, 0 \ldots)$ ergänzen müssen. Nach Teil 2 des Hauptsatzes ist die Primfaktorzerlegung, also auch die Exponentenfolge, eindeutig bestimmt; d.h. die Zuordnung erfüllt auch (F 2). Damit ergibt sich aus dem Hauptsatz:

Durch $a \to (\alpha_1, \alpha_2, \alpha_3, \ldots)$ wird eine Funktion

$$\Phi : \mathbb{N} \to \Sigma\,\mathbb{N}$$

definiert. Φ ist bijektiv, denn wir können leicht eine zu Φ inverse Funktion angeben: Sei $\alpha \in \Sigma\,\mathbb{N}$ gegeben. Da fast alle $\alpha_i = 0$ sind, gibt es ein n mit $\alpha_j = 0$ für alle $j > n$. Wir setzen

$$\Pi\,\alpha = 2^{\alpha_1} \cdot 3^{\alpha_2} \cdot \ldots \cdot p_n{}^{\alpha_n} \in \mathbb{N}.$$

Nach dieser Definition ist

$$\begin{aligned}\Phi\,(\Pi\,\alpha) &= \Phi\,(2^{\alpha_1} \cdot \ldots p_n{}^{\alpha_n})\\ &= (\alpha_1, \alpha_2, \ldots, \alpha_n, 0, 0, 0, \ldots)\\ &= \alpha\end{aligned}$$

und ebenso

$$\Pi\,(\Phi a) = a.$$

(K 1.22) Berechnen Sie Φ 1870 und Π (1, 0, 2, 0, 3, 0, 0, 0, . . .).

Multiplikation in $\mathbb{N}$ und Addition in $\Sigma\,\mathbb{N}$

Zu zwei Exponentenfolgen α, β definieren wir ihre Summe $\alpha + \beta$ durch $(\alpha + \beta)_i = \alpha_i + \beta_i$. Da von einer gewissen Stelle an sowohl $\alpha_i = 0$ als auch $\beta_i = 0$ gilt, haben wir von derselben Stelle an $(\alpha + \beta)_i = 0$, d. h. es ist $\alpha + \beta \in \Sigma\,\mathbb{N}$. Damit können wir die Multiplikation in $\mathbb{N}$ in die Addition in $\Sigma\,\mathbb{N}$ übersetzen:

Mit $\Phi a = \alpha$ und $\Phi b = \beta$ ist

$$
\begin{aligned}
\Phi[ab] &= \Phi\,[(2^{\alpha_1} 3^{\alpha_2} \ldots p_n{}^{\alpha_n})(2^{\beta_1} 3^{\beta_2} \ldots p_n{}^{\beta_n})] \\
&= \Phi\,[2^{\alpha_1+\beta_1} 3^{\alpha_2+\beta_2} \ldots p_n{}^{\alpha_n+\beta_n}] \\
&= (\alpha_1 + \beta_1, \alpha_2 + \beta_2, \ldots, \alpha_n + \beta_n, 0, 0, 0, \ldots) \\
&= \alpha + \beta \\
&= \Phi a + \Phi b.
\end{aligned}
$$

Und für die Umkehrfunktion Π erhalten wir

$$
\begin{aligned}
\Pi\,(\alpha + \beta) &= \Pi\,(\Phi a + \Phi b) \\
&= \Pi\,(\Phi\, ab) \\
&= ab \\
&= (\Pi\,\alpha) \cdot (\Pi\,\beta).
\end{aligned}
$$

Wie vorteilhaft der Übergang zu den Exponentenfolgen sich für die Teilbarkeitslehre auswirkt, zeigt der nächste Abschnitt.

Übersetzung von Teilbarkeitseigenschaften

Wir betrachten $a, r \in \mathbb{N}$ und $\alpha = \Phi a$, $\rho = \Phi r$.

$$
\begin{aligned}
r \mid a &\Leftrightarrow \exists\, s \in \mathbb{N} : rs = a \\
&\Leftrightarrow \exists\, \sigma \in \Sigma\,\mathbb{N} : \rho + \sigma = \alpha \\
&\Leftrightarrow \forall_i\ \exists\, \sigma_i : \rho_i + \sigma_i = \alpha_i \\
&\Leftrightarrow \forall_i : \rho_i \leqq \alpha_i
\end{aligned}
$$

Wir definieren nun in naheliegender Weise

$$\beta \leqq \gamma \text{ (in } \Sigma\,\mathbb{N}) \Leftrightarrow_{\text{def}} \forall i : \beta_i \leqq \gamma_i \text{ (in } \mathbb{N})$$

(Dabei hat das Zeichen $\leqq$ links und rechts verschiedene Bedeutungen!) Die obige Äquivalenzkette können wir damit zusammenfassen:

$$r \mid a \text{ in } \mathbb{N} \Leftrightarrow \rho \leqq \alpha \text{ in } \Sigma\,\mathbb{N}$$

Wir wollen auch den ggT in $\Sigma\,\mathbb{N}$ beschreiben. Dazu ist eine kleine Hilfsüberlegung nötig.

Wir erklären das Minimum zweier Zahlen $x, y \in \mathbb{N}_\circ$ durch

$$\min(x, y) = \begin{cases} x \text{ falls } x \leqq y \\ y \text{ falls } y < x \end{cases}$$

und beweisen

$$z = \min(x, y) \Leftrightarrow \begin{cases} \text{(i)} \quad z \leqq x \text{ und } z \leqq y \\ \text{(ii)} \quad \forall \nu \in \mathbb{N} : \nu \leqq x \text{ und } \nu \leqq y \Rightarrow \nu \leqq z \end{cases}$$

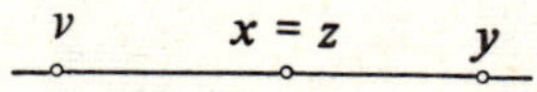

Abb. 21

Man sieht sofort, daß $z = \min(x, y)$ die Bedingungen (i), (ii) erfüllt. Hat z umgekehrt die Eigenschaften (i), (ii) und ist etwa $x \leqq y$, so muß $z = x = \min(x, y)$ sein, weil sonst ein ν (etwa $\nu = x$) existiert, so daß (ii) nicht gilt. Für zwei Exponentenfolgen definieren wir nun auch ein Minimum durch

$$\min(\alpha, \beta) =_{\text{def}} (\min(\alpha_1, \beta_1), \min(\alpha_2, \beta_2), \ldots)$$

nehmen also das Minimum der α_i, β_i an jeder Stelle. (Es ist $\min(\alpha, \beta) \in \Sigma\,\mathbb{N}$). Für die weiteren Betrachtungen seien

$$\alpha = \Phi a, \qquad \beta = \Phi b, \qquad \rho = \Phi r \text{ und } \delta = \Phi d.$$

Behauptung:

$$d = \text{ggT}(a, b) \Leftrightarrow \delta = \min(\alpha, \beta)$$

m. a. W.

$$\text{ggT}(a, b) = \Pi \min(\Phi a, \Phi b)$$

Beweis: Wir brauchen nur die Bedingungen (ggTi, ii) für den ggT mittels Φ zu übersetzen nach $\Sigma\,\mathbb{N}$:

(ggTi) $d \mid a$ und $d \mid b$

(ggTii) $r \mid a$ und $r \mid b \Rightarrow r \mid d$

Anwendung von Φ:

(ggTi) $\delta \leqq \alpha$ und $\delta \leqq \beta$

(ggTii) $\rho \leqq \alpha$ und $\rho \leqq \beta \Rightarrow \rho \leqq \delta$

Für die einzelnen Exponenten heißt das

$$d = \text{ggT}\,(a, b) \Leftrightarrow \begin{cases} \forall_i : \delta_i \leqq \alpha_i \text{ und } \delta_i \leqq \beta_i \\ \\ \forall_i : \rho_i \leqq \alpha_i \text{ und } \rho_i \leqq \beta_i \Rightarrow \rho_i \leqq \delta_i \end{cases}$$

$$\Leftrightarrow \text{(Hilfsüberlegung) } \forall_i : \delta_i = \min\,(\alpha_i, \beta_i)$$

$$\Leftrightarrow \text{(Definition) } \delta = \min\,(\alpha, \beta).$$

Mit der entsprechenden Definition für das Maximum, nämlich

$$\max\,(x, y) = \begin{cases} x \text{ falls } y \leqq x \\ \\ y \text{ falls } x < y \end{cases}$$

und $\max\,(\alpha, \beta) = (\max\,(\alpha_1, \beta_1), \ldots)$, erhält man

$$\text{kgV}\,(a, b) = \Pi \max\,(\Phi a, \Phi b)$$

Insgesamt haben wir damit aus dem Hauptsatz folgendes Übersetzungsschema hergeleitet:

in $\mathbb{N}$:		in $\Sigma\,\mathbb{N}$:
ab	$\xrightarrow{\Phi}$	$\Phi a + \Phi b$
$(\Pi\alpha)\,(\Pi\beta)$	$\xleftarrow[\Pi]{}$	$\alpha + \beta$
$\mid$		$\leqq$
ggT		min
kgV		max

Wir betrachten dazu noch einmal unser Eingangsbeispiel.

in $\mathbb{N}$	in $\Sigma\,\mathbb{N}$
$a = 18\,375 = 3 \cdot 5^3 \cdot 7^2$	$\Phi a = \alpha = (0, 1, 3, 2, 0, 0, \ldots)$
$b = 26\,620 = 2^2 \cdot 5 \cdot 11^3$	$\Phi b = \beta = (2, 0, 1, 0, 3, 0, 0, \ldots)$
$ab = 489\,142\,500$	$\alpha + \beta = (2, 1, 4, 2, 3, 0, 0, \ldots)$
a teilt b?	$\forall_i : \alpha_i \leqq \beta_i?\ \leqq, >, >, >, \leqq, \leqq, \leqq, \ldots$
$\text{ggT}\,(a, b) = 5$	$\min\,(\alpha, \beta) = (0, 0, 1, 0, 0, 0, \ldots)$
$\text{kgV}\,(a, b) = 97\,828\,500$	$\max\,(\alpha, \beta) = (2, 1, 3, 2, 3, 0, 0, \ldots)$

Zusammenfassend kann man sagen: Durch den Hauptsatz wird die Teilbarkeitslehre in $\mathbb{N}$ reduziert auf

a) Kenntnisse der Menge $\mathbb{P}$ der Primzahlen

b) Addition und Anordnung durch $\leq$ von $\Sigma\ \mathbb{N}$ (mittels Φ)

Natürlich ist dies eine theoretische Einsicht, denn praktisch ist die Primfaktorzerlegung, also der Funktionswert Φa, meist sehr schwer zu bestimmen. Zur Berechnung des ggT von größeren Zahlen wird man immer den Euklidischen Algorithmus vorziehen.

Aufgaben

(K 1.23) Es seien $\alpha = (0, 0, 3, 0, 1, 0, 0, \ldots)$ und $\beta = (1, 0, 1, 0, 2, 0, 0, \ldots)$, sowie $a = \Pi\,\alpha$ und $b = \Pi\,\beta$. Welche der folgenden Gleichungen sind richtig:

a) ggT $(a, b) = 25$
b) ggT $(a, b) = 55$
c) ggT $(a, b) = 75$
d) kgV $(a, b) = 66\,550$
e) kgV $(a, b) = 62\,550$
f) kgV $(a, b) = 632\,320$

(A. 1.24) Beweisen Sie mit Hilfe von Exponentenfolgen:

$$\text{ggT}\ (a, b) \cdot \text{kgV}\ (a, b) = a\,b$$

(A 1.25) Berechnen Sie ggT (12 259, 7667)

a) mit Hilfe der Primfaktorzerlegung der angegebenen Zahlen

b) mit dem Euklidischen Algorithmus.

§ 2. Rationale Zahlen

Dieser Paragraph dient in der Vorstellung algebraischer Begriffe im Beispiel, und zugleich einer Konstruktion der rationalen Zahlen von den ganzen Zahlen aus. Will man den angeordneten Körper $\mathbb{Q}$ als bekannt voraussetzen, so genügt es zum Verständnis der Beispiele in den folgenden Paragraphen sich die Definition einer Nennermenge $\mathcal{N}$ (Def 2.1) und die Beschreibung des zugehörigen Quotientenbereichs $Q\mathcal{N}$ als Teilbereich von $\mathbb{Q}$ am Ende von Abschnitt 2.F zu merken.

2.A Vorbereitungen

Ein wichtiger Grund für die Einführung von Brüchen ist die Tatsache, daß man Gleichungen der Art $bx = a$ in $\mathbb{Z}$ nicht immer lösen kann. Um Hinweise für die Eigenschaften der (gewünschten) Lösungen solcher Gleichungen zu erhalten, studieren wir zunächst Gleichungen, die in $\mathbb{Z}$ Lösungen haben (z.B. $3x = -15$). Dabei machen wir folgende Beobachtungen:

(1) Gleichungen der Form

$$0x = a$$

haben nur Lösungen für $a = 0$, und falls $a = 0$, so erfüllt jedes Element von $\mathbb{Z}$ die Gleichung. Man kann also nie von „der" Lösung von $0x = a$ sprechen. Das führt uns zu der Einschränkung, nur Gleichungen

$$bx = a \qquad \text{mit} \qquad b \neq 0$$

zu betrachten. Dann hat eine solche Gleichung höchstens eine Lösung, und wir wollen ja in dieser Vorbetrachtung nur solche Gleichungen betrachten, die Lösungen in $\mathbb{Z}$ haben, d.h. für die $a \in b\mathbb{Z}$ gilt. Im Anschluß an die übliche Bezeichnungsweise schreiben wir dann $x = \frac{a}{b}$ für die Lösung von $bx = a$. (Nochmals: es ist $x \in \mathbb{Z}$ vorausgesetzt!)

(2) Gilt $bx = a$, so hat man auch $rbx = ra$ für alle $r \in \mathbb{Z}$. Gemäß unserer Einschränkung müssen wir noch $rb \neq 0$ verlangen, und erhalten dann

$$bx = a \Leftrightarrow rbx = ra, \qquad \text{d.h.:}$$

$$\frac{a}{b} = \frac{ra}{rb} \qquad \text{für alle } r \in \mathbb{Z} \setminus \{0\}.$$

(3) Wir nehmen an

$$bx = a \text{ und } dy = c.$$

Kann man hieraus eine Gleichung finden, der $x + y$ genügt?

Wir rechnen etwas:

$$bx = a \Rightarrow bdx = ad$$

$$dy = c \Rightarrow bdy = bc$$

Daraus ergibt sich

$$bd(x + y) = ad + bc.$$

In Bruchform geschrieben:

$$\text{Wenn } x = \frac{a}{b} \text{ und } y = \frac{c}{d}, \qquad \text{so } x + y = \frac{ad + bc}{bd}.$$

(4) Mit denselben Bezeichnungen wie in (3) finden wir auch schnell eine Gleichung für xy:

$$bx = a \text{ und } dy = c \qquad \Rightarrow \qquad bdxy = ac.$$

In Bruchform geschrieben:

$$x = \frac{a}{b} \text{ und } y = \frac{c}{d} \qquad \Rightarrow \qquad xy = \frac{ac}{bd}$$

(5) Wann ist die Lösung von $bx = a$ positiv? Für $a = 0$ und $b \neq 0$ muß $x = 0$ sein. Betrachten wir nun $bx = a$ mit $a, b \neq 0$. Sind a und b beide positiv, so muß x positiv sein. Das gleiche Resultat erhält man, wenn a und b beide negativ sind. Ist aber eines der beiden Elemente a, b positiv und das andere negativ, so muß x negativ sein. Wir fassen zusammen:

$$x = \frac{a}{b} > 0 \qquad \Leftrightarrow \qquad ab > 0.$$

Folgerungen: Zunächst betonen wir noch einmal, daß man für Gleichungen der Art $0x = a$ keine vernünftige (eindeutige) Lösung erwarten kann. Weiter ist für uns hier wichtig, daß sich beim Rechnen mit diesen Brüchen die Nenner nur multiplizieren, nicht aber addieren. Diese Einsicht wollen wir ausnutzen zu einer Konstruktion, mit der die Einführung der rationalen Zahlen wesentlich bereichert wird ohne zusätzliche rechnerische Schwierigkeiten.

2.B Nennermengen und Quotientenmengen

2.1 Definition. Eine Teilmenge $\mathcal{N}$ von $\mathbb{Z}$ heißt eine *Nennermenge,* falls gilt:

(Ni) $0 \notin \mathcal{N}$

(Nii) $1 \in \mathcal{N}$

(Niii) $x \in \mathcal{N}$ und $y \in \mathcal{N} \Rightarrow xy \in \mathcal{N}$.

Nach unseren Vorüberlegungen lassen sich diese Bedingungen so erläutern: Will man Brüche konstruieren, so darf man 0 nicht als Nenner zulassen (Ni). Unter den Brüchen möchte man die ganzen Zahlen wiederfinden, etwa als Lösungen von $1 \cdot x = a$ in der Form $\frac{a}{1}$, also wünscht man 1 als Nenner zur Verfügung zu haben (Nii). Ferner haben wir gesehen, daß die Bedingung (Niii) durch die Nenner erfüllt sein muß, wenn man die Brüche addieren und multiplizieren will.

Beispiele: Wir erinnern uns zunächst an die Definition der Differenzmenge $A \setminus B$ zweier Mengen A, B. Es ist

$$A \setminus B =_{\text{def}} \{a \in A \mid a \notin B\}.$$

(a) $\mathbb{Z} \setminus \{0\}$ ist eine Nennermenge, denn

(i) $0 \notin \mathbb{Z} \setminus \{0\}$,

(ii) $1 \in \mathbb{Z} \setminus \{0\}$,

(iii) $x, y \in \mathbb{Z} \setminus \{0\} \Rightarrow x \neq 0 \neq y \Rightarrow xy \neq 0 \Rightarrow xy \in \mathbb{Z} \setminus \{0\}$

(b) $\{1\}$ und $\mathbb{N}$ sind Nennermengen.

(c) $\{1, -1\}$ ist eine Nennermenge.

(d) $\mathbb{Z} \setminus 3\mathbb{Z}$ ist eine Nennermenge.

Die Menge $\mathbb{Z} \setminus 3\mathbb{Z}$ besteht genau aus den ganzen Zahlen, welche keine Vielfachen von 3 sind.

(i) Wegen $0 = 3 \cdot 0 \in 3\mathbb{Z}$ ist $0 \notin \mathbb{Z} \setminus 3\mathbb{Z}$

(ii) Wegen $1 \notin 3\mathbb{Z}$ ist $1 \in \mathbb{Z} \setminus 3\mathbb{Z}$

(iii) Ist $x, y \in \mathbb{Z} \setminus 3\mathbb{Z}$, so gilt $3 \nmid x$ und $3 \nmid y$, also nach der Primteilerbedingung (PT) von Lemma 1.21 auch $3 \nmid xy$ d.h. $xy \in \mathbb{Z} \setminus 3\mathbb{Z}$. Hierbei ist wesentlich, daß 3 eine Primzahl ist.

(e) $\mathbb{Z} \setminus 6\mathbb{Z}$ ist keine Nennermenge, denn (Niii) gilt hier nicht: Es ist $2 \in \mathbb{Z} \setminus 6\mathbb{Z}$ und $3 \in \mathbb{Z} \setminus 6\mathbb{Z}$, jedoch $2 \cdot 3 = 6 \notin \mathbb{Z} \setminus 6\mathbb{Z}$.

(f) $\mathscr{D} = \{10^i \mid i \in \mathbb{N}_0\}$ ist eine Nennermenge:

(i) 0 ist keine Zehnerpotenz

(ii) $1 = 10^0 \in \mathscr{D}$

(iii) $x = 10^k$ und $y = 10^l \Rightarrow xy = 10^{k+l} \in \mathscr{D}$.

Da jede Nennermenge $\mathscr{N}$ eine Teilmenge von $\mathbb{Z}$ ist und 0 nicht enthält, gilt $\mathscr{N} \subseteq \mathbb{Z} \setminus \{0\}$. Jede Nennermenge $\mathscr{N}$ enthält 1, also hat man $\{1\} \subseteq \mathscr{N}$. Man kann also $\{1\}$ als die kleinste und $\mathbb{Z} \setminus \{0\}$ als die größte Nennermenge bezeichnen.

(K 2.1) Zeigen Sie: $\{n^2 \mid n \in \mathbb{N}\}$ ist eine Nennermenge.

(K 2.2) Zeigen Sie: Sind $\mathscr{N}$ und $\mathscr{M}$ Nennermengen, so auch $\mathscr{N} \cap \mathscr{M}$.

Wir steuern nun darauf hin, Brüche mit einer festen Nennermenge $\mathscr{N}$, m. a. W. Lösungen von Gleichungen $bx = a$ mit $b \in \mathscr{N}$, zu konstruieren. Zu diesem Zweck gehen wir zuerst von der Gleichung $bx = a$ zu dem Paar $(a, b) \in \mathbb{Z} \times \mathscr{N}$ über. Ferner stellen wir die Beobachtung (2) in Rechnung, daß sich Brüche bei „Erweitern“ nicht ändern.

2.2 Definition: Es sei $\mathscr{N}$ eine Nennermenge. In $\mathbb{Z} \times \mathscr{N}$ sei

$$(a, b) \sim (r, s) \Leftrightarrow_{\text{def}} as = br.$$

Wir verifizieren die Eigenschaften einer Äquivalenzrelation für $\sim$:

$\sim$ ist reflexiv: Wegen $ab = ba$ gilt $(a, b) \sim (a, b)$ für alle $(a, b) \in \mathbb{Z} \times \mathscr{N}$.

$\sim$ ist symmetrisch: Aus $(a, b) \sim (r, s)$ folgt $as = br$ und daraus $(r, s) \sim (a, b)$.

$\sim$ ist transitiv:

$(a, b) \sim (r, s)$ und $(r, s) \sim (x, y)$

$\Rightarrow as = br$ und $ry = sx$

$\Rightarrow asy = bry = bsx$

$\Rightarrow asy - bsx = 0$

$\Rightarrow (ay - bx)s = 0$

$\Rightarrow ay - bx = 0$, da $s \in \mathscr{N}$ von 0 verschieden ist,

$\Rightarrow ay = bx$

$\Rightarrow (a, b) \sim (x, y)$

Die Menge $\mathbb{Z} \times \mathscr{N} / \sim$ der Äquivalenzklassen von $\sim$ in $\mathbb{Z} \times \mathscr{N}$ nennen wir den *Quotientenbereich* (bezüglich $\mathscr{N}$). Wir setzen $Q\mathscr{N} =_{\text{def}} \mathbb{Z} \times \mathscr{N} / \sim$.

Als besondere Bezeichnung führen wir ein $\mathbb{Q} =_{\text{def}} Q\,(\mathbb{Z} \setminus \{0\})$ und nennen $\mathbb{Q}$ die *Menge der rationalen Zahlen.* Die Äquivalenzklassen von $\sim$ in $\mathbb{Z} \times \mathcal{N}$ bezeichnen wir (in diesem Paragraphen) mit großen Buchstaben, kleine Buchstaben sind weiterhin Variable für Elemente aus $\mathbb{Z}$. Wir haben also etwa $A \in Q\,\mathcal{N}$ mit $A = \{(x, y) \mid (a, b) \sim (x, y)\} = \kappa\,(a, b)$, dabei ist $\kappa : \mathbb{Z} \times \mathcal{N} \to Q\,\mathcal{N}$ die Äquivalenzklassenbildung. Statt $\kappa\,(a, b)$ werden wir später $\frac{a}{b}$ schreiben. Die Schreibweise $\kappa\,(a, b)$ soll die Natur der Elemente von $Q\,\mathcal{N}$ etwas deutlicher hervorheben.

Skizze einiger Äquivalenzklassen in $\mathbb{Z} \times (\mathbb{Z} \setminus \{0\})$:

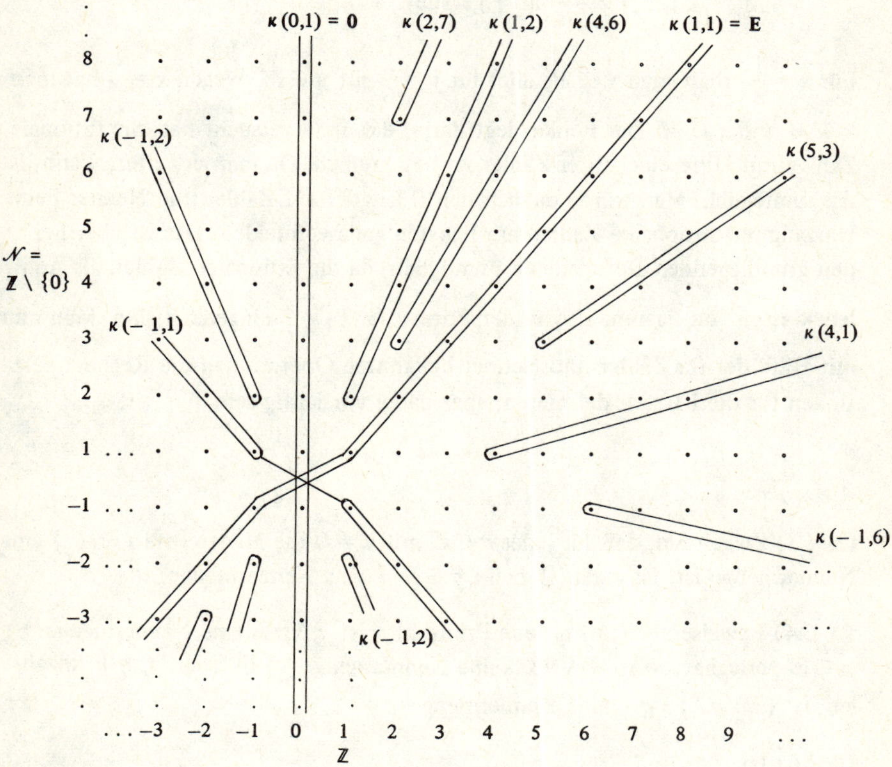

Abb. 22

Spezielle Quotienten in jedem $Q\,\mathcal{N}$:

Wir setzen $\mathbf{0} = \kappa\,(0,1)$ und nennen $\mathbf{0}$ den Nullquotienten. Es gilt $(0,1) \sim (x, y) \Leftrightarrow 0 \cdot y = 1 \cdot x \Leftrightarrow x = 0$, also

$$(x, y) \in \mathbf{0} \Leftrightarrow x = 0.$$

Weiter sei $\mathbf{E} = \kappa\,(1,1)$. $\mathbf{E}$ heißt der Einsquotient. Es gilt

$$(1,1) \sim (x, y) \Leftrightarrow 1 \cdot x = 1 \cdot y \Leftrightarrow x = y.$$

Ehe wir zur Definition der Rechenoperationen in $Q\mathcal{N}$ übergehen, wollen wir die dabei auftretende Problematik etwas beleuchten. Wir beschränken uns dazu auf rationale Zahlen, die wir in der vertrauten Form $A = \frac{a}{b}$ mit Zähler a und Nenner b schreiben. Gerade diese Darstellung mit Zähler und Nenner ist es, die leicht zu Fehlern verleitet. Betrachten wir etwa

$$M = \left\{x \in \mathbb{Q} \mid x = \frac{r}{s} \text{ mit } r \text{ gerade}\right\}.$$

Für $x = \frac{1}{3}$ erhält man $x \notin M$, aber für $y = \frac{2}{6}$ gilt $y \in M$. Wegen $x = y$ hat man $x \notin M$ und $x \in M$. Der Fehler liegt darin, daß man versucht hat, die rationale Zahl x mit Hilfe eines ihrer Zähler zu beschreiben. Da man erweitern kann, ist das unmöglich. Man würde danach den Rückgriff auf Zähler und Nenner beim Umgang mit rationalen Zahlen am liebsten ganz vermeiden. Das ist aber bei den grundlegenden Definitionen unmöglich, da die rationalen Zahlen als Äquivalenzklassen von Paaren, also in der Form $\kappa\,(a, b) = \frac{a}{b}$ eingeführt sind. Man muß mit Hilfe der für Zähler und Nenner bekannten Operationen die Rechenoperationen für die Klassen definieren, aber dabei vorsichtig sein.

Aufgaben:

(A 2.3) Zeigen Sie, daß für jedes $a \in \mathbb{Z}$ mit $a \neq 0$ die Menge $\{a^i \mid i \in \mathbb{N}_\circ\}$ eine Nennermenge ist. Ist auch $\{2^i\, 5^j \mid i, j \in \mathbb{N}_\circ\}$ eine Nennermenge?

(A 2.4) Beweisen Sie a) Für jede Primzahl p ist $\mathbb{Z} \setminus p\,\mathbb{Z}$ eine Nennermenge. b) Ist $n \in \mathbb{N}$ zerlegbar, so ist $\mathbb{Z} \setminus n\mathbb{Z}$ keine Nennermenge. c) Es seien p, q Primzahlen. Ist $(\mathbb{Z} \setminus p\,\mathbb{Z}) \setminus q\,\mathbb{Z}$ eine Nennermenge?

(A 2.5) Ist

$$\mathcal{M} = \{n \in \mathbb{N} \mid \exists\, x \in \mathbb{N}_\circ, y \in \mathbb{N} : n = x^2 + y^2\}$$

eine Nennermenge? Wie steht es mit den Summen von 3 bzw. mit den Summen von 4 Quadraten?

(A 2.6) Untersuchen Sie, welche der Eigenschaften reflexiv, symmetrisch, transitiv die folgenden Relationen ρ, σ, τ, π haben:

$$(a, b)\ \rho\ (r, s) \Leftrightarrow_{\text{def}} a+r = b+s \text{ in } \mathbb{N}_0 \times \mathbb{N}_0$$

$$(a, b)\ \sigma\ (r, s) \Leftrightarrow_{\text{def}} a+s = b+r \text{ in } \mathbb{N}_0 \times \mathbb{N}_0$$

$$(a, b)\ \tau\ (r, s) \Leftrightarrow_{\text{def}} ar = bs \text{ in } \mathbb{N} \times \mathbb{N}$$

$$(a, b)\ \pi\ (r, s) \Leftrightarrow_{\text{def}} as = br \text{ in } \mathbb{Z} \times \mathbb{Z}$$

2.C Addition in $Q\mathcal{N}$

Wir wollen die Elemente von $Q\mathcal{N}$ addieren, d.h. mit Äquivalenzklassen operieren, die wir nur mit Hilfe von Vertretern angeben können. Wie wir für die Vertreter zu verfahren haben, sagt uns Beobachtung (3) aus Abschnitt A, die Übertragung der Operation auf die Äquivalenzklassen schaffen wir mit Hilfe des Satzes 0.2 über die Lösbarkeit von Funktionengleichungen. Der Zweck der folgenden Überlegungen ist es zu zeigen, daß durch die Formel

$$\frac{a}{b} + \frac{c}{d} =_{\text{def}} \frac{ad+bc}{bd}$$

in jedem Quotientenbereich eine sinnvolle, d.h. von der Verwendung von Zähler und Nenner unabhängige Addition von Äquivalenzklassen definiert wird.

Aus dem Satz über Funktionengleichungen erhalten wir die Addition der Klassen in Form einer Funktion α, welche jedem Paar (A, B) die Summe $A+B$ zuordnet. Da wir A und B selbst als Klassen von Paaren definiert hatten werden die Bezeichnungen ziemlich kompliziert, die entstehenden Ungetüme sind aber harmlos. – Nun zur technischen Durchführung.

Es seien (a, b) und (c, d) aus $\mathbb{Z} \times \mathcal{N}$. Wegen (Niii) ist $bd \in \mathcal{N}$, also die Äquivalenzklasse $\kappa\,(ad + bc, bd) \in Q\mathcal{N}$.

Wir setzen

$$\psi\,[\,(a, b), (c, d)\,] = \kappa\,(ad + bc, bd).$$

Das ergibt die Funktion

$$\psi : (\mathbb{Z} \times \mathcal{N}) \times (\mathbb{Z} \times \mathcal{N}) \to Q\mathcal{N}.$$

Weiter sei

$$\varphi = [\,(a, b), (c, d)\,] \to [\kappa\,(a, b), \kappa\,(c, d)\,]$$

die Funktion

$$\varphi : (\mathbb{Z} \times \mathcal{N}) \times (\mathbb{Z} \times \mathcal{N}) \to Q\mathcal{N} \times Q\mathcal{N}$$

welche jedem Paar von Paaren das betreffende Paar der Äquivalenzklassen zuordnet. Wir erhalten folgendes Diagramm:

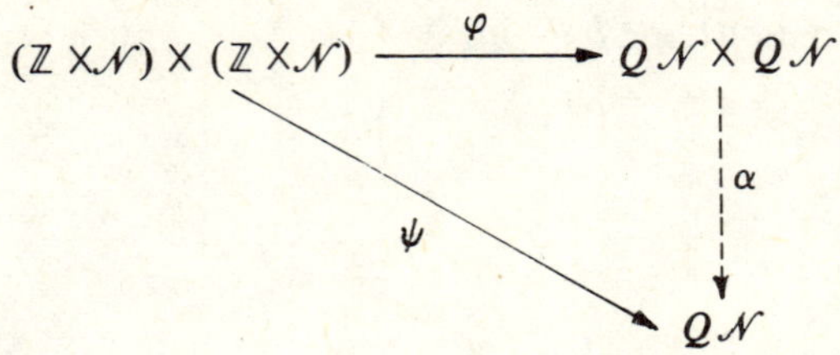

Abb. 23

φ ist surjektiv. Können wir zeigen $\varphi x = \varphi y \Rightarrow \psi x = \psi y$ (mit der entsprechenden Bedeutung von x und y), so können wir den Satz über die Lösbarkeit von Funktionsgleichungen anwenden und erhalten die Funktion α mit $\varphi \circ \alpha = \psi$.
Es sei also etwa

$$\varphi\,[\,(a, b), (r, s)\,] = \varphi\,[\,(a', b'), (r', s')\,],$$

das heißt

$$\kappa\,(a, b) = \kappa\,(a', b') \text{ und } \kappa\,(r, s) = \kappa\,(r', s'), \qquad \text{m. a. W.:}$$

$$(a, b) \sim (a', b') \text{ und } (r, s) \sim (r', s').$$

Unter Rückgriff auf die Definition der Äquivalenzrelation $\sim$ erhalten wir daraus
$(*)$ $ab' = a'b$ und $rs' = r's$.

Den folgenden Rechengang findet man eigentlich, indem man vom Ergebnis her „rückwärts" rechnet, wir geben ihn hier aber in der logischen Abfolge wieder:

$$(*) \Rightarrow ab'ss' + rs'bb' = ba'ss' + r'sbb'$$
$$\Rightarrow (as + br)\, b's' = (a's' + b'r')\, sb$$
$$\Rightarrow (as + br, bs) \sim (a's' + b'r', b's')$$
$$\Rightarrow \kappa\,(as + br, bs) = \kappa\,(a's' + b'r', b's')$$
$$\Rightarrow \psi\,[(a, b), (r, s)] = \psi\,[(a'b'), (r's')]$$

Damit sind die Voraussetzungen des Satzes über Funktionengleichungen erfüllt, und wir erhalten: Es gibt genau eine Funktion

$\alpha : Q\mathcal{N} \times Q\mathcal{N} \to Q\mathcal{N}$ mit $\varphi \circ \alpha = \psi$. Wie kann man die Funktionswerte ausrechnen? Es seien $A = \kappa\,(a, b)$ und $B = \kappa\,(r, s)$ aus $Q\mathcal{N}$. Dann ist $\varphi\,[(a, b), (r, s)] = (A, B)$ und es ergibt sich

$$\begin{aligned}\alpha(A, B) &= \varphi \circ \alpha\,[(a, b), (r, s)]\\ &= \psi\,[(a, b), (r, s)]\\ &= \kappa\,(as + br, bs).\end{aligned}$$

(K 2.7) Berechnen Sie für $\mathcal{N} = \mathbb{Z} \setminus 3\mathbb{Z}$ und $A = \kappa\,(4,2)$ und $B = \kappa\,(3,5)$ die Funktionswerte

$\psi\,[(4,2), (3,5)]$,

$\varphi\,[(4,2), (3,5)]$,

$\alpha\,(A, B)$.

Der Funktionswert von α wird genau nach der Vorschrift berechnet, die wir in Beobachtung (3) für die Addition von Gleichungslösungen erkannt und zur Definition von ψ verwendet haben. Wir nennen deshalb $\alpha : Q\mathcal{N} \times Q\mathcal{N} \to Q\mathcal{N}$ die Additionsfunktion von $Q\mathcal{N}$ und schreiben von nun an $A + B$ statt $\alpha(A, B)$. Man faßt $Q\mathcal{N}$ und die darin erklärte Addition (oder Additionsfunktion) + zusammen zu einem Paar $(Q\mathcal{N}, +)$ und nennt dies ein Gebilde. Es ist nun zu untersuchen, inwieweit das neue Gebilde $(Q\mathcal{N}, +)$ sich von dem alten Gebilde $(\mathbb{Z}, +)$ unterscheidet; bzw. welche Haupteigenschaften $(Q\mathcal{N}, +)$ hat, auf die man sich beim Rechnen stützen kann.

2.3 Satz über die Eigenschaften von $(Q\mathcal{N}, +)$. *Das Gebilde $(Q\mathcal{N}, +)$ hat die Eigenschaften:*

$$(\mathrm{Ass}^+)\ \forall X, Y, Z \in Q\mathcal{N} : (X + Y) + Z = X + (Y + Z)$$

$$(\mathrm{Kom}^+)\ \forall X, Y \in Q\mathcal{N} : X + Y = Y + X$$

$$(\mathrm{Neutr}^+)\ \forall X \in Q\mathcal{N} : \mathbf{0} + X = X$$

$$(\mathrm{Inv}^+)\ \forall X \in Q\mathcal{N}\ \exists\ \bar{X} \in Q\mathcal{N} : X + \bar{X} = \mathbf{0}$$

Beweis: Zum Beweis dieser Rechengesetze muß man jedesmal auf die Definition von + in $Q\mathcal{N}$ zurückgreifen, darüber hinaus handelt es sich nur um einfaches Verifizieren unter Beachtung der Rechengesetze in $(\mathbb{Z}, +)$. Wir nehmen für den ganzen Beweis an

$X = \kappa(a, b)$, und $Y = \kappa(r, s)$, und $Z = \kappa(v, w)$

$$\begin{aligned}(\mathrm{Ass}^+) : (X + Y) + Z &= \kappa(as + br, bs) + \kappa(v, w)\\ &= \kappa(asw + brw + bsv, bsw)\\ &= \kappa(a, b) + \kappa(rw + sv, sw)\\ &= X + (Y + Z).\end{aligned}$$

$$\begin{aligned}(\mathrm{Kom}^+) : \qquad X + Y &= \kappa(as + br, bs)\\ &= \kappa(rb + sa, sb)\\ &= Y + X\end{aligned}$$

(Neutr^+) Wir erinnern uns daran, daß $\mathbf{0} = \kappa(0,1)$ definiert war.

$$\begin{aligned}X + \mathbf{0} &= \kappa(a \cdot 1 + b \cdot 0, b \cdot 1)\\ &= \kappa(a, b) = X\end{aligned}$$

(Inv^+) Wir wählen $\bar{X} = \kappa(-a, b)$ und erhalten

$$\begin{aligned}X + \bar{X} &= \kappa(ab + (-a)b, bb)\\ &= \kappa(0, b^2) = \mathbf{0}\end{aligned}$$

Bemerkung: Wegen $X = \kappa(a, b)$ und $b \in \mathcal{N}$ ist $(-a, b) \in \mathbb{Z} \times \mathcal{N}$, also die Bildung von $\bar{X}$ in $Q\mathcal{N}$ zulässig.

Folgerungen: Wir beweisen nun einige Aussagen über die Addition in $Q\mathcal{N}$ mit Hilfe der obigen Rechengesetze. Wir brauchen dabei nicht mehr auf die Definition von + zurückzugehen. Wegen (Kom^+) gelten $A + \bar{A} = \mathbf{0} = \bar{A} + A$ und $A + \mathbf{0} = A = \mathbf{0} + A$.

(1) Lösbarkeit von Gleichungen:

Für alle $A, B \in Q\mathcal{N}$ gibt es genau ein $X \in Q\mathcal{N}$ mit $A + X = B$.
Beweis: Nach (Inv^+) gibt es ein Element $\bar{A}$ mit $A + \bar{A} = \mathbf{0}$.

Es ist

$$\begin{aligned} A + (\bar{A} + B) &= (A + \bar{A}) + B && \text{(Ass)} \\ &= \mathbf{0} + B && \text{(Ino)} \\ &= B, && \text{(Neutr)} \end{aligned}$$

also gibt es ein Element aus $Q\mathcal{N}$ welches die Gleichung erfüllt. Es sei nun auch

$$A + Y = B.$$

Dann ist

$$\begin{aligned} \bar{A} + B = \bar{A} + (A + Y) &= (\bar{A} + A) + Y \\ &= \mathbf{0} + Y \\ &= Y, \end{aligned}$$

also $Y = \bar{A} + B$. Damit ist auch die Eindeutigkeit der Lösung gezeigt.

(2) Wir betrachten den Sonderfall von (1) mit $B = A$. Dann erhalten wir: Es gibt genau ein X mit $A + X = A$. Nach (Neutr$^+$) ist $X = \mathbf{0}$ und wir können sagen: *Es gibt genau ein neutrales Element bzgl. + in $Q\mathcal{N}$.*

(3) Als weiteren Sonderfall von (1) nehmen wir $B = \mathbf{0}$. Es folgt: Es gibt genau ein X mit $A + X = \mathbf{0}$. Nach (Inv$^+$) ist $X = \bar{A}$ und wir können sagen: *Zu jedem $A \in Q\mathcal{N}$ gibt es genau ein $\bar{A} \in Q\mathcal{N}$ mit $A + \bar{A} = \mathbf{0}$.* Wir setzen $\bar{A} = -A$ in der üblichen Schreibweise, und nennen $-A$ das bezüglich der Addition zu A inverse Element. Weiter kürzen wir ab $A - B =_{\text{def}} A + (-B)$. Es gilt dann

$$(-A) + (-(-A)) = \mathbf{0} = (-A) + A,$$

also ist $-(-A) = A$. (Beachte: hierbei ist von Multiplikation nicht die Rede, nur von Inversenbildung bzgl. +!) Nach diesen Betrachtungen geht jedenfalls beim Übergang von $(\mathbb{Z}, +)$ zu $(Q\mathcal{N}, +)$ kein Rechengesetz für die Addition verloren.

2.D Multiplikation in $Q\mathcal{N}$

Bei der Definition der Multiplikation in $Q\mathcal{N}$ haben wir wieder die gleichen Umstände mit den Klassen und Repräsentanten, wir fassen uns diesmal kürzer. Den Hinweis auf die definierende Formel entnehmen wir der Beobachtung (4) in Abschnitt A. Mit (a, b) und $(c, d) \in \mathbb{Z} \times \mathcal{N}$ ist wegen (Niii) auch $(ac, bd) \in \mathbb{Z} \times \mathcal{N}$. Deshalb können wir durch $\psi\,[(a, b), (c, d)] = \kappa\,(ac, bd)$ eine Funktion

$$\psi : (\mathbb{Z} \times \mathcal{N}) \times (\mathbb{Z} \times \mathcal{N}) \to Q\mathcal{N}$$

definieren.

Wie in Abschnitt C sei

$$\varphi : (\mathbb{Z} \times \mathcal{N}) \times (\mathbb{Z} \times \mathcal{N}) \to Q\mathcal{N} \times Q\mathcal{N}$$

durch

$\varphi\,[(a, b), (c, d)] = (\kappa\,(a, b), \kappa\,(c, d))$ definiert.

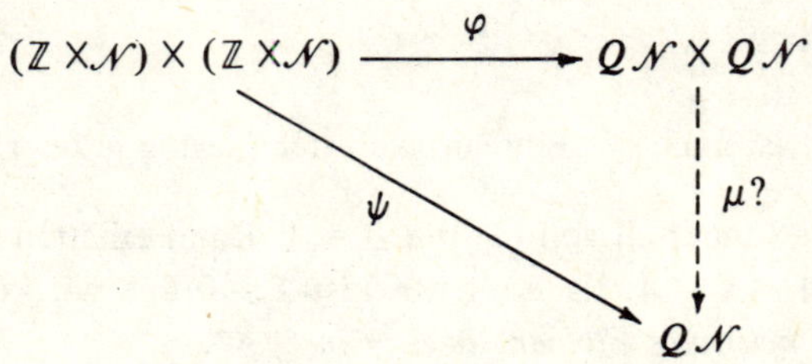

Abb. 24

Da φ surjektiv ist, erhalten wir eine Funktion μ mit $\varphi \circ \mu = \psi$, wenn wir nachweisen $\varphi x = \varphi y \Rightarrow \psi x = \psi y$ (mit der entsprechenden Bedeutung von x, y). Es sei also etwa $\varphi[(a, b), (c, d)] = \varphi[(a', b'), (c', d')]$, das heißt $\kappa\,(a, b) = \kappa\,(a', b')$ und $\kappa\,(c, d) = \kappa\,(c', d')$, m. a. W.:

$$ab' = a'b \text{ und } cd' = c'd.$$

Daraus folgt

$$ab'\,cd' = a'b\,c'd, \text{ also}$$
$$\kappa\,(ac, bd) = \kappa\,(a'c', b'd').$$

Das bedeutet aber nichts anderes als

$$\psi[(a, b), (c, d)] = \psi[(a', b'), (c', d')].$$

Nach dem Satz über die Lösbarkeit von Funktionengleichungen gibt es nun genau eine Funktion $\mu : Q\mathcal{N} \times Q\mathcal{N} \to Q\mathcal{N}$ mit $\varphi \circ \mu = \psi$. Wie kann man die Funktionswerte von μ ausrechnen? Es seien $A = \kappa\,(a, b)$ und $C = \kappa\,(c, d)$ aus $Q\mathcal{N}$. Dann ist

$$\varphi[(a, b), (c, d)] = (A, C)$$

und wir erhalten

$$\begin{aligned}\mu(A, C) &= \varphi \circ \mu[(a, b), (c, d)]\\ &= \psi[(a, b), (c, d)]\\ &= \kappa(ac, bd)\end{aligned}$$

Wir nennen μ die Multiplikationsfunktion von $Q\mathcal{N}$ und gewinnen den Anschluß an die übliche Schreibweise durch die Abkürzung $\mu(A, C) = A \cdot C$, wobei wir ~~meist~~ meist auch noch den Multiplikationspunkt weglassen.

(K 2.8) Berechnen Sie für $\mathcal{N} = \mathbb{Z} \setminus \{0\}$ und $A = \kappa(4,10)$ und $B = \kappa(-3, 100)$ die Funktionswerte

$$\psi[(4,10), (-3, 100)]$$

$$\varphi[(4,10), (-3, 100)]$$

und $\mu(A, B)$.

2.4 Satz über die Eigenschaften von $(Q\mathcal{N}, \cdot)$. *Das Gebilde $(Q\mathcal{N}, \cdot)$ hat die Eigenschaften:*

$$(\text{Ass}^{\cdot})\text{: } \forall X, Y, Z \in Q\mathcal{N} : X(YZ) = (XY)Z$$

$$(\text{Kom}^{\cdot})\text{: } \forall X, Y \in Q\mathcal{N} : XY = YX$$

$$(\text{Neutr}^{\cdot})\text{: } \forall X \in Q\mathcal{N} : X\mathrm{E} = X$$

Beweis: Wir müssen wieder auf die Definition zurückgreifen und die Rechenregeln aus $(\mathbb{Z}, \cdot)$ verwenden. Es seien $X = \kappa(a, b)$ und $Y = \kappa(r, s)$, und $Z = \kappa(v, w)$.

$$(\text{Ass}^{\cdot}) \qquad \begin{aligned} X(YZ) &= X \cdot \kappa(rv, sw)\\ &= \kappa(a(rv), b(sw))\\ &= \kappa((ar)v, (bs)w)\\ &= \kappa(ar, bs) \cdot Z\\ &= (XY)Z \end{aligned}$$

$$(\text{Kom}^{\cdot}) \qquad \begin{aligned} XY &= \kappa(ar, bs)\\ &= \kappa(ra, sb)\\ &= YX \end{aligned}$$

$$(\text{Neutr}^{\cdot}) \qquad \begin{aligned} X\mathrm{E} &= \kappa(a, b) \cdot \kappa(1,1)\\ &= \kappa(a \cdot 1, b \cdot 1)\\ &= X \end{aligned}$$

Um wie üblich rechnen zu können, braucht man auch noch den Zusammenhang zwischen Multiplikation und Addition, der durch die Distributivgesetze gegeben wird. Wir beweisen:

2.5 (Distr.): $\forall X, Y, Z \in Q\mathcal{N}$:

$$X(Y+Z) = XY + XZ \text{ und } (Y+Z)X = YX + ZX.$$

Beweis: Für X, Y, Z verwenden wir die Darstellungen von Satz 2.4

$$\begin{aligned} X(Y+Z) &= X\,\kappa(rw+sv, sw) \\ &= \kappa(a(rw+sv), bsw) \\ &= \kappa(arw+asv, bsw) \\ &= \kappa(arbw+bsav, bsbw) \\ &= \kappa(ar, bs) + \kappa(av, bw) \\ &= XY + XZ. \end{aligned}$$

Mit Hilfe von (Kom˙) erhält man nun

$$\begin{aligned} (Y+Z)X &= X(Y+Z) \\ &= XY + XZ \\ &= YX + ZX \end{aligned}$$

Folgerungen aus 2.4 und 2.5 ohne Rückgriff auf die Definitionen:

(1) *Es gibt nur ein neutrales Element bezüglich der Multiplikation.* Denn ist $A \cdot F = A$ für alle $A \in Q\mathcal{N}$, so folgt mit $A = \mathbf{E}$: $\mathbf{E} \cdot F = \mathbf{E}$ und mit (Neutr˙) und (Kom˙) $\mathbf{E} \cdot F = F \cdot \mathbf{E} = F$, also $\mathbf{E} = F$. Mit (Kom˙) folgt auch $\mathbf{E}X = X\mathbf{E} = X$ für alle $X \in Q\mathcal{N}$.

(2) $\forall X \in Q\mathcal{N} : X \cdot \mathbf{0} = \mathbf{0}$.

Die Null hat also die von $\mathbb{Z}$ her gewohnte Eigenschaft bezüglich der Multiplikation:

Beweis:

$$\begin{aligned} \mathbf{0} + \mathbf{0} = \mathbf{0} &\Rightarrow X(\mathbf{0}+\mathbf{0}) = X\mathbf{0} \\ &\Rightarrow X\mathbf{0} + X\mathbf{0} = X\mathbf{0} \text{ (Distr.)} \\ &\Rightarrow (-X\mathbf{0}) + (X\mathbf{0} + X\mathbf{0}) = -X\mathbf{0} + X\mathbf{0} \\ &\Rightarrow \mathbf{0} + X\mathbf{0} = \mathbf{0} \\ &\Rightarrow X\mathbf{0} = \mathbf{0} \end{aligned}$$

Wegen (Kom˙) haben wir auch $\mathbf{0}X = \mathbf{0}$.

(3) $\forall X : (-\mathbf{E})\, X = -X$

Das Element $-\mathbf{E}$ hat also die von -1 in $\mathbb{Z}$ her gewohnte Eigenschaft bezüglich der Multiplikation.

Beweis:

$$\begin{aligned} \mathbf{0} &= \mathbf{0}X = (\mathbf{E} + (-\mathbf{E}))\, X \\ &= \mathbf{E}X + (-\mathbf{E})\, X \\ &= X + (-\mathbf{E})\, X, \end{aligned}$$

also ist $(-\mathbf{E})\, X$ das zu X bezüglich der Addition inverse Element $-X$.

(4) Aus (3) folgt insbesondere $(-\mathbf{E}) \cdot (-\mathbf{E}) = -(-\mathbf{E}) = \mathbf{E}$, also die bekannte Regel „minus mal minus ist plus".

Spezielle Eigenschaften von $\mathbb{Q} = Q(\mathbb{Z} \setminus \{0\})$:

2.6 $\forall X \in \mathbb{Q} : X \neq \mathbf{0} \Rightarrow \exists\, Y : X \cdot Y = \mathbf{E}$.

Beweis: Es sei $X = \kappa(a, b)$.

$X \neq \mathbf{0}$ bedeutet $a \neq 0$ in $\mathbb{Z}$, also ist $a \in \mathbb{Z} \setminus \{0\}$. Wir bilden $Y = \kappa(b, a)$ und erhalten $X Y = \kappa(ab, ab) = \kappa(1,1) = \mathbf{E}$.

Folgerungen

(1) Für alle $A, B \in \mathbb{Q}$ mit $A \neq \mathbf{0}$ gibt es genau ein $X \in \mathbb{Q}$ mit $A X = B$. – Damit können wir also in $\mathbb{Q}$ sämtliche Gleichungen der Art lösen, von denen wir (in $\mathbb{Z}$) in Abschnitt *A* ausgegangen waren.

Beweis: Es sei $\bar{A}$ ein Element mit $A\bar{A} = E$, welches ja nach 2.6 existiert. Es ist dann

$$A(\bar{A}B) = (A\bar{A})\, B = \mathbf{E}B = B,$$

also ist $\bar{A}B$ eine Lösung der Gleichung. Gilt auch

$$A\, Y = B,$$

so erhalten wir $\bar{A}B = \bar{A}\,(A\,Y) = (\bar{A}A)\, Y = (A\bar{A})\, Y = \mathbf{E}\,Y = Y,$

also gibt es nur eine Lösung.

(2) Setzt man in (1) $B = \mathbf{E}$, so folgt: Es gibt zu $A \in \mathbb{Q}$ mit $A \neq 0$ *genau ein* Element $\bar{A}$ mit $A\bar{A} = \mathbf{E}$. Wir schreiben wie üblich $\bar{A} = A^{-1}$. Es gilt dann $A^{-1} \neq \mathbf{0}$ (sonst wäre $A\,A^{-1} = 0$) und $A\,A^{-1} = \mathbf{E} = (A^{-1})^{-1} \cdot A^{-1}$; also $(A^{-1})^{-1} = A$.

Beispiele mit anderen Nennermengen.

Die Frage nach der Existenz von Inversen bzgl. der Multiplikation in einem Quotientenbereich ist besonders interessant, denn hier kommen die Unterschiede der einzelnen Nennermengen zur Geltung. Wir hatten schon in Abschnitt B (Beispiel (d), (f)) gesehen, daß $\mathbb{Z} \setminus 3\mathbb{Z}$ und $\mathscr{D} = \{10^i \mid i \in \mathbb{N}_0\}$ Nennermengen sind. Welche Elemente der entsprechenden Quotientenbereiche haben Inverse? (Dies ist jetzt immer bzgl. der Multiplikation gemeint). Wir stellen zunächst allgemein fest: *Ein Element X eines Quotientenbereichs $Q\mathscr{N}$ kann höchstens ein Inverses haben.*

Beweis: Es sei $XY = \mathbf{E} = XZ$. Dann ist

$$Y = Y\mathbf{E} = Y(XZ) = (YX)Z = (XY)Z = \mathbf{E}Z = Z.$$

Falls $X \in Q\mathscr{N}$ ein Inverses hat, bezeichnen wir es danach mit X^{-1}.

(1) $Q(\mathbb{Z} \setminus 3\mathbb{Z})$.

(1a) Wir nehmen an es gibt (a, b) mit $3 \nmid a$ und $X = \kappa(a, b)$. Nach dieser Annahme ist $a \in \mathbb{Z} \setminus 3\mathbb{Z}$ und man kann das Element $Y = \kappa(b, a) \in Q(\mathbb{Z} \setminus 3\mathbb{Z})$ bilden. Es folgt

$$\begin{aligned} XY &= \kappa(a, b) \cdot \kappa(b, a) \\ &= \kappa(ab, ab) \\ &= \kappa(1,1) = \mathbf{E}, \end{aligned}$$

also ist $Y = \kappa(b, a) = X^{-1}$.

(1b) Wir nehmen an es gäbe Y mit $XY = \mathbf{E}$. Weiter sei $X = \kappa(a, b)$ und $Y = \kappa(r, s)$. Dann ist $XY = \kappa(ar, bs) = \kappa(1,1)$ und es folgt $ar = bs$. Wegen $3 \nmid bs$ folgt $3 \nmid ar$ und deshalb erst recht $3 \nmid a$.

Wir fassen (1a) und (1b) zusammen:

$$X \in Q(\mathbb{Z} \setminus 3\mathbb{Z}) \textit{ hat ein Inverses}$$

$$\Leftrightarrow \quad \exists\, (a, b) \textit{ mit } X = \kappa(a, b) \textit{ und } 3 \nmid a.$$

Hier haben wir eine Aussage vorliegen, die sich tatsächlich auf einen speziellen Nenner eines Bruches bezieht. Man darf aber dabei den Existenzquantor $\exists$ nicht übersehen, mit dem die Sache in Ordnung bleibt. – (Übrigens gilt hier mehr: $(a, b) \sim (r, s)$ und $3 \nmid a \Rightarrow 3 \nmid r$. Das liegt daran, daß man in diesem speziellen Quotientenbereich nicht mit 3 „erweitern" kann.)

(2) $\mathscr{D} = \{10^i \mid i \in \mathbb{N}_0\}$.

Wir setzen $Q\mathscr{D} = \mathbb{D}\text{ez}$ und nennen $\mathbb{D}\text{ez}$ den Bereich der Dezimalzahlen. Hier sind ja als Nenner genau sämtliche Zehnerpotenzen zugelassen, wodurch der Name gerechtfertigt ist (vgl. z.B. $37,38 = \frac{3738}{100}$).

(2a) Es sei p eine von 2 und 5 verschiedene Primzahl mit $a = p \cdot t$ und $X = \kappa(a, b)$. Weiter sei $Y = \kappa(r, s)$ ein Element von $\mathbb{D}$ez. Dann ist $XY = \kappa(ar, bs)$ mit $bs = 10^n$ für eine $n \in \mathbb{N}_0$ und $ar = ptr$. Da wir $2 \neq p \neq 5$ vorausgesetzt hatten, gilt sicher $ar \neq bs$, denn in $bs = 10^k$ sind nur die Primzahlen 2 und 5 enthalten (*eindeutige* Primfaktorzerlegung!). Also gilt $XY \neq \mathbf{E}$ für alle $Y \in \mathbb{D}$ez; X hat kein Inverses.

(2b) Es sei $a = 2^k\, 5^l$ (mit $k, l \in \mathbb{N}_0$) und $X = \kappa(a, b) \in \mathbb{D}$ez. Wir erweitern so geschickt, daß wir danach X^{-1} in der Hand haben: Es sei
$Y = \kappa(b \cdot 2^l\, 5^k, 10^{k+l})$.

Es folgt

$$\begin{aligned} XY &= \kappa(ab\, 2^l\, 5^k, b\, 10^{k+l}) \\ &= \kappa(b\, 2^k\, 5^l\, 2^l\, 5^k, b\, 10^{k+l}). \\ &= \kappa(b\, 10^{k+l}, b\, 10^{k+l}) \\ &= \mathbf{E}. \end{aligned}$$

Zusammenfassung:

$X \in \mathbb{D}$ez *hat ein Inverses*

$\Leftrightarrow \exists\, (a, b)$ *mit* $X = \kappa(a, b)$ *und* $a = 2^k\, 5^l$ *mit* $k, l \in \mathbb{N}_0$.

Aufgaben

(A 2.9) Unter Rückgriff auf die Definition der Multiplikation ist zu beweisen:

In jedem $Q\mathcal{N}$ gilt

$XY = \mathbf{0} \Rightarrow X = \mathbf{0}$ oder $Y = \mathbf{0}$.

(A 2.10) Beweisen Sie für $A \in Q(\mathbb{Z} \setminus 3\mathbb{Z})$:
$\exists\, (a, b) \in A: 3 \nmid a \Leftrightarrow \forall\, (r, s) \in A: 3 \nmid r$.

(A 2.11) Bestimmen Sie für die Nennermengen $\mathcal{K} = \{5^i \mid i \in \mathbb{N}_0\}$ und $\mathcal{L} = \mathbb{Z} \setminus 5\mathbb{Z}$ alle Elemente von $Q\mathcal{K}$ bzw. $Q\mathcal{L}$, welche Inverse bzgl. der Multiplikation haben.

(A 2.12) Es seien p eine Primzahl und $\mathcal{N}$ eine Nennermenge. Zeigen Sie $\exists\, n \in \mathcal{N}: p \mid n \Rightarrow \kappa(p, 1)$ hat ein Inverses in $Q\mathcal{N}$. Ist hierbei die Voraussetzung „Primzahl" wesentlich?

2.E Anordnung von $\boldsymbol{Q}\mathcal{N}$

Die Menge der positiven Quotienten

Aus Beobachtung (5) in Abschnitt A wissen wir, daß wir $\kappa\ (a, b) > \mathbf{0}$ durch $a\,b > 0$ definieren sollten. Wieder ist nachzuweisen, daß die Definition unabhängig ist von der speziellen Wahl des Paares $(a, b) \in \kappa\ (a, b)$. Beim diesbezüglichen Beweis führen wir gleichzeitig die Vorzeichenfunktion signum (sgn) ein.

Wir definieren $\psi : \mathbb{Z} \times \mathcal{N} \to \{-1, 0, 1\}$ durch

$$\psi\,(a, b) = \begin{cases} -1 & \text{falls } a\,b < 0 \\ \ \ 0 & \text{falls } a\,b = 0 \\ \ \ 1 & \text{falls } a\,b > 0 \end{cases}$$

und erhalten das Diagramm:

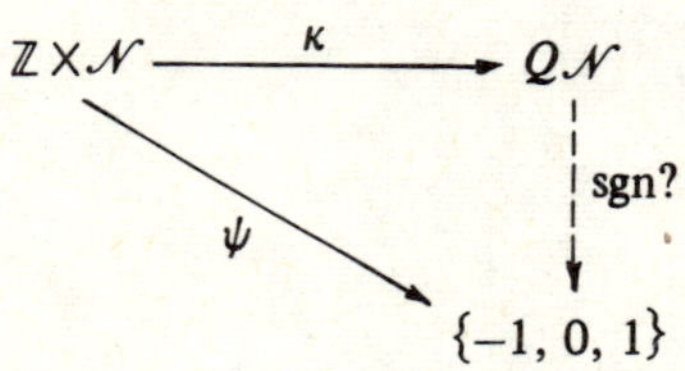

Abb. 25

Hier wollen wir gern die Funktion sgn : $Q\mathcal{N} \to \{-1, 0, 1\}$ einfügen mit $\kappa \circ \text{sgn} = \psi$. Dazu brauchen wir $\kappa\,(a, b) = \kappa\,(r, s) \Rightarrow \psi\,(a, b) = \psi\,(r, s)$.

Im Falle $\kappa\,(a, b) = \mathbf{0}$ folgt $a = 0 = r$ und $\psi\ (a, b) = 0 = \psi\ (r, s)$. Wir können also weiterhin $\kappa\ (a, b) \neq \mathbf{0}$, d.h. $a \neq 0 \neq r$ annehmen. Für den Beweis muß man etliche Fälle unterscheiden, was wir schematisch durchführen. Die Angabe des betr. Falles erfolgt an dem schrägen Strich. Wir wissen $\kappa\ (a, b) = \kappa\,(r, s)$, also $a\,s = b\,r$.

Abb. 26

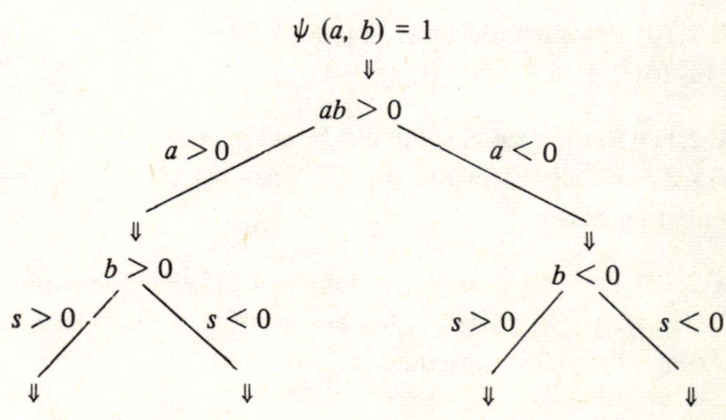

$$\begin{array}{cccc}
\Downarrow & \Downarrow & \Downarrow & \Downarrow \\
as > 0 & as < 0 & as < 0 & as > 0 \\
\Downarrow & \Downarrow & \Downarrow & \Downarrow \\
br > 0 & br < 0 & br < 0 & br > 0 \\
\Downarrow & \Downarrow & \Downarrow & \Downarrow \\
r > 0 & r < 0 & r > 0 & r < 0 \\
\Downarrow & \Downarrow & \Downarrow & \Downarrow \\
sr > 0 & sr > 0 & sr > 0 & sr > 0
\end{array}$$

Also gilt in jedem Fall $sr > 0$ und damit $\psi(r, s) = \psi(a, b)$. Für den Fall $\psi(a, b) = -1$, d.h. $ab < 0$ benutzen wir $\psi(-a, b) = -\psi(a, b)$, was man sofort aus der Definition von ψ abliest. Aus $(a, b) \sim (r, s)$ folgt $(-a, b) \sim (-r, s)$ und nach unserem ersten Fall erhalten wir

$$\psi(-a, b) = 1 = \psi(-r, s).$$

Daraus folgt

$$\psi(r, s) = -1 = \psi(a, b).$$

Damit sind die Voraussetzungen des Satzes über die Lösbarkeit von Funktionengleichungen erfüllt und es gibt genau eine Funktion, die wir sgn (gelesen: signum) nennen, mit sgn: $Q\mathcal{N} \to \{-1, 0, 1\}$ und $\kappa \circ \text{sgn} = \psi$.

Für $A \in Q\mathcal{N}$ mit $A = \kappa(a, b)$ berechnet man sgn A mit Hilfe von

$$\text{sgn}\, A = \kappa \circ \text{sgn}\,(a, b) = \psi(a, b)$$

und der für ψ angegebenen Definition.

Anmerkung: Es ist

$$\begin{aligned} \text{sgn}\,[\kappa(-a, b)] &= \psi(-a, b) = -\psi(a, b) \\ &= -\text{sgn}\,[\kappa(a, b)] \end{aligned}$$

also für jedes $X \in Q\mathcal{N}$:

$$\text{sgn}\,(-X) = -\text{sgn}\, X.$$

Wir führen nun den *Positivbereich* $\mathcal{P}\mathcal{N}$ (die Menge der positiven Quotienten) von $Q\mathcal{N}$ ein durch

$$\begin{aligned} \mathcal{P}\mathcal{N} &=_{\text{def}} \{X \in Q\mathcal{N} \mid \text{sgn}\, X = 1\} \\ &= \{X \in Q\mathcal{N} \mid \exists\, (a, b) \in \mathbb{Z} \times \mathcal{N} : X = \kappa(a, b) \text{ mit } ab > 0\} \end{aligned}$$

Solange keine Verwechslungen möglich sind, schreiben wir kurz $\mathcal{P}$ statt $\mathcal{P}\mathcal{N}$.

Eigenschaften des Positivbereichs

Es seien immer $X = \kappa(a, b)$ und $Y = \kappa(r, s)$.
(Pi) $X, Y \in \mathscr{P} \Rightarrow (X + Y \in \mathscr{P}$ und $XY \in \mathscr{P})$. Beweis für die Summe:
Wir haben $ab > 0$ und $rs > 0$ und $X + Y = \kappa(as + br, bs)$.

Es ist $(as + br)\, bs = abs^2 + rsb^2$ und wegen $ab > 0$, $rs > 0$ sowie $s^2 > 0$ und $b^2 > 0$ (da $s, b \in \mathscr{N}$, also von 0 verschieden!) folgt $(as + br)\, bs > 0$, d.h. $X + Y \in \mathscr{P}$

Beweis für das Produkt:

$$XY = \kappa(ar, bs)$$

Aus $ab > 0$ und $rs > 0$ folgt $ar\, bs = (ab)\,(rs) > 0$, also $XY \in \mathscr{P}$.

(Pii) $\mathbf{0} \notin \mathscr{P}$. Dies ist klar wegen $\operatorname{sgn} \mathbf{0} = \psi(0,1) = 0$.
(Piii) $X \notin \mathscr{P}$ und $X \neq \mathbf{0} \Rightarrow -X \in \mathscr{P}$. Wegen $\kappa(a, b) = X \neq \mathbf{0}$ ist $a \neq 0$ und $ab < 0$. Also ist $-ab > 0$, woraus $-X = \kappa(-a, b) \in \mathscr{P}$ folgt. Aus diesem Beweis entnimmt man auch, daß nie beide Elemente X und $-X$ in $\mathscr{P}$ liegen können.

Der Sonderfall $\mathbb{Q} = Q\,(\mathbb{Z} \setminus \{0\})$

Hier bezeichnen wir den Positivbereich mit $\mathbb{B}$ und nennen $\mathbb{B}$ die Menge der *Bruchzahlen.* Wegen $-1 \in \mathbb{Z} \setminus \{0\}$ und $\kappa(a, b) = \kappa(-a, -b)$ haben wir für jedes Element $X \in \mathbb{B}$ eine Darstellung $X = \kappa(r, s)$ mit $r > 0$ und $s > 0$.

Die Ordnungsrelation $\leqq$ *in* $Q\mathscr{N}$.

In $Q\mathscr{N}$ definieren wir $X < Y$ durch $Y - X \in \mathscr{P}$ und
$X \leqq Y \Leftrightarrow_{\text{def}} X < Y$ oder $X = Y$.

Satz: $\leqq$ *ist eine lineare Ordnungsrelation in* $Q\mathscr{N}$. *Es gelten die Monotoniegesetze*

$$(\text{Mon}^+) \quad \forall A, B, X \in Q\mathscr{N} : A \leqq B \Rightarrow A + X \leqq B + X$$

$$(\text{Mon}^\cdot) \quad \forall A, B, X \in Q\mathscr{N} : A \leqq B \text{ und } \mathbf{0} \leqq X \Rightarrow AX \leqq BX.$$

Wir verzichten hier auf die Durchführung des Beweises, da wir in Abschnitt 10.A einen ganz entsprechenden allgemeinen Satz beweisen werden. Die einzelnen Rechnungen sind nicht schwer, sondern nur langwierig. Man stützt sich dabei auf die Eigenschaften (Pi, ii, iii) des Positivbereichs. Einige weitere wichtige Eigenschaften der Anordnung behandeln wir in Abschnitt 2.G.

(K 2.13) Welche der folgenden Elemente von $\mathbb{Q}$ liegen in $\mathbb{B}$: $\kappa(-3, -5)$; $\kappa(2,2)$; $\kappa(0, -7)$; $A = \kappa(3,13) - \kappa(2,7)$?

(K 2.14) Entscheiden Sie, welche der folgenden Aussagen in $\mathbb{Q}$ richtig sind:

$$\kappa(1,9) \leqq \kappa(-9,1)$$
$$\kappa(6,7) \leqq \kappa(-6,-7)$$
$$\kappa(-4,3) \leqq \kappa(3,9)$$
$$\kappa(2,7) \leqq \kappa(1,5)$$

2.F Einbettungen

Nachdem wir nun die Quotientenbereiche und ihre Eigenschaften ganz gut kennen, wollen wir in diesem Abschnitt die Beziehungen zwischen $\mathbb{Z}$, $Q\mathcal{N}$ und $\mathbb{Q}$ für verschiedene Nennermengen untersuchen.

2.7 Satz über die Einbettung von $\mathbb{Z}$ in $Q\mathcal{N}$: *Für jede Nennermenge $\mathcal{N}$ wird durch $a \to \kappa(a, 1)$ eine injektive Abbildung $\zeta : \mathbb{Z} \to Q\mathcal{N}$ definiert mit den Eigenschaften:*

(i) $\zeta(a + b) = \zeta a + \zeta b$

(ii) $\zeta(ab) = (\zeta a)(\zeta b)$

(iii) $a \in \mathbb{N} \Leftrightarrow \zeta a \in \mathcal{P}\mathcal{N}$.

ζ heißt die Einbettung von $\mathbb{Z}$ in $Q\mathcal{N}$.

Beweis: ζ ist injektiv, denn

$$\begin{aligned}\zeta a = \zeta b &\Rightarrow \kappa(a, 1) = \kappa(b, 1)\\ &\Rightarrow a \cdot 1 = b \cdot 1\\ &\Rightarrow a = b.\end{aligned}$$

(i) $$\begin{aligned}\zeta(a + b) &= \kappa(a + b, 1)\\ &= \kappa(a, 1) + \kappa(b, 1)\\ &= \zeta a + \zeta b\end{aligned}$$

(ii) $$\begin{aligned}\zeta(ab) &= \kappa(ab, 1)\\ &= (\zeta a) \cdot (\zeta b)\end{aligned}$$

(iii) $a \in \mathbb{N} \Leftrightarrow a \cdot 1 > 0 \Leftrightarrow \kappa(a, 1) = \zeta a \in \mathcal{P}\mathcal{N}$

Nach diesem Satz finden wir ein bis auf die Bezeichnungsweise getreues Abbild von $\mathbb{Z}$ in jedem $Q\mathcal{N}$. Wir wollen auf der anderen Seite zeigen, daß sich jedes

$Q\mathcal{N}$ – bis auf die Bezeichnungen – in $\mathbb{Q}$ wiederfinden läßt. Die dazu nötige Abbildung betrachten wir zuerst am Beispiel $\mathbb{D}$ez und $\mathbb{Q}$. Zur Unterscheidung bezeichnen wir die Äquivalenzklassen von $\mathbb{Z} \times (\mathbb{Z} \setminus \{0\})$, also die Elemente von $\mathbb{Q}$, mit $\hat{\kappa}(a, b)$.

In $\mathbb{D}$ez sind die zulässigen Nenner alle Zehnerpotenzen, wir erhalten etwa

$$\kappa(1, 10) = \{(1, 10), (10, 100), (100, 1000), \ldots\}$$

In $\mathbb{Q}$ sind dagegen alle von Null verschiedenen ganzen Zahlen als Nenner möglich:

$$\hat{\kappa}(1, 10) = \{(1, 10), (2, 20), (-3, -30), (10, 100), \ldots\}$$

Man muß also sozusagen die Äquivalenzklassen auffüllen, um von $\mathbb{D}$ez nach $\mathbb{Q}$ zu kommen.

2.8 Satz über die Einbettung von $Q\mathcal{N}$ in $\mathbb{Q}$: *Für jede Nennermenge $\mathcal{N}$ gibt es genau eine Funktion*

$\eta : Q\mathcal{N} \to \mathbb{Q}$ *mit*

$\eta[\kappa(a, b)] = \hat{\kappa}(a, b)$. *Diese Funktion ist injektiv und erfüllt*

(i) $\eta(A + B) = \eta A + \eta B$

(ii) $\eta(AB) = (\eta A)(\eta B)$

(iii) $A \in \mathcal{P}\mathcal{N} \Leftrightarrow \eta A \in \mathbb{B}$.

η heißt die Einbettung von $Q\mathcal{N}$ in $\mathbb{Q}$

Beweis: Für $(a, b) \in \mathbb{Z} \times \mathcal{N}$ sei $\psi(a, b) = \hat{\kappa}(a, b) \in \mathbb{Q}$.

Diese Definition ist möglich, da $b \in \mathcal{N} \Rightarrow b \in \mathbb{Z} \setminus \{0\}$, m. a. W. da $\mathcal{N} \subseteq \mathbb{Z} \setminus \{0\}$ ist.

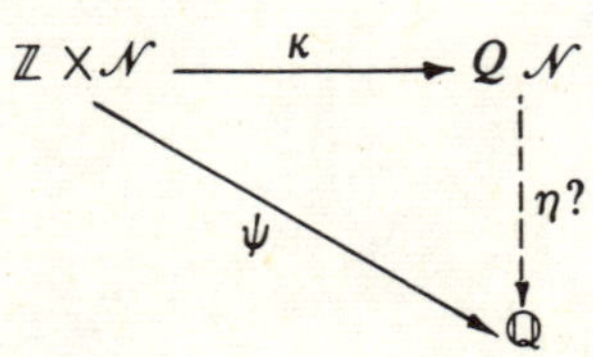

Abb. 27

Es gilt

$$\kappa(a, b) = \kappa(r, s) \Rightarrow as = br$$
$$\Rightarrow \hat{\kappa}(a, b) = \hat{\kappa}(r, s)$$
$$\Rightarrow \psi(a, b) = \psi(r, s).$$

Also gibt es nach dem Satz über Funktionengleichungen genau eine Funktion $\eta : Q\mathcal{N} \to \mathbb{Q}$ mit $\kappa \circ \eta = \psi$, d.h

$$\eta[\kappa(a, b)] = \hat{\kappa}(a, b).$$

η ist injektiv, denn

$$\begin{aligned} \eta[\kappa(a, b)] &= \eta[\kappa(r, s)] \\ \Rightarrow \quad \hat{\kappa}(a, b) &= \hat{\kappa}(r, s) \\ \Rightarrow \quad as &= br \\ \Rightarrow \quad \kappa(a, b) &= \kappa(r, s) \end{aligned}$$

Es seien nun $A = \kappa(a, b)$ und $B = \kappa(r, s)$. Dann folgt:

(i) $$\begin{aligned} \eta(A + B) &= \eta[\kappa(as + br, bs)] \\ &\triangleq \hat{\kappa}(as + br, bs) \\ &= \hat{\kappa}(a, b) + \hat{\kappa}(r, s) \\ &= \eta A + \eta B \end{aligned}$$

(ii) $$\begin{aligned} \eta(AB) &= \eta[\kappa(ar, bs)] \\ &= \hat{\kappa}(ar, bs) \\ &= \hat{\kappa}(a, b) \cdot \hat{\kappa}(r, s) \\ &= (\eta A)(\eta B) \end{aligned}$$

(iii) $$A \in \mathcal{P}\mathcal{N} \Leftrightarrow ab > 0 \Leftrightarrow \hat{\kappa}(a, b) = \eta A \in \mathbb{B}$$

Wir können nun $\mathbb{Z}$ auf mannigfache Weise nach $\mathbb{Q}$ einbetten, für jedes $\mathcal{N}$ via $\mathbb{Z} \xrightarrow{\zeta} Q\mathcal{N} \xrightarrow{\eta} \mathbb{Q}$ und dann auch direkt nach Satz 2.7. Die Abbildung aus 2.7 wollen wir hier mit $\vartheta : \mathbb{Z} \to \mathbb{Q}$ bezeichnen. Daß bei diesen vielen Abbildungen nichts durcheinander geht, sieht man so:

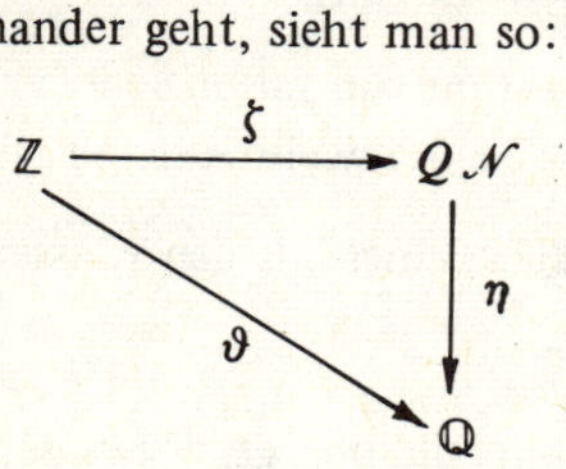

Abb. 28

Für jedes $\mathcal{N}$ ist (mit $a \in \mathbb{Z}$):

$$\zeta \circ \eta\, a = \eta(\zeta a) = \eta[\kappa(a, 1)] = \hat{\kappa}(a, 1) = \vartheta a.$$

Man erhält also auf jedem Weg die gleiche Einbettung von $\mathbb{Z}$ in $\mathbb{Q}$.

Bemerkungen (1) Mit dem Beweis von Satz 2.8 hat man eigentlich mehr gezeigt als behauptet wurde. Für die Definition der Abbildung ψ war notwendig $\mathcal{N} \subseteq \mathbb{Z} \setminus \{0\}$. Ersetzt man dies durch $\mathcal{N} \subseteq \mathcal{M}$, so erhält man: Für $\mathcal{N} \subseteq \mathcal{M}$ gibt es $\eta : Q\,\mathcal{N} \to Q\,\mathcal{M}$ mit (i), (ii), (iii) und $\eta\,[\kappa\,(a, b)\,] = \hat{\kappa}\,(a, b)$, wobei nun unter $\hat{\kappa}\,(a, b)$ die Äquivalenzklasse von (a, b) in $\mathbb{Z} \times \mathcal{M}$ zu verstehen ist. Man hat dann eine Übertragung

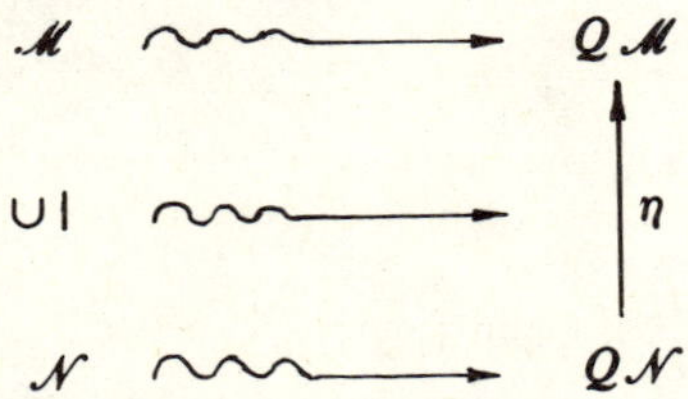

Abb. 29

wobei sozusagen der Inklusion ein Pfeil zugeordnet wird. Eine solche Übertragung nennt man einen Funktor.

(2) Auch über die verschiedenen Wege der Einbettung von $\mathbb{Z}$ in $\mathbb{Q}$ läßt sich noch mehr sagen. Die von uns betrachteten Funktionen ζ, η, ϑ hatten die Eigenschaften (i) und (ii) der Verträglichkeit mit Addition und Multiplikation. Wir werden in 8.D zeigen, daß η die einzige Funktion mit (i) und (ii) und $\zeta \circ \eta = \vartheta$ ist.

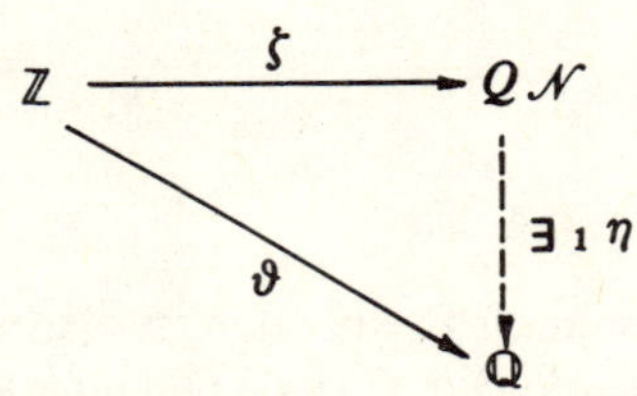

Abb. 30

Anschluß an die übliche Schreibweise und weitere Konventionen

Da wir nun die Verhältnisse bei der Konstruktion von rationalen Zahlen übersehen, lassen wir für die Elemente von $\mathbb{Q}$ die Schreibweise $\hat{\kappa}\,(a, b)$ fallen und schreiben $\frac{a}{b}$ statt $\hat{\kappa}\,(a, b)$. Dabei darf man aber keinesfalls den Klassencharakter der rationalen Zahlen vergessen.

Welche Brüche (= rationalen Zahlen) liegen im Bild von $Q\,\mathcal{N}$ bei der Einbettung $\eta : Q\,\mathcal{N} \to \mathbb{Q}$? Wegen $\eta\,[\kappa\,(a, b)\,] = \frac{a}{b} \in \mathbb{Q}$ sind es diejenigen Brüche aus $\mathbb{Q}$, welche sich mit einem Nenner aus $\mathcal{N}$ darstellen lassen:

$$\eta\,Q\,\mathcal{N} = \left\{ X \in \mathbb{Q} \mid \exists\, b \in \mathcal{N},\, a \in \mathbb{Z} : X = \frac{a}{b} \right\}$$

Dies bedeutet nicht, daß sie sich *nur* mit einem solchen Nenner schreiben lassen, die Bilder sind ja gerade die „aufgefüllten" Klassen wie bei $\eta : \mathbb{D}\mathrm{ez} \to \mathbb{Q}$, wo wir

$$\eta[\kappa(1, 10)] = \frac{1}{10} = \frac{3}{30} = \ldots \qquad \text{haben.}$$

Das Bild von $\mathbb{Z}$ in $\mathbb{Q}$ (bei ϑ) besteht aus den rationalen Zahlen, welche sich mit dem Nenner 1 schreiben lassen: $\vartheta = \left(a \to \frac{a}{1}\right)$. Da man mit den rationalen Zahlen $\frac{a}{1}$ nach Satz 2.7 genauso rechnet wie mit den ganzen Zahlen a, wollen wir von an den Bezeichnungsunterschied ignorieren und der Einfachheit halber $\mathbb{Z}$ als Teilmenge von $\mathbb{Q}$ auffassen (also $a = \frac{a}{1}$ setzen). Die Unterscheidung von a und $\frac{a}{1}$ ist wichtig beim Konstruktionsprozeß von $\mathbb{Q}$, jedoch belanglos wenn man mit ganzen und rationalen Zahlen in anderen Zusammenhängen operiert. Im gleichen Sinne werden wir oft auch die $Q\mathcal{N}$ als Teilmengen von $\mathbb{Q}$ verstehen, also einfach

$$Q\mathcal{N} = \left\{X \in \mathbb{Q} \mid \exists\, b \in \mathcal{N}, a \in \mathbb{Z} : x = \frac{a}{b}\right\}$$

setzen.

2.G Ergänzungen

In diesem Abschnitt stellen wir für den späteren Gebrauch einige Aussagen zusammen, die sich in den systematischen Konstruktionsprozeß von $\mathbb{Q}$ aus $\mathbb{Z}$ nicht so gut einfügen.

2.9 Satz. *Zu jedem $x \in \mathbb{Q}$ gibt es genau ein $n \in \mathbb{Z}$ mit $n \leqq x < n+1$.*

Beweis: Wir benutzen den Satz 1.6 über die Division mit Rest in $\mathbb{Z}$. Es sei $x = \frac{a}{b}$ mit $b > 0$ (Dies können wir notfalls durch den Übergang zu $\frac{-a}{-b}$ erreichen). Nach Satz 1.6 erhalten wir genau ein q und r mit $q, r \in \mathbb{Z}$ und

$$a = qb + r \text{ und } 0 \leqq r < b$$

also

$$\frac{a}{b} = \frac{qb + r}{b} = \frac{qb}{b} + \frac{r}{b} = q + \frac{r}{b}.$$

Es ist $q \in \mathbb{Z}$ und wegen $0 \leqq r < b$ gilt $0 \leq \frac{r}{b} < 1$, also $q \leqq \frac{a}{b} = q + \frac{r}{b} < q + 1$.

Folgerung: Zu jedem $x \in \mathbb{Q}$ gibt es ein $m \in \mathbb{N}$ mit $x < m$. (Im Falle $x < 0$ wählt man $m = 1$, sonst $q + 1$ aus dem vorigen Beweis.) Da Archimedes diese Aussage (für reelle Zahlen) formuliert und in Beweisen benutzt hat, sagt man auch die Anordnung von $\mathbb{Q}$ sei archimedisch.

Aufgabe

Beweisen Sie: Zwischen je zwei verschiedenen rationalen Zahlen gibt es noch eine dritte.

Lösung: Wir geben die Behauptung zunächst formalisiert wieder. Da $\mathbb{Q}$ linear angeordnet ist, können wir etwa $x < y$ für die zwei verschiedenen rationalen Zahlen annehmen. Mit „zwischen" ist offenbar ein $z \in \mathbb{Q}$ mit $x < z < y$ gemeint. Dann soll also gezeigt werden:

$$\forall x, y \in \mathbb{Q} : x < y \Rightarrow \exists z \in \mathbb{Q} : x < z < y.$$

Wie man ein solches z finden kann, sieht man an einer Skizze.

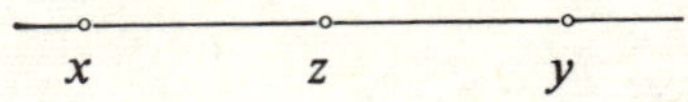

Abb. 31

Man kann etwa versuchen, z in der Mitte zwischen x und y zu plazieren. Der halbe Abstand von x und y ist $\frac{1}{2}(y - x)$, deshalb setzt man $z = x + \frac{1}{2}(y - x)$.

Nun der Beweis für $x < z < y$: Wegen $x < y$ ist $0 < y - x$, also $0 < \frac{1}{2}(y - x)$

und es folgt

$$x < x + \frac{1}{2}(y - x) < x + \frac{1}{2}(y - x) + \frac{1}{2}(y - x) = y.$$

Die Betragsfunktion in $\mathbb{Q}$.

Für $x \in \mathbb{Q}$ setzen wir

$$|x| =_{\text{def}} \quad x \cdot \operatorname{sgn} x = \begin{cases} x \text{ falls } x \geqq 0 \\ -x \text{ falls } x < 0 \end{cases}$$

($|x|$ wird gelesen: x Betrag, auch Betrag von x oder Absolutbetrag von x)

(K 2.15) Was ist $\operatorname{sgn} \frac{-5}{4}, \left|\frac{3}{4}\right|, \left|\frac{-5}{2}\right|, \left|\frac{2}{7} - \frac{1}{5}\right|$?

2.10 Satz. *Für alle $x, y \in \mathbb{Q}$ gilt*

a) $\operatorname{sgn}(xy) = (\operatorname{sgn} x)(\operatorname{sgn} y)$

b) $|xy| = |x| \cdot |y|$

Die Funktionen signum und Betrag respektieren also die Multiplikation in $\mathbb{Q}$.

Beweis: Es seien $x = \frac{a}{b}$ und $y = \frac{r}{s}$.

a) sgn war definiert durch

$$\operatorname{sgn} x = \begin{cases} 1 \text{ falls } ab > 0 \\ 0 \text{ falls } ab = 0 \\ -1 \text{ falls } ab < 0 \end{cases}$$

Aus $\operatorname{sgn} x = 0$ folgt $x = 0$, also können wir sagen:

$$\operatorname{sgn} x = 0 \text{ oder } \operatorname{sgn} y = 0 \Rightarrow x = 0 \text{ oder } y = 0$$

$$\Rightarrow xy = 0 \Rightarrow \operatorname{sgn} xy = 0 = (\operatorname{sgn} x)(\operatorname{sgn} y)$$

Wir nehmen nun $x \neq 0$ und $y \neq 0$ an. Nach der Anmerkung zur Definition von sgn in Abschnitt 2.E haben wir $\operatorname{sgn}(-x) = -\operatorname{sgn} x$:
Falls $\operatorname{sgn} x = \operatorname{sgn} y = 1$, so $\operatorname{sgn} xy = 1$ nach (*Pi*) und $\operatorname{sgn} xy = (\operatorname{sgn} x)(\operatorname{sgn} y)$.

Falls $\operatorname{sgn} x = 1$ und $\operatorname{sgn} y = -1$, so $\operatorname{sgn}(-y) = 1$ und

$$\begin{aligned} \operatorname{sgn} xy &= -\operatorname{sgn}(-xy) = -\operatorname{sgn} x(-y) \\ &= -\operatorname{sgn} x \operatorname{sgn}(-y) = -\operatorname{sgn} x(-\operatorname{sgn} y) \\ &= \operatorname{sgn} x \operatorname{sgn} y \end{aligned}$$

Entsprechend verfährt man in den Fällen $\operatorname{sgn} x = -1$ und $\operatorname{sgn} y = 1$ sowie $\operatorname{sgn} x = -1 = \operatorname{sgn} y$.

b) $$\begin{aligned} |xy| = xy \operatorname{sgn} xy &= (x \operatorname{sgn} x)(y \operatorname{sgn} y) \\ &= |x| \cdot |y|. \end{aligned}$$

Anmerkung: Beide Funktionen respektieren nicht die Addition, es ist z. B.

$$1 = \operatorname{sgn} 2 = \operatorname{sgn}(1 + 1) \neq \operatorname{sgn} 1 + \operatorname{sgn} 1 = 2 \text{ und}$$

$$1 = |2 + (-1)| \neq |2| + |-1| = 2 + 1 = 3.$$

Vorzeichen und Rechenzeichen

Manchmal gibt die Verwendung der Begriffe „positiv" und „negativ" in Bezug auf die Anordnung und die Addition zu Verwirrung Anlaß. Wir wiederholen die Definition:

$x \in \mathbb{Q}$ heißt positiv, falls $\operatorname{sgn} x = 1$, d. h. falls $x > 0$.

$x \in \mathbb{Q}$ heißt negativ, falls $x < 0$.

Das „Vorzeichen“ bei $-x$ sagt nur aus $x + (-x) = 0$, es kann sehr wohl $-x > 0$, also $-x$ positiv sein, z. B. falls $x = -3$.

Das Rechnen mit Potenzen

Für $a \in \mathbb{Q}$ definieren wir $a^0 = 1$ und $a^1 = a$ und $a^{n+1} = (a^n)\, a$, falls $n \in \mathbb{N}$. Falls a^{-1} existiert, sei $a^{-n} = (a^{-1})^n$. Es gelten die üblichen Regeln für das Rechnen mit Potenzen. Einige Beweise dazu führen wir später im Rahmen der Gruppentheorie durch.

Division in $\mathbb{Q}$

Für $y \neq 0$ aus $\mathbb{Q}$ definieren wir $x : y =_{\text{def}} x\,(y^{-1})$.
Mit $x = \frac{q}{b}$, und $y = \frac{r}{s}$ ergibt sich $x : y = \frac{a}{b} : \frac{r}{s} = \frac{a}{b}\frac{s}{r}$.
Die Division verhält sich also zur Multiplikation wie die Subtraktion zur Addition, wo man $a - b = a + (-b)$ definiert. Es ist die Möglichkeit der Inversenbildung, welche für uns das Hauptgewicht hat.

Aufgaben

(A 2.16) Beweisen Sie:

$$\forall x, y \in \mathbb{D}\text{ez} : x < y \Rightarrow \exists z \in \mathbb{D}\text{ez} : x < z < y.$$

(Vorsicht! Kann man in $\mathbb{D}$ez halbieren?)

(A 2.17) Beweisen Sie für die Fibonacci-Zahlen (A. 1.14):
Für alle $n \in \mathbb{N}$ ist $f_n < \left(\frac{7}{4}\right)^n$.

(A 2.18) Beweisen Sie: $\forall x, y \in \mathbb{B}\ \exists k \in \mathbb{N} : x < ky$.

(A 2.19) Beweisen Sie: $\forall x \in \mathbb{B}\ \exists_1 (a, b) \in \mathbb{Z} \times (\mathbb{Z} \setminus \{0\}) : a, b \in \mathbb{N}$ und ggT $(a, b) = 1$ und $x = \frac{a}{b}$.

(A 2.20) Für $x \in \mathbb{Q}$ sei $x\,\mathbb{Z} = \{xz \mid z \in \mathbb{Z}\}$. Beweisen Sie $x\,\mathbb{Z} \neq \mathbb{Q}$.

(A 2.21) Beweisen Sie: Sind $a, b, c, d \in \mathbb{N}$ und ist $|ad - bc| = 1$, so läßt sich der Bruch $\frac{a+b}{c+d}$ nicht kürzen. (Ein Bruch $\frac{r}{s}$ läßt sich nicht kürzen falls ggT $(r, s) = 1$).

(A 2.22) Es seien p und q verschiedene Primzahlen. Zeigen Sie in $\mathbb{Q}$: Für alle $k, l \in \mathbb{N}$ gibt es $r, s \in \mathbb{Z}$ mit $\frac{1}{p^k q^l} = \frac{r}{p^k} + \frac{s}{q^l}$

§ 3. Gebilde und Gruppen

3.A Verknüpfungen und Gebilde

3.1 Definition. Eine *zweistellige Operation* oder *Verknüpfung* in einer Menge M ist eine Vorschrift, welche je zwei Elementen $a, b \in M$ (bei gegebener Reihenfolge) ein drittes Element $\varphi(a, b) \in M$ zuordnet, also nichts anderes als eine Funktion $\varphi : M \times M \to M$.

Tatsächlich wird man in der Algebra meist nur solche Verknüpfungen betrachten, welche gewisse angenehme Eigenschaften haben, die wir weiter unten aufzählen. Das Paar (M, φ) heißt ein *Verknüpfungsgebilde.* Für $(a, b) \in M \times M$ nennt man $\varphi(a, b)$ das Verknüpfungsergebnis von a und b. Man schreibt statt $\varphi(a, b)$ gewöhnlich $a \cdot b$, ab, $a + b$, $a * b$, $a \oplus b$, $a \otimes b$, $a \cap b$ oder ähnlich. (Addition und Multiplikation in Quotientenbereichen wurden schon auf diese Weise eingeführt.) Die Bedeutung der Funktionsbedingungen $(F\ 1)$, $(F\ 2)$ für $* : M \times M \to M$:

$(F\ 1)$ $\quad *$ ist immer ausführbar

$(F\ 2)$ $\quad$ Das Verknüpfungsergebnis ist eindeutig bestimmt.

Bei einer Verknüpfung ist die Angabe der Zielmenge wesentlich, es kommt also hinzu die Forderung, daß $a * b$ immer in M liegt. Man bezeichnet dies als die *Abgeschlossenheit* von M bezüglich $*$.

Beispiele

$(\mathbb{N}, +)$; $(\mathbb{N}_0, \cdot)$; $(\mathbb{Z}, +)$; $(\mathbb{Z}, \cdot)$; $(\mathcal{N}, \cdot)$ für jede Nennermenge, weiter $(Q\mathcal{N}, +)$; $(Q\mathcal{N}, \cdot)$; die Positivbereiche $\mathcal{P}\mathcal{N}$ mit $(\mathcal{P}\mathcal{N}, +)$; $(\mathcal{P}\mathcal{N}, \cdot)$; dann $(\mathbb{N}, \text{ggT})$; $(\mathbb{N}_0, \min)$; (T_a, ggT); $(\Sigma\mathbb{N}, +)$; $(\Sigma\mathbb{N}, \min)$ und viele andere. Keine Verknüpfungen definieren die Vorschrift $(a, b) \to a \cdot b^{-1}$ in $\mathbb{Q}$, da nicht immer ausführbar; die Bildung des ggT in $\mathbb{Z}$ (nicht eindeutig bestimmt); die Subtraktion in $\mathbb{N}$, da das Ergebnis (z. B. 3–5) nicht immer in $\mathbb{N}$ liegt.

(K 3.1) Welche der folgenden Vorschriften definieren Verknüpfungen in $\mathbb{N}_0$: $(a, b) \to a$; $(a, b) \to a \div 2b$; $(a, b) \to a + b - ab$?

Andersartige Gebilde

Statt nur einer kann man auch mehrere Verknüpfungen gleichzeitig in einer Menge betrachten, wie in $(\mathbb{Z}, +, \cdot)$ oder $(\mathbb{N}, +, \cdot, \text{ggT}, \text{kgV}, \min, \max)$. Standardbeispiele haben jedoch nur eine oder zwei Verknüpfungen, wie $(\mathbb{Q}, +, \cdot)$. Mengen mit Relationen faßt man zu Relationengebilden zusammen, uns begegnen meist geordnete Mengen wie $(\mathbb{N}, |)$ oder $(\mathbb{Z}, \leqq)$. Manchmal sind in einem Zusammenhang sowohl Verknüpfungen als auch Relationen in einer Menge interessant, man hat dann gemischte Gebilde wie $(\mathbb{N}, \cdot, |)$ oder $(\mathbb{Z}, +, \cdot, \leqq)$.

Wir beschränken uns zunächst auf Gebilde $(G, *)$ mit einer Verknüpfung. Das Gebilde $(G, *)$ heißt *endlich,* falls G eine endliche Menge ist. Bei endlichen Mengen mit wenigen Elementen kann man die Funktion $*$ durch eine Wertetabelle angeben, welche dann *Verknüpfungstafel* genannt wird.

Beispiel (T_{12}, ggT). Es ist $T_{12} = \{1, 2, 3, 4, 6, 12\}$ die Menge der Teiler von 12. Im cartesischen Produkt $T_{12} \times T_{12}$ schreibt man ggT (a, b) an Stelle des Paares (a, b):

a \ b	1	2	3	4	6	12
1	1	1	1	1	1	1
2	1	2	1	2	2	2
3	1	1	3	1	3	3
4	1	2	1	4	2	4
6	1	2	3	2	6	6
12	1	2	3	4	6	12

ggT (a, b)

So wie in diesem Beispiel ist es übrigens meistens: Man kennt die Verknüpfung schon und füllt dann die Tafel aus. Die Tafel kann nun z. B. als Rechenhilfe eingesetzt werden. Es hat wenig Sinn, durch willkürliches Ausfüllen einer Tafel eine Verknüpfung zu definieren. Natürlich kann man solche Tafeln auch zur Konstruktion von Beispielen verwenden.

Eigenschaften von Gebilden (bzw. Verknüpfungen), wichtige Rechengesetze

Ein Gebilde $(G, *)$ heißt *assoziativ* (auch: $*$ heißt assoziativ in G) falls gilt

$$(\text{Ass}*)\ \forall a, b, c \in G : a * (b * c) = (a * b) * c.$$

(K 3.2) Beweisen Sie sorgfältig, daß in einem assoziativen Gebilde $(G, *)$ die folgenden Elemente gleich sind:

$$((w * x) * y) * z; \quad (w * (x * y)) * z;$$

$$(w * x) * (y * z); \quad w * (x * (y * z)).$$

Alle in diesem Buch untersuchten Gebilde sind assoziativ. Nicht assoziative Gebilde werden nur in wenigen Teilgebieten der Mathematik betrachtet. Auf Grund von (Ass*) kann man (bei nur einer Verknüpfung) Klammern fortlassen, vgl. (K 3.2). Der allgemeine Beweis für diese Behauptung erfolgt durch Induktion nach der Anzahl der „Faktoren".

Ein Gebilde $(G, *)$ heißt *kommutativ* (auch: $*$ heißt kommutativ in G) falls gilt

$$(\text{Kom}*)\ \forall a, b \in G : a * b = b * a.$$

Unsere bisherigen Beispiele waren alle kommutativ. Wichtige nicht kommutative Gebilde werden bald betrachtet.

$e \in G$ heißt ein *neutrales Element* von $(G, *)$ (auch: G hat das neutrale Element e bezüglich $*$) falls gilt

$$\forall a \in G : e * a = a = a * e.$$

Wir sagen $(G, *)$ hat ein neutrales Element, falls gilt

$$(\text{Neutr}*)\ \exists e \in G \ \ \forall a \in G : e * a = a = a * e.$$

Beispiele. 1 ist neutral in $(\mathbb{Z}, \cdot)$ und $(\mathbb{Q}, \cdot)$; 0 ist neutral in $(\mathbb{N}_0, +)$, aber $(\mathbb{N}, +)$ hat kein neutrales Element. 12 ist neutral in (T_{12}, ggT). Die Menge A ist neutral bezüglich $\cap$ in der Potenzmenge (Menge aller Teilmengen von A) $\mathfrak{P}A$. Die Folge $(0, 0, 0, \ldots)$ ist neutral in $(\Sigma\, \mathbb{N}, +)$.

3.1 Lemma. *Ein Gebilde $(G, *)$ hat höchstens ein neutrales Element.*

Anders ausgedrückt: falls überhaupt ein neutrales Element in $(G, *)$ vorhanden ist, so ist es eindeutig bestimmt. (*Das* neutrale Element von $(G, *)$.) Beweis: Es seien e, f neutrale Elemente von $(G, *)$. Dann gelten

$$e * f = e, \text{ da } f \text{ neutral}$$

$$e * f = f, \text{ da } e \text{ neutral}$$

Also ist $e = f$.

Es sei $(G, *)$ ein Gebilde mit neutralem Element $e \in G$. Dann heißt $b \in G$ *invers* (*bezüglich* $*$) *zu* $a \in G$, falls $b * a = e = a * b$. Gilt nur $b * a = e$, so heißt b linksinvers zu a, entsprechend ist rechtsinvers definiert. – Alle Elemente von $(G, *)$ haben Inverse, falls $(G, *)$ ein (nach dem Lemma eindeutig bestimmtes) neutrales Element e besitzt und es gilt

$$\text{(Inv*)} \quad \forall a \in G \, \exists b \in G : a * b = e = b * a.$$

Beispiele. Alle Elemente von $(\mathbb{Z}, +)$ und $(\mathbb{Q}, +)$ haben Inverse. (Inv) gilt nicht in $(\mathbb{Z}, \cdot)$ (nur 1 und -1 haben Inverse), nicht in $(\mathbb{Q}, \cdot)$ (nur alle $x \neq 0$ haben Inverse), nicht in $(\mathbb{N}_0, +)$ (nur 0 hat das Inverse 0). Es kommt bei (Inv) sowohl auf die Menge wie auf die Verknüpfung an (wie immer bei Gebilden), denn z. B. haben alle Elemente von $(\mathbb{Z}, +)$ Inverse, die von $(\mathbb{N}_0, +)$ aber nicht und die von $(\mathbb{Z}, \cdot)$ auch nicht.

3.2 Lemma. *In einem assoziativen Gebilde hat ein Element höchstens ein Inverses.*

Beweis. Es seien e das neutrale Element von $(G, *)$ und b und c invers zu a, also $a * b = e = b * a$ und $a * c = e = c * a$. Dann ist $c = c * e = c * (a * b) = (c * a) * b = e * b = b$. (Diesen Beweis haben wir schon einmal für die Gebilde $(Q\mathcal{N}, +)$ und $(Q\mathcal{N}, \cdot)$ durchgeführt.)

Danach ist in einem assoziativen Gebilde das Inverse eines Elements eindeutig bestimmt, falls überhaupt vorhanden. Wir bezeichnen das Inverse von a bezüglich $*$ mit a^*. Damit haben wir z. B. in $(\mathbb{Z}, +)$: $a^+ = -a$ in der üblichen Schreibweise, in $(\mathbb{Q}, \cdot)$: $a^\cdot = a^{-1}$ falls $a \neq 0$. Für diese Gebilde behalten wir natürlich die Schreibweisen $-a$, a^{-1} bei.

Existiert zu dem Element a von $(G, *)$ ein Inverses a^*, so ist wegen $(a^*) * a = e = a * (a^*)$ auch a invers zu a^*, d. h. $(a^*)^*$ existiert und ist gleich a. Z. B. hatten wir schon in $(Q\mathcal{N}, +)$ und $(Q\mathcal{N}, \cdot)$ gezeigt: $-(-x) = x$ und $(x^{-1})^{-1} = x$. Existieren a^* und b^*, so erhält man in einem assoziativen Gebilde:

$$\begin{aligned}(a * b) * (b^* * a^*) &= (a * (b * b^*)) * a^* \\ &= (a * e) * a^* \\ &= a * a^* \\ &= e,\end{aligned}$$

also ist $b^* * a^*$ das Inverse von $a * b$ (Vertauschung der Reihenfolge beachten, diese ist nur in einem kommutativen Gebilde belanglos!)

Bemerkungen.

(1) Gebilde mit mehreren Verknüpfungen, gemischte Gebilde. Mehrere Verknüpfungen in einer Menge wird man *zugleich* nur dann mit Gewinn betrachten, wenn sie durch Rechengesetze untereinander im Zusammenhang stehen. Z.B. + und · in $(\mathbb{Z}, +, \cdot)$ sind verbunden durch das Distributivgesetz; $\cup$ und $\cap$ in der Potenzmenge $\mathfrak{P}A$ durch die Distributivgesetze und das Gesetz $(X \cup Y) \cap X = X$ usw. Das gleiche gilt für gemischte Gebilde, in $(\mathbb{Z}, +, \cdot, \leqq)$ sind die Monotoniegesetze wesentlich.

(2) Subtraktion in $\mathbb{Z}$ (bzw. $\mathbb{Q}$, $\mathbb{R}$).

Wir betrachten $(\mathbb{Z}, -)$ mit $- : (a, b) \to a - b$. Das Gebilde $(\mathbb{Z}, -)$ ist nicht assoziativ:

$$3 - (2 - 1) \neq (3 - 2) - 1.$$

$(\mathbb{Z}, -)$ ist nicht kommutativ:

$$2 - 1 \neq 1 - 2$$

$(\mathbb{Z}, -)$ hat kein neutrales Element. Zwar gilt $a = a - 0$, doch auch 0 ist nicht neutral wegen $0 - 1 \neq 1$.

Aus diesen Gründen ist es nicht sinnvoll, die zweistellige Verknüpfung – in $\mathbb{Z}$ zu studieren. Dagegen ist es besser, die *einstellige Operation* $z \to -z$ in $\mathbb{Z}$ zu betrachten (Zeichenwechselfunktion). Ein anderes Gebilde mit einer wichtigen einstelligen Operation ist die Potenzmenge $\mathfrak{P}A$ mit der Komplementbildung

$$X \to \bar{X} = A \setminus X.$$

Aufgaben

(A 3.3) Stellen Sie die Verknüpfungstafel von (T_{30}, kgV) auf. Zeichnen Sie das Ordnungsdiagramm von $(T_{30}, |\,)$ und interpretieren Sie kgV (a, b) in diesem Diagramm.

(A 3.4) Welche der Eigenschaften (Ass), (Kom), (Neutr), (Inv) haben folgende Gebilde (dabei sei A eine nicht leere Menge):

$$(\mathbb{N}_0, \max), \qquad (\mathbb{N}, \text{kgV}), \qquad (\mathfrak{P}A, \cup), \qquad (\mathfrak{P}A, \setminus)?$$

(A 3.5) Untersuchen Sie die Gültigkeit von (Ass*) für die Gebilde $(\mathbb{Z}, *)$ und $(\mathbb{N}, *)$, wobei $*$ definiert ist durch

$$a * b = \sqrt{(a+b)^2} \quad (= |\,a+b\,|).$$

(A 3.6) Welche der Eigenschaften (Ass), (Komm), (Neutr), (Inv) haben die Gebilde $(\mathbb{R}, \oplus)$ mit $a \oplus b = \sqrt{a^2 + b^2}$ und $(\mathbb{R}, *)$ mit $a * b = \sqrt[3]{a^3 + b^3}$?

(*A* 3.7) Es sei $\mathcal{N}$ eine Nennermenge und $Q\mathcal{N}$ der zugehörige Quotientenbereich. Weiter sei

$$\mathcal{E} = \{x \in Q\mathcal{N} \mid x^{-1} \text{ existiert in } Q\mathcal{N}\}$$

die Menge derjenigen Elemente von $Q\mathcal{N}$, welche Inverse bezüglich der Multiplikation besitzen. Die Elemente von $\mathcal{E}$ werden die Einheiten von $Q\mathcal{N}$ genannt. Zeigen Sie: Mit der Multiplikation aus $Q\mathcal{N}$ ist $(\mathcal{E}, \cdot)$ ein Gebilde, in dem (Ass), (Neutr), (Inv) und (Kom) gelten.

3.B Matrizen

Matrizen sind ein außerordentlich flexibles Instrument in Geometrie und Algebra, wir wollen sie deshalb an dieser Stelle einführen. Auf die geometrische Interpretation (im Zusammenhang mit den linearen Abbildungen von Vektorräumen) können wir hier nicht eingehen, nur die definierende Formel für die Matrizenmultiplikation holen wir uns aus der „Ebene" $\mathbb{Q} \times \mathbb{Q}$.

Wir betrachten die Menge $\mathbb{Q} \times \mathbb{Q}$ und Funktionen der Art

$$\alpha : \mathbb{Q} \times \mathbb{Q} \to \mathbb{Q} \times \mathbb{Q}$$

mit $\alpha(x, y) = (ax + by, cx + dy)$, wobei $a, b, c, d \in \mathbb{Q}$. Die Elemente a, b, c, d heißen auch die Koeffizienten von α. Man kann diese Funktionen als zweidimensionale Verallgemeinerungen der Abbildungen $x \to ax$ von $\mathbb{Q}$ nach $\mathbb{Q}$ auffassen. Es sei α wie oben gegeben und

$$\pi(x, y) = (px + qy, rx + sy)$$

von der gleichen Bauart. Wir berechnen

$$\pi \circ \alpha : Q \times Q \to Q \times Q.$$

Es ist

$$\begin{aligned}
\pi \circ \alpha(x,y) &= \alpha[\pi(x, y)] \\
&= \alpha[px + qy, rx + sy] \\
&= [a(px + qy) + b(rx + sy), c(px + qy) + d(rx + sy)] \\
&= [(ap + br)x + (aq + bs)y, (cp + dr)x + (cq + ds)y]
\end{aligned}$$

Also ist $\pi \circ \alpha$ wieder eine Funktion von der gleichen Bauart, denn es ist $ap + br \in \mathbb{Q}$ usw. Wir wollen nun nur darauf achten, wie man die Koeffizienten von $\pi \circ \alpha$ aus den Koeffizienten von π und α erhält.

Die Funktion $\alpha : \mathbb{Q} \times \mathbb{Q} \to \mathbb{Q} \times \mathbb{Q}$ ist offenbar bestimmt, wenn man die Paare (a, b) und (c, d) kennt, wobei es aber auch auf die Reihenfolge dieser Paare ankommt. Genau genommen ist α also erst durch das Paar von Paaren $[(a, b), (c, d)]$ festgelegt. Man schreibt nun zur Vereinfachung die Paare übereinander

$$[(a, b), (c, d)] = \begin{pmatrix} a & b \\ c & d \end{pmatrix}$$

sowie $(\mathbb{Q} \times \mathbb{Q}) \times (\mathbb{Q} \times \mathbb{Q}) = (\mathbb{Q})_2$

und nennt $\begin{pmatrix} a & b \\ c & d \end{pmatrix}$ eine (zweireihige quadratische) Matrix (mit Elementen aus $\mathbb{Q}$).

Entsprechend heißt $(\mathbb{Q})_2$ die Menge der Matrizen mit Elementen aus $\mathbb{Q}$. Es ist $\alpha(1, 0) = (a \cdot 1 + b \cdot 0, c \cdot 1 + d \cdot 0) = (a, c)$ und $\alpha\,(0, 1) = (b, d)$, also stehen in den Spalten der α zugeordneten Matrix $\begin{pmatrix} a & b \\ c & d \end{pmatrix}$ die Bilder der Elemente $(1, 0)$ und $(0, 1)$.

3.3 Definition. Angeleitet durch das Funktionsverketten definieren wir eine Multiplikation für Matrizen durch

$$\begin{pmatrix} a & b \\ c & d \end{pmatrix} \cdot \begin{pmatrix} p & q \\ r & s \end{pmatrix} = \begin{pmatrix} ap + br, & aq + bs \\ cp + dr, & cq + ds \end{pmatrix}$$

Diese Multiplikation ist immer definiert, das Ergebnis ist eindeutig bestimmt und liegt wieder in $(\mathbb{Q})_2$, also ist $((\mathbb{Q})_2, \cdot)$ ein Gebilde

Gegenüber dem Funktionsverketten haben wir bei der Matrizenmultiplikation die Faktoren vertauscht, die Produktmatrix gehört zu $\pi \circ \alpha$, aber vorn steht zuerst die zu α gehörige Matrix und danach die zu π gehörige Matrix. Diese Vertauschung entspricht den in der Matrizenrechnung üblichen Konventionen.

Da wir die Matrizenmultiplikation von nun an (in Beispielen) häufig benutzen werden, üben wir ein wenig:

$$\begin{pmatrix} 1, & 2 \\ 3, & 4 \end{pmatrix} \begin{pmatrix} \frac{1}{2}, & -2 \\ 3, & 1 \end{pmatrix} = \begin{pmatrix} 1 \cdot \frac{1}{2} + 3 \cdot 2, & 1 \cdot (-2) + 2 \cdot 1 \\ 3 \cdot \frac{1}{2} + 4 \cdot 3, & 3\,(-2) + 4 \cdot 1 \end{pmatrix}$$

$$= \begin{pmatrix} \frac{13}{2}, & 0 \\ \frac{27}{2}, & -2 \end{pmatrix}$$

$$\begin{pmatrix} \frac{1}{2}, & -2 \\ 3, & 1 \end{pmatrix} \cdot \begin{pmatrix} 1, & 2 \\ 3, & 4 \end{pmatrix} = \begin{pmatrix} \frac{1}{2} \cdot 1 + (-2) \cdot 3, & \frac{1}{2} \cdot 3 + (-2) \cdot 4 \\ 3 \cdot 1 + 1 \cdot 2, & 3 \cdot 2 + 1 \cdot 4 \end{pmatrix}$$

$$= \begin{pmatrix} -\frac{11}{2}, & -\frac{13}{2} \\ 5, & 10 \end{pmatrix}$$

Folgerung aus diesem Beispiel:

Die Multiplikation von Matrizen ist nicht kommutativ. Um Buchstaben zu sparen, schreibt man die Variablen in den Matrizen meist mit Indizes in der Art

$$\begin{pmatrix} a_{11} & a_{12} \\ a_{21} & a_{22} \end{pmatrix},$$

dabei bedeutet dann a_{ik} das Element in der i-ten Zeile und k-ten Spalte der Matrix, man liest a eins-eins usw. (nicht a elf!)

Merkregel für die Matrizenmultiplikation:

Wir setzen

$$\begin{pmatrix} a_{11} & a_{12} \\ a_{21} & a_{22} \end{pmatrix} \begin{pmatrix} b_{11} & b_{12} \\ b_{21} & b_{22} \end{pmatrix} = \begin{pmatrix} c_{11} & c_{12} \\ c_{21} & c_{22} \end{pmatrix}$$

dann ist

$c_{11} = a_{11}\, b_{11} + a_{12}\, b_{21}$ so bestimmt:

Man „legt“ die erste Spalte $\begin{matrix} b_{11} \\ b_{21} \end{matrix}$ über die erste Zeile a_{11}, a_{12}, multipliziert und addiert dann. Entsprechend erhält man : $c_{ik} = a_{i1}\, b_{1k} + c_{i2}\, b_{2k}$. Kommt es auf die Elemente der Matrix nicht an, so benutzen wir große Buchstaben für Matrizen: $A, B, C, \ldots \in (\mathbb{Q})_2$. und verwenden diese auch sonst zur Abkürzung.

(K 3.8) Berechnen Sie $A \cdot A$, $B \cdot B$, $C \cdot C$ und $D \cdot D$ für die Matrizen

$$A = \begin{pmatrix} \frac{1}{2} & \frac{1}{2} \\ \frac{1}{2} & \frac{1}{2} \end{pmatrix}, \qquad B = \begin{pmatrix} -\frac{1}{3} & \frac{2}{3} \\ \frac{4}{3} & \frac{1}{3} \end{pmatrix}$$

$$C = \begin{pmatrix} 6 & -18 \\ 2 & -18 \end{pmatrix} \qquad D = \begin{pmatrix} 0 & 3 \\ 1 & 0 \end{pmatrix}$$

3.4 Lemma. *Das Gebilde* $((\mathbb{Q})_2, \cdot)$ *ist assoziativ und hat das neutrale Element* $E = \begin{pmatrix} 1 & 0 \\ 0 & 1 \end{pmatrix}$.

Beweis: (Ass): $\forall A, B, C \in (\mathbb{Q})_2$: $(A B)\, C = A\, (B C)$.

Es seien

$$A = \begin{pmatrix} a_{11} & a_{12} \\ a_{21} & a_{22} \end{pmatrix}, B = \begin{pmatrix} b_{11} & b_{12} \\ b_{21} & b_{22} \end{pmatrix}, C = \begin{pmatrix} c_{11} & c_{12} \\ c_{21} & c_{22} \end{pmatrix}$$

Ausrechnen ergibt

$$(A B)\, C = \begin{pmatrix} d_{11} & d_{12} \\ d_{21} & d_{22} \end{pmatrix} = A\, (B C) \text{ mit}$$

$$d_{11} = a_{11}b_{11}c_{11} + a_{12}b_{21}c_{11} + a_{11}b_{12}c_{21} + a_{12}b_{22}c_{21}$$

$$d_{12} = a_{11}b_{11}c_{12} + a_{12}b_{21}c_{12} + a_{11}b_{12}c_{22} + a_{12}b_{22}c_{22}$$

$$d_{21} = a_{21}b_{11}c_{11} + a_{22}b_{21}c_{11} + a_{21}b_{12}c_{21} + a_{22}b_{22}c_{21}$$

$$d_{22} = a_{21}b_{11}c_{12} + a_{22}b_{21}c_{12} + a_{21}b_{12}c_{22} + a_{22}b_{22}c_{22}$$

(Neutr): Es ist

$$\begin{pmatrix} 1 & 0 \\ 0 & 1 \end{pmatrix} \cdot \begin{pmatrix} a_{11} & a_{12} \\ a_{21} & a_{22} \end{pmatrix} = \begin{pmatrix} 1 \cdot a_{11} + 0 \cdot a_{21}, & 1 \cdot a_{12} + 0 \cdot a_{22} \\ 0 \cdot a_{11} + 1 \cdot a_{21}, & 0 \cdot a_{12} + 1 \cdot a_{22} \end{pmatrix} = \begin{pmatrix} a_{11} & a_{11} \\ a_{21} & a_{22} \end{pmatrix}$$

und entsprechend

$$\begin{pmatrix} a_{11} & a_{12} \\ a_{21} & a_{22} \end{pmatrix} \cdot \begin{pmatrix} 1 & 0 \\ 0 & 1 \end{pmatrix} = \begin{pmatrix} a_{11} & a_{12} \\ a_{21} & a_{22} \end{pmatrix}$$

Anmerkung.

Es ist natürlich E die zur identischen Abbildung

$$\text{id} : \mathbb{Q} \times \mathbb{Q} \to \mathbb{Q} \times \mathbb{Q} \text{ mit id } (x, y) = (1 \cdot x + 0y, 0 \cdot x + 1 \cdot y)$$

gehörige Matrix.

Welche Elemente des Gebildes $((\mathbb{Q})_2, \cdot)$ *haben Inverse?*

Wir nehmen zunächst einmal an, es sei

$$\begin{pmatrix} a & b \\ c & d \end{pmatrix} \cdot \begin{pmatrix} p & q \\ r & s \end{pmatrix} = \begin{pmatrix} 1 & 0 \\ 0 & 1 \end{pmatrix}$$

und wollen versuchen, die zweite Matrix mit Hilfe der ersten zu bestimmen.

Nach Voraussetzung haben wir

(11) $ap + br = 1$ (12) $aq + bs = 0$

(21) $cp + dr = 0$ (22) $cq + ds = 1$

Aus (11) und (21) erhalten wir durch Multiplikation mit d bzw. b:

$$adp + bdr = d$$

$$bcp + bdr = 0$$

und daraus durch Subtraktion

$$(ad - bc)\,p = d.$$

Entsprechend erhält man aus (11) und (21)

$$(ad - bc)\,r = -c,$$

Und aus (12) und (22)

$$(ad - bc)\,q = -b$$

sowie

$$(ad - bc)\,s = a$$

Um die Elemente p, q, r, s durch a, b, c, d ausdrücken zu können, brauchen wir noch $ad - bc \neq 0$. Dies bekommen wir, indem wir in (11) die für a bzw. $-b$ gewonnenen Ausdrücke einsetzen:

$$ap + br = 1$$

$$\Rightarrow (ad - bc)\,sp + [-(ad - bc)\,q]r$$

$$= (ad - bc)\,(ps - qr) = 1$$

also ist $ad - bc \neq 0$.

Nach diesen Vorbereitungen können wir beweisen:

3.5 Lemma

$A = \begin{pmatrix} a & b \\ c & d \end{pmatrix} \in (\mathbb{Q})_2$ hat eine Inverse A^{-1} genau dann, wenn $ad - bc \neq 0$.

Beweis: Wir haben gezeigt:

Hat A eine Rechtsinverse, so ist $ad - bc \neq 0$. Da jede Inverse auch Rechtsinverse ist, haben wir den ersten Teil des Beweises schon erledigt.

Nun sei $ad - bc \neq 0$. Auf Grund unserer Vorüberlegung setzen wir $A^{-1} = \begin{pmatrix} p & q \\ r & s \end{pmatrix}$ mit $p = \frac{d}{ad - bc}$, $q = \frac{-b}{ad - bc}$, $r = \frac{-c}{ad - bc}$, $s = \frac{a}{ad - bc}$

und rechnen aus

$$\begin{pmatrix} a & b \\ c & d \end{pmatrix} \begin{pmatrix} p & q \\ r & s \end{pmatrix} = \begin{pmatrix} 1 & 0 \\ 0 & 1 \end{pmatrix} = \begin{pmatrix} p & q \\ r & s \end{pmatrix} \begin{pmatrix} a & b \\ c & d \end{pmatrix}.$$

Beispiele:

Für $\begin{pmatrix} 1 & 2 \\ 3 & 4 \end{pmatrix}$ ist $1 \cdot 4 - 2 \cdot 3 = -2 \neq 0$,

die Inverse dieser Matrix ist nach unseren Berechnungen

$$\begin{pmatrix} \frac{4}{-2} & \frac{-2}{-2} \\ \frac{-3}{-2} & \frac{1}{-2} \end{pmatrix} = \begin{pmatrix} -2 & 1 \\ \frac{3}{2} & \frac{-1}{2} \end{pmatrix}$$

Tatsächlich ist

$$\begin{pmatrix} -2, & 1 \\ \frac{3}{2}, & \frac{-1}{2} \end{pmatrix} \begin{pmatrix} 1, & 2 \\ 3, & 4 \end{pmatrix} = \begin{pmatrix} -2 \cdot 1 + 1 \cdot 3, (-2) \cdot 2 + 1 \cdot 4 \\ \frac{3}{2} \cdot 1 + (\frac{-1}{2}) \cdot 3, \frac{3}{2} \cdot 2 + (\frac{-1}{2}) \cdot 4 \end{pmatrix}$$

$$= \begin{pmatrix} 1, & 0 \\ 0, & 1 \end{pmatrix}$$

und

$$\begin{pmatrix} 1, & 2 \\ 3, & 4 \end{pmatrix} \begin{pmatrix} -2, & 1 \\ \frac{3}{2}, & \frac{-1}{2} \end{pmatrix} = \begin{pmatrix} (1 \cdot (-2) + 2 \cdot \frac{3}{2}, 1 \cdot 1 + 2 (\frac{-1}{2}) \\ 3 \cdot (-2) + 4 \cdot \frac{3}{2}, 3 \cdot 1 + 4 (\frac{-1}{2}) \end{pmatrix} = \begin{pmatrix} 1 & 0 \\ 0 & 1 \end{pmatrix}$$

Für $\begin{pmatrix} 1, & 2 \\ 2, & 4 \end{pmatrix}$ ist $1 \cdot 4 - 2 \cdot 2 = 0$, also hat diese Matrix keine Inverse.

Aufgaben

(K. 3.9) Berechnen Sie $ad - bc$ für die in (K 3.8) angegebenen Matrizen, und gegebenenfalls die Inversen.

(A 3.10) Es sei $A = \begin{pmatrix} 1 & 1 \\ 0 & 1 \end{pmatrix}$. Berechnen Sie $B = A^{-1}$ und $A \cdot A = A^2$, $A^2 \cdot A = A^3, \ldots, A^n$ (mit Induktion) sowie $B^2, B^3, \ldots, B^n$.

3.C Gruppen

3.6 Definition. Ein Gebilde $(G, *)$ heißt eine *Gruppe,* falls $(G, *)$ *assoziativ* ist, ein *neutrales Element* besitzt und *jedes Element von G ein Inverses* hat.

Was ist nachzuprüfen, um eine Menge G mit einer Operation $*$ als Gruppe zu erkennen?

1) Man muß feststellen, daß $(G, *)$ ein Gebilde ist. Dazu sind notwendig

a) $a * b$ ist für alle $a, b \in G$ definiert,
b) $a * b$ ist eindeutig bestimmt
c) $a * b$ liegt in G.

2) (Ass) $\forall a, b, c \in G : a * (b * c) = (a * b) * c$

3) (Neutr) $\exists\, e \in G\ \forall a \in G : a * e = a = e * a$

4) (Inv) $\forall a \in G\ \exists\, b \in G : a * b = e = b * a.$

Die Bedingungen 2), 3), 4) nennt man auch die Gruppenaxiome. Eine Gruppe $(G, *)$ heißt kommutativ (auch: abelsch), wenn $(G, *)$ kommutativ ist, d.h. wenn gilt

$$\text{(Kom)}\ \forall a, b \in G : a * b = b * a.$$

Für die weiteren Folgerungen stützt man sich nur auf die genannten Eigenschaften einer Gruppe (bzw. kommutativen Gruppe). So gewonnene Ergebnisse sind dann in jedem beliebigen Beispiel einer Gruppe richtig. Dieses Verfahren – und die ordnende Beschreibung mathematischer Gegenstände durch einfache Grundforderungen – nennt man auch die axiomatische Methode.

In jeder Gruppe sind die Voraussetzungen von Lemma 3.1 und Lemma 3.2 erfüllt. Wir haben also schon bewiesen:

3.1a Lemma: *Eine Gruppe hat genau ein neutrales Element.* – Das neutrale Element von $(G, *)$ bezeichnen wir hier immer mit e.

3.2a Lemma: *In einer Gruppe $(G, *)$ hat jedes Element $a \in G$ genau ein Inverses $a^* \in G$.*

3.7 Lemma: *Es sei* $(G, *)$ *eine Gruppe und* $z \in G$. *Dann gilt:*
$(\exists\, a \in G : a * z = a) \Rightarrow z = e.$

Kontraposition ergibt

$$z \neq e \Rightarrow \forall a \in G : a * z \neq a,$$

d.h. alle Elemente von G werden bei Verknüpfung mit $z \neq e$ verändert.

Beweis: Nach Voraussetzung existiert $a \in G$ mit $a * z = a$. Da $(G, *)$ eine Gruppe ist, gibt es ein Inverses a^* zu a in G. Damit hat man

$$z = e * z = (a^* * a) * z = a^* * (a * z) = a^* * a = e$$

(K 3.11) Zeigen Sie: Ist $z \in G$ und $(G, *)$ eine Gruppe, so gilt
$(\exists\, b \in G : z * b = b) \Rightarrow z = e.$

3.8 Lemma: (Kürzungs- oder Streichungsregeln). *In einer Gruppe* $(G, *)$ *gelten*

1) $\forall a, b \in G : (\exists\, x \in G : a * x = b * x) \Rightarrow a = b$

2) $\forall a, b \in G : (\exists\, y \in G : y * a = y * b) \Rightarrow a = b$

Beweis von 1). Es sei $a * x = b * x$. Das Element x hat ein Inverses x^* in G, und damit folgt

$$a = a * e = a * (x * x^*) = (a * x) * x^* =$$

$$(b * x) * x^* = b * (x * x^*) = b * e = b.$$

Entsprechend beweist man 2).

Die Lösbarkeit von Gleichungen ist eine ganz wesentliche Eigenschaft der Gruppen. Dies wird durch die folgenden beiden Sätze belegt.

3.9 Satz (Lösbarkeit von Gleichungen in Gruppen). *Es sei* $(G, *)$ *eine Gruppe.*

1) *Für alle* $a, b \in G$ *gibt es genau ein* $x \in G$ *mit* $a * x = b$.

2) *Für alle* $a, b \in G$ *gibt es genau ein* $y \in G$ *mit* $y * a = b$.

Mit anderen Worten: In einer Gruppe hat jede Gleichung $a * x = b$ eine eindeutig bestimmte Lösung. Die Unterscheidung von 1) und 2) müssen wir vornehmen, weil wir das Kommutativgesetz in $(G, *)$ nicht gefordert haben.

Beweis von 1) a) Existenz einer Lösung. $x = a^* * b$ erfüllt die Gleichung, denn

$$a * x = a * (a^* * b) = (a * a^*) * b = e * b = b.$$

b) Eindeutigkeit der Lösung.

Falls auch z die Gleichung erfüllt, also $a * z = b$ gilt, haben wir

$$z = e * z = (a^* * a) * z = a^* * (a * z) = a^* * b = x$$

Der Beweis von 2) verläuft analog.

3.10 Satz. *Es sei $G \neq \emptyset$ und $(G, *)$ ein assoziatives Gebilde. Gelten*

1) $\forall a, b \in G \, \exists \, x \in G : a * x = b$ *und*

2) $\forall a, b \in G \, \exists \, y \in G : y * a = b$

so ist $(G, *)$ eine Gruppe.

Beweis: Da $(G, *)$ assoziativ ist, haben wir noch (Neutr*) und (Inv*) zu zeigen.

(Neutr*): Da G nicht leer ist, gibt es ein Element $a \in G$ und nach 1) dann ein Element $e \in G$ mit $a * e = a$. Für dieses Element zeigen wir

$$\forall \, b \in G : b * e = b.$$

Nach 2) gibt es ein Element $c \in G$ mit $c * a = b$. Dann ist

$$b * e = (c * a) * e = c * (a * e) = c * a = b.$$

Unter Vertauschung von 1) und 2) erhält man analog ein Element $f \in G$ mit $f * b = b$ für alle $b \in G$.

Dann ist

$$f = f * e = e,$$

also $e = f$ neutrales Element von G.

(Inv*) Zu $a \in G$ gibt es r mit $a * r = e$ und s mit $s * a = e$. Es ist

$$s = s * e = s * (a * r) = (s * a) * r = e * r = r,$$

also $s = r = a^*$.

Bemerkung zur additiven und multiplikativen Schreibweise bei Gruppen

Man zieht es oft vor, statt des Verknüpfungszeichens $*$ die vertrauteren Zeichen + oder · zu verwenden. Dabei wählt man + nur bei kommutativen Gruppen. In einer Tabelle vergleichen wir die verschiedenen Schreibweisen:

	allgemein	additiv	multiplikativ
Gruppe	$(G, *)$	$(A, +)$	$(G, \cdot)$ oder nur G
Verknüpfung	$a * b$	$a + b$	ab
neutrales Elt.	e	0	e oder 1
Inverses	a^*	$-a \; (= a^+)$	$a^{-1} \; (= a^{\cdot})$

Aufgaben

(A 3.12) Es sei A eine Menge und $\mathfrak{P}A$ die Menge aller Teilmengen von A. Für $X, Y \in \mathfrak{P}A$ definieren wir $X \nabla Y =_{\text{def}} (X \cap \bar{Y}) \cup (\bar{X} \cap Y)$ wobei $\bar{X} = A \setminus X$ das Komplement von X in A ist.

Beweisen Sie: $(\mathfrak{P}A, \nabla)$ ist eine kommutative Gruppe. Anleitung: Veranschaulichen Sie sich die Verknüpfung ∇ in einem Venn-Diagramm mit der Grundmenge A. Zum Beweis des Assoziativgesetzes genügt ein passendes Venn-Diagramm. ($X \nabla Y$ heißt die symmetrische Differenz von X und Y).

(A 3.13) Es sei $(G, *)$ eine Gruppe und c ein Element aus G. Durch

$$x \oplus y =_{\text{def}} y * c * x$$

definieren wir eine neue Verknüpfung in G. Beweisen Sie: $(G, \oplus)$ ist eine Gruppe. (Insbesondere: was ist das neutrale Element von $(G, \oplus)$ und was ist das zu z in $(G, \oplus)$ inverse Element $z^{\oplus}$?)

(A 3.14) Es sei $(G, *)$ ein assoziatives Gebilde mit neutralem Element e. Beweisen Sie: Hat jedes Element von G ein Linksinverses, so hat jedes Element von G ein Inverses. (Anleitung: Zeigen Sie, daß ein Linksinverses von $a \in G$ auch Rechtsinverses von a sein muß). Danach ist also $(G, *)$ eine Gruppe.

3.D Wichtige Beispiele von Gruppen

1. Gruppen von Zahlen

a) Die additive Gruppe der ganzen Zahlen $(\mathbb{Z}, +)$.

b) Für jede Nennermenge $\mathscr{N}$ die additive Gruppe $(Q\mathscr{N}, +)$. Den Nachweis der Gruppeneigenschaften haben wir in Abschnitt 2.C erbracht.

c) Für eine Nennermenge $\mathscr{N}$ definieren wir $\mathscr{E} = \mathscr{E}\mathscr{N} = \{x \in Q\mathscr{N} \mid x^{-1} \text{ existiert}\}$. Mit der Multiplikation aus $Q\mathscr{N}$ ist $(\mathscr{E}, \cdot)$ eine Gruppe. (Vgl. Aufgabe A 3.7)

d) Mit $\mathscr{N} = \mathbb{Z} \setminus \{0\}$ erhalten wir aus Beispiel **c)** die sog. multiplikative Gruppe $(\mathbb{Q} \setminus \{0\}, \cdot)$ der rationalen Zahlen. (Im Gegensatz zur additiven Gruppe $(\mathbb{Q}, +)$ aus Beispiel **b)**.)

e) Die Menge der Bruchzahlen war definiert durch $\mathbb{B} = \{x \in \mathbb{Q} \mid 0 < x\}$. Für alle $a, b \in \mathbb{B}$ ist $ab > 0$, also ist $(\mathbb{B}, \cdot)$ ein Gebilde. Man prüft leicht nach, daß ($\mathbb{B}$, $\cdot$) eine Gruppe ist, die multiplikative Gruppe der Bruchzahlen. (Hinweis: ($\mathbb{B}$, +) ist ein Gebilde, aber keine Gruppe).

f) Gruppen von reellen Zahlen: Die additive Gruppe ($\mathbb{R}$, +), die multiplikative Gruppe ($\mathbb{R}\setminus\{0\}$, $\cdot$) und die multiplikative Gruppe der positiven reellen Zahlen.

2. Gruppen von Abbildungen

Es sei M eine Menge und $\mathcal{S}_M =_{\text{def}} \{\varphi : M \to M \mid \varphi \text{ ist bijektiv}\}$ die Menge aller bijektiven Abbildungen von M auf sich. Wie früher bezeichnen wir durch $\circ$ das Verketten von Abbildungen.

3.11 Satz. *($\mathcal{S}_M$, $\circ$) ist eine Gruppe.*

Die Elemente von $\mathcal{S}_M$ nennt man auch *Permutationen* und deshalb ($\mathcal{S}_M$, $\circ$) die *Permutationsgruppe* von M (auch: die *symmetrische Gruppe von M*).

Beweis: 1) Für je zwei Funktionen $\varphi, \psi \in \mathcal{S}_M$ ist $\varphi \circ \psi$ definiert und eindeutig bestimmt. Die Verkettung bijektiver Funktionen ist bijektiv, und wegen

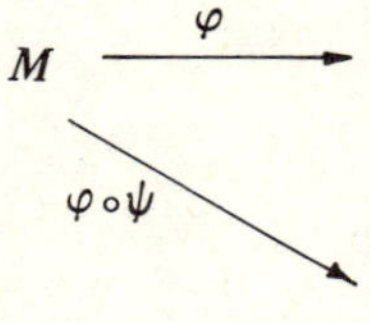

Abb. 32

ist $\varphi \circ \psi : M \to M$, also gilt $\varphi \circ \psi \in \mathcal{S}_M$.

2) (Ass) Das Verketten von Funktionen ist assoziativ.

3) (Neutr) $\mathrm{id}_M \in \mathcal{S}_M$ (definiert durch $\mathrm{id}_M\, x = x$ für alle $x \in M$) ist neutral bezüglich $\circ$, denn für alle $\varphi \in \mathcal{S}_M$ gilt

$$\varphi \circ \mathrm{id}_M = \varphi = \mathrm{id}_M \circ \varphi.$$

4) (Inv) Nach dem Satz 0.1 über die Umkehrfunktion gibt es zu jedem $\varphi \in \mathcal{S}_M$ eine Funktion $\varphi^{-1} : M \to M$ mit

$$\varphi \circ \varphi^{-1} = \mathrm{id}_M = \varphi^{-1} \circ \varphi,$$

wobei φ^{-1} wieder bijektiv ist, also $\varphi^{-1} \in \mathcal{S}_M$.

Im Sonderfall $M = \{1, 2, 3, \ldots, n\}$ schreibt man $\mathcal{S}_n$ statt $\mathcal{S}_M$ und nennt $\mathcal{S}_n$ die *symmetrische Gruppe von n Ziffern.* Die Elemente von $\mathcal{S}_n$ gibt man gewöhnlich durch Wertetabellen an, etwa $\varphi \in \mathcal{S}_3$ durch

x	1	2	3
φx	2	1	3

, abgekürzt $\varphi = \begin{pmatrix} 1 & 2 & 3 \\ 2 & 1 & 3 \end{pmatrix}$

$\mathcal{S}_n$ hat $1 \cdot 2 \cdot 3 \cdot \ldots \cdot (n-1) \cdot n = n!$ Elemente, wie man durch Induktion beweisen kann.

3. Symmetriegruppen einiger geometrischer Figuren

An geometrischen Figuren werden wir hier nur regelmäßige n-Ecke, Rechtecke und Tetraeder betrachten. Die folgenden Ausführungen gelten aber auch für beliebige Punktmengen (Muster u. dergl.). Die geometrischen Begriffe deuten wir nur an.

Eine Abbildung der Ebene (des Raumes) auf sich, welche alle Abstände (und damit auch alle Winkel) unverändert läßt, heißt Isometrie. Im wesentlichen handelt es sich dabei um Drehungen, Spiegelungen und Translationen. Jede Isometrie ist bijektiv und die Umkehrbildung ist wieder eine Isometrie.

Eine Isometrie φ, welche eine gegebene geometrische Figur (Punktmenge) F als ganzes in sich überführt, heißt eine Symmetrie von F, und mit $\mathcal{S}F$ bezeichnen wir die Menge aller Symmetrien von F.

Behauptung. Die Symmetrien einer geometrischen Figur F bilden eine Gruppe $(\mathcal{S}F, \circ)$

Skizze des Beweises.

1) $(\mathcal{S}F, \circ)$ ist ein Gebilde, denn für $\varphi, \psi \in \mathcal{S}F$ ist auch $\varphi \circ \psi \in \mathcal{S}F$.

2) (Ass) gilt allgemein für Abbildungen.

3) (Neutr.): Die identische Abbildung ist eine Isometrie; sie läßt F fest.

4) (Inv): Mit $\varphi \in \mathcal{S}F$ ist auch φ^{-1} eine Isometrie in $\mathcal{S}F$.

Beispiel: Es sei F ein gleichseitiges Dreieck mit Mittelpunkt M.

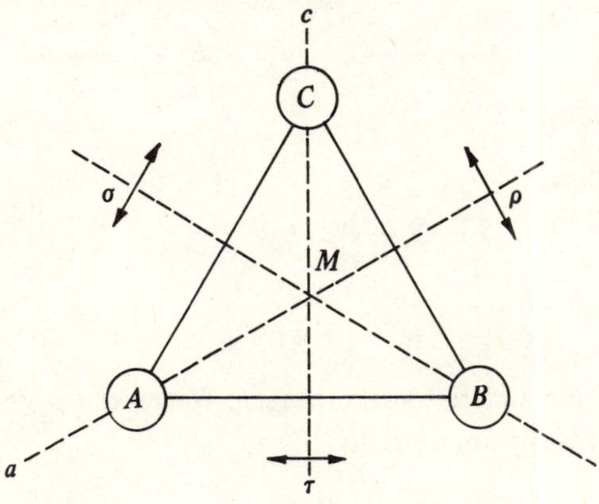

Abb. 33

Die Symmetrien von F sind:

ϵ : identische Abbildung

α : Drehung um 120° um M

β : Drehung um 240° um M

ρ : Spiegelung an der Geraden a

σ : Spiegelung an der Geraden b

τ : Spiegelung an der Geraden c

Die Symmetriegruppe des gleichseitigen Dreiecks bezeichnet man mit $\mathscr{D}_3$.

Da wir $\mathscr{D}_3$ für weitere Beispiele verwenden wollen, stellen wir hier (gleichzeitig zur Übung) die Verknüpfungstafel auf. Wir benutzen dabei, daß ein Element aus $\mathscr{D}_3$ durch seine Wirkung auf die Eckpunkte des Dreiecks bestimmt ist:

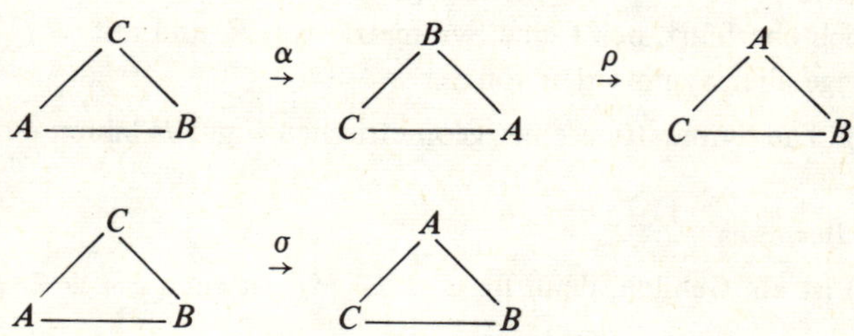

Abb. 34

also ist $\alpha \circ \rho = \sigma$

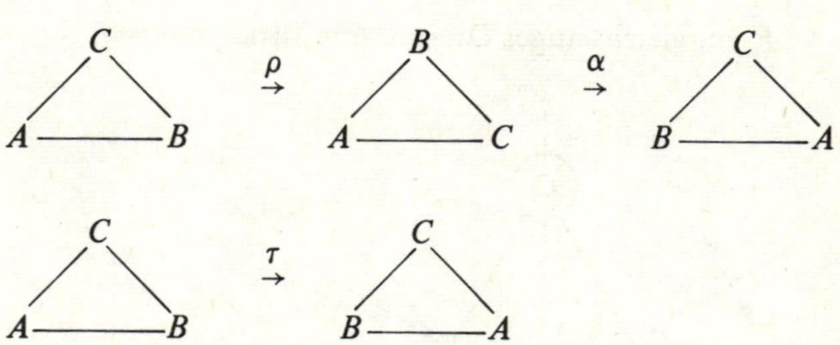

Abb. 35

also ist $\rho \circ \alpha = \tau$.

Entsprechend erhält man die anderen Verkettungen. Wegen $\alpha \circ \rho \neq \rho \circ \alpha$ ist die Gruppe $(\mathscr{D}_3, \circ)$ sicher nicht kommutativ.

Verknüpfungstafel von $(\mathcal{D}_3, \circ)$:

$a \backslash b$	ϵ	α	β	ρ	σ	τ
ϵ	ϵ	α	β	ρ	σ	τ
α	α	β	ϵ	σ	τ	ρ
β	β	ϵ	α	τ	ρ	σ
ρ	ρ	τ	σ	ϵ	β	α
σ	σ	ρ	τ	α	ϵ	β
τ	τ	σ	ρ	β	α	ϵ

$a \circ b$

Allgemein nennt man die Symmetriegruppe eines regelmäßigen n-Ecks eine *Diedergruppe* (Di-eder = Zweiflächner im Gegensatz zum räumlichen Polyeder). Die übliche Bezeichnung ist $\mathcal{D}_n$. Die Gruppe $(\mathcal{D}_n, \circ)$ hat $2\,n$ Elemente, nämlich die identische Abbildung id $= \epsilon$ und $n-1$ Drehungen $\alpha_2, \alpha_3, \ldots, \alpha_n$ sowie n Spiegelungen $\sigma_1, \ldots, \sigma_n$ an verschiedenen Achsen.

Weiteres Beispiel: Regelmäßiges Fünfeck.

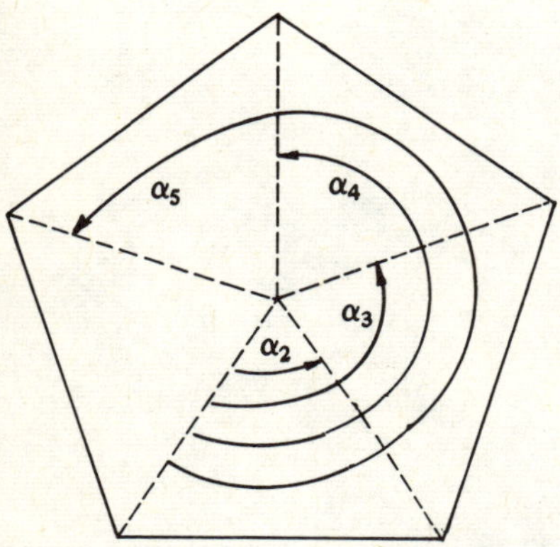

Abb. 36

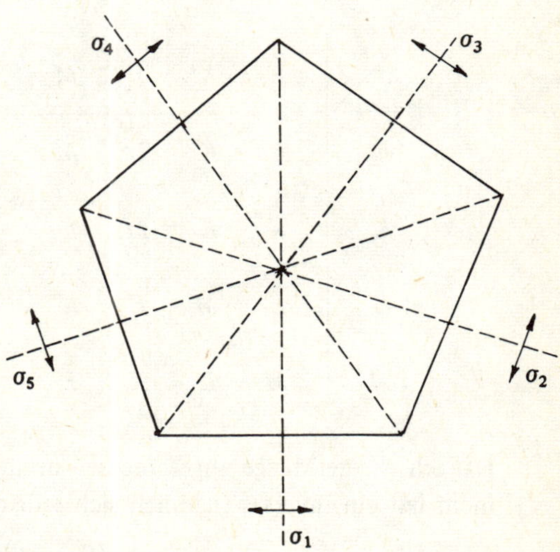

Abb. 37

4. Gruppen von Matrizen

Wir betrachten die Matrizen

$$E = \begin{pmatrix} 1 & 0 \\ 0 & 1 \end{pmatrix} \text{ und } K = \begin{pmatrix} 0 & 1 \\ 1 & 0 \end{pmatrix}$$

Es gilt $K \cdot K = K^2 = E$ und $EK = K = KE$. Damit ist die Menge $\{E, K\}$ abgeschlossen bezüglich der Matrizenmultiplikation, also $(\{E, K\}, \cdot)$ ein Gebilde. Da die Matrizenmultiplikation assoziativ ist, ist auch dies Gebilde assoziativ. E ist neutral und sowohl E als auch K haben ein Inverses in $\{E, K\}$ wegen $E^2 = E$ und $K^2 = E$. Also ist $(\{E, K\}, \cdot)$ eine Gruppe.

Bei zwei weiteren Beispielen berechnen wir zuerst sämtliche möglichen Produkte und weisen so die Abgeschlossenheit und die Existenz von Inversen nach. Die Assoziativität der Matrizenmultiplikation haben wir allgemein, ebenso die Tatsache, daß $E = \begin{pmatrix} 1 & 0 \\ 0 & 1 \end{pmatrix}$ neutral ist

Es seien $L = \begin{pmatrix} -1 & 0 \\ 0 & -1 \end{pmatrix}$ und $M = \begin{pmatrix} 0 & -1 \\ -1 & 0 \end{pmatrix}$.

Behauptung: Auch $(\{E, K, L, M\}, \cdot)$ ist eine Gruppe.

Berechnung sämtlicher Produkte:

$a \backslash b$	E	K	L	M
E	E	K	L	M
K	K	E	M	L
L	L	M	E	K
M	M	L	K	E

$a \cdot b$

Danach ist die Menge abgeschlossen bezüglich der Verknüpfung und jedes Element hat ein Inverses (nämlich sich selbst!), also ist die Behauptung bewiesen.

Es seien $R = \begin{pmatrix} 0 & -1 \\ 1 & 0 \end{pmatrix}$ und $S = \begin{pmatrix} 0 & 1 \\ -1 & 0 \end{pmatrix}$.

Behauptung: Auch $(\{E, L, R, S\}, \cdot)$ ist eine Gruppe. Der Beweis erfolgt nach dem gleichen Schema, wir rechnen nur die Produkte aus:

a \ b	E	L	R	S
E	E	L	R	S
L	L	E	S	R
R	R	S	L	E
S	S	R	E	L

$a \cdot b$

Aufgaben

(A 3.15) In der Menge $\mathbb{Z} \times \mathbb{Q}$ definieren wir eine Verknüpfung $*$ durch $(a, b) * (c, d) = (a + c, b\, 2^c + d)$. Untersuchen Sie, ob $(\mathbb{Z} \times \mathbb{Q}, *)$ eine Gruppe ist. – Ist die Verknüpfung kommutativ?

(A 3.16) Es sei

$$S = \{(x, y) \mid x, y \in \mathbb{R} \text{ und } x^2 + y^2 = 1\},$$

sowie für (r, s) und (p, q) aus S:

$$(r, s) \otimes (p, q) =_{\text{def}} (rp - sq, rq + sp).$$

Zeigen Sie, daß $(S, \otimes)$ eine kommutative Gruppe ist und geben Sie eine geometrische Interpretation der Verknüpfung. (Additionstheoreme von sin und cos verwenden!)

(A 3.17) Zeigen Sie, daß die Menge

$$\left\{E, \begin{pmatrix} -1 & 0 \\ 0 & -1 \end{pmatrix}, \begin{pmatrix} -1 & 0 \\ 0 & 1 \end{pmatrix}, \begin{pmatrix} 1 & 0 \\ 0 & -1 \end{pmatrix}\right\}$$

mit der Matrizenmultiplikation eine Gruppe bildet.

3.E Untergruppen

3.12 Definition: Es seien $(G, *)$ eine Gruppe und $H \subseteq G$ eine Teilmenge von G. Ist auch $(H, *)$ eine Gruppe, so heißt $(H, *)$ *Untergruppe* von $(G, *)$. (Dabei muß man natürlich für die Verknüpfung $*$ in H die Einschränkung der Verknüpfung $*$ in G auf die Teilmenge $H \times H$ von $G \times G$ nehmen.) Zu beachten ist, daß es sich i) um eine Teilmenge und ii) um die „gleiche" Verknüpfung handelt.

Wir stellen ausführlich zusammen, was die Forderung „$(H, *)$ ist Gruppe" besagt:

1) $(H, *)$ ist Gebilde, d. h.

   a) $a * b$ ist für alle $a, b \in H$ definiert. – Das gilt für jede Teilmenge von G, da $a * b$ für alle $a, b \in G$ definiert ist.

   b) $a * b$ ist eindeutig bestimmt. – Das gilt immer in G, also auch für die Elemente einer beliebigen Teilmenge.

   c) Für alle $a, b \in H$ ist $a * b \in H$. – Das gilt nicht für jede Teilmenge von G.

2) (Ass) $\forall a, b, c \in H : a * (b * c) = (a * b) * c$. – Das gilt immer in G, also auch in jeder Teilmenge.

3) (Neutr) $e \in H$. – Da in G nur das eine neutrale Element e vorhanden ist, muß dies auch neutral in H sein.

4) (Inv) $\forall a \in H : a^* \in H$. – Wieder gibt es in G nur das eine Inverse a^* von a, also muß dies in H liegen.

Aus b) und (Inv) folgt nun (Neutr):

$$a \in H \Rightarrow a^* \in H \Rightarrow a * a^* = e \in H.$$

Hierzu muß man aber $H \neq \emptyset$ verlangen, damit man mit $a \in H$ anfangen kann. Berücksichtigt man dies und die Tatsache, daß die von 1b), (Inv) und (Neutr) verschiedenen Forderungen von selbst in jeder Teilmenge von G gelten, so erhält man den Satz:

3.13 Satz (Untergruppenkriterium). *$(H, *)$ ist Untergruppe von $(G, *)$ genau dann, wenn*

$$(UG) \quad \begin{cases} \emptyset \neq H \subseteq G \\ \text{(i) } a, b \in H \Rightarrow a * b \in H \\ \text{(ii) } a \in H \quad \Rightarrow a^* \in H \end{cases}$$

Beispiele

a) Nach Satz 1.7 kennen wir bereits sämtliche Untergruppen von $(\mathbb{Z}, +)$. Jede Untergruppe von $(\mathbb{Z}, +)$ ist eine Vielfachenmenge mit der Addition als Verknüpfung.

b) Die Drehungen in der Diedergruppe $\mathscr{D}_n$. Hier muß man wieder die identische Abbildung ϵ zu den Drehungen zählen. Dann ist die Menge $\mathscr{R}_n$ der Drehungen (Rotationen) nicht leer. Die Verkettung von zwei Drehungen des n-Ecks gibt wieder eine Drehung und mit α ist auch α^{-1} eine Drehung. Also: $(\mathscr{R}_n, \circ)$ ist Untergruppe von $(\mathscr{D}_n, \circ)$.

c) Es ist $\mathbb{B} \subseteq (\mathbb{Q} \setminus \{0\})$ und $(\mathbb{B}, \cdot)$ Untergruppe von $(\mathbb{Q} \setminus \{0\}, \cdot)$, jedoch nicht $(\mathbb{B}, +)$ Untergruppe von $(\mathbb{Q}, +)$. (Warum nicht?) – Es ist $(\{1, -1\}, \cdot)$ Untergruppe von $(\mathbb{Q} \setminus \{0\}, \cdot)$, jedoch nicht von $(\mathbb{B}, \cdot)$. (Warum nicht?)

d) Es sei

$$\langle 2 \rangle = \{2^i \mid i \in \mathbb{Z}\} \subseteq \mathbb{B}.$$

Dann gilt: $(\langle 2 \rangle, \cdot)$ ist Untergruppe von $(\mathbb{B}, \cdot)$, denn

$\langle 2 \rangle \neq \emptyset$ und

(i) $2^n \cdot 2^k = 2^{n+k} \in \langle 2 \rangle$, da $n + k \in \mathbb{Z}$

(ii) $(2^n)^{-1} = 2^{-n} \in \langle 2 \rangle$, da $-n \in \mathbb{Z}$

Die geordnete Menge der Untergruppen

Jede Gruppe $(G, *)$ hat die trivialen Untergruppen $(\{e\}, *)$ und $(G, *)$. Jede Untergruppe muß $\{e\}$ enthalten und ist in G enthalten. Durch die Inklusion $\subseteq$ von Teilmengen wird die Menge der Untergruppen von $(G, *)$ geordnet. Die Kenntnis der Untergruppen gibt Einsicht in die Struktur der Gruppe. Bei der Bestimmung der Untergruppen ist manchmal folgende Beobachtung hilfreich. Es sei $(H, *)$ Untergruppe von $(G, *)$ und $K \subseteq H$ eine Teilmenge von H. Dann gilt: $(K, *)$ ist Untergruppe von $(H, *)$ genau dann, wenn $(K, *)$ Untergruppe von $(G, *)$ ist. – Der Beweis dieser Behauptung ist leicht mit der Untergruppenbedingung (UG).

Beispiel:

Untergruppen der Dreiecksgruppe $(\mathscr{D}_3, \circ)$. Wir lassen hier der Einfachheit halber das Verkettungszeichen $\circ$ weg. Die Drehgruppe ist $\mathscr{R}_3 = \{\epsilon, \alpha, \beta\}$. Mit den Spiegelungen erhält man die Untergruppen $\{\epsilon, \rho\}$, $\{\epsilon, \sigma\}$ und $\{\epsilon, \tau\}$ von je zwei Elementen. $\{\epsilon, \alpha\}$ ist keine Untergruppe wegen $\alpha \circ \alpha = \beta \notin \{\alpha, \epsilon\}$. Das gleiche gilt für $\{\epsilon, \beta\}$. Wir nehmen einmal an, die Elemente α, ρ liegen in einer Untergruppe H von $\mathscr{D}_3$. Es folgt:

$\alpha \circ \rho = \sigma \in H$

$\rho \circ \alpha = \tau \in H$ und dann

$\rho \circ \sigma = \beta \in H.$

Also haben wir $\epsilon, \alpha, \beta, \rho, \sigma, \tau \in H$ und damit $H = \mathscr{D}_3$. Entsprechend folgt $\sigma, \tau \in H \Rightarrow H = \mathscr{D}_3$ usw. Damit erhalten wir die geordnete Menge der Untergruppen von $\mathscr{D}_3$:

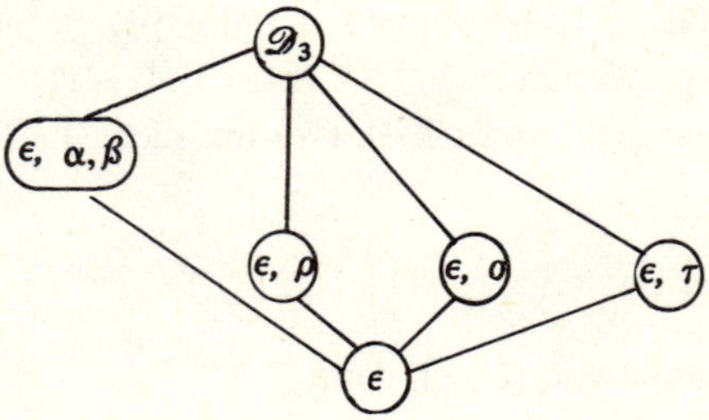

Abb. 38

Aufgaben

(A 3.18) Zeigen Sie: Die Menge der Quadratzahlen aus $\mathbb{B}$ bildet eine Untergruppe der Gruppe $(\mathbb{B}, \cdot)$.

(A 3.19) Es sei R ein Rechteck, welches kein Quadrat ist. Bestimmen Sie die Symmetriegruppe $(K_4, \circ)$ von R. (Elemente aufzählen, Verknüpfungstafel aufstellen.) Bestimmen Sie sämtliche Untergruppen und zeichnen Sie das Ordnungsdiagramm der Menge der Untergruppen.

3.F Nebenklassen und der Satz von Lagrange

Das Aufsuchen von Untergruppen einer Gruppe ist mit unseren bisherigen Hilfsmitteln noch recht langwierig. Der Zugang zu diesem Problem wird durch den Satz von Lagrange wesentlich erleichtert.

Für diesen Abschnitt setzen wir immer voraus: $(H, *)$ ist Untergruppe von $(G, *)$.

3.14 Definition. Für $a \in G$ setzen wir

$$a * H =_{\text{def}} \{a * h \mid h \in H\}$$

$a * H$ heißt eine (Links-)*Nebenklasse* (auch Restklasse) von H in G. (Entsprechend definiert man Rechtsnebenklassen $H * a$.)

Beispiele:

a) Nebenklassen von $(\mathbb{B}, \cdot)$ in $(\mathbb{Q} \setminus \{0\}, \cdot)$ sind $\mathbb{B} = 1 \cdot \mathbb{B}$ und $(-1)\, \mathbb{B} = \{x \in \mathbb{Q} \mid x < 0\}$

b) Nebenklassen von $(\{1, -1\}, \cdot)$ in $(\mathbb{Q} \setminus \{0\}, \cdot)$ sind alle Mengen $\{x, -x\}$ mit $x \in \mathbb{Q} \setminus \{0\}$.

c) Nebenklassen der Drehgruppe $\{\epsilon, \alpha, \beta\}$ in $\mathscr{D}_3$:

$$\epsilon \circ \{\epsilon, \alpha, \beta\} = \{\epsilon \circ \epsilon, \epsilon \circ \alpha, \epsilon \circ \beta\} = \{\epsilon, \alpha, \beta\}$$

$$\alpha \circ \{\epsilon, \alpha, \beta\} = \{\alpha \circ \epsilon, \alpha \circ \alpha, \alpha \circ \beta\} = \{\alpha, \beta, \epsilon\}$$

$$\beta \circ \{\epsilon, \alpha, \beta\} = \{\beta \circ \epsilon, \beta \circ \alpha, \beta \circ \beta\} = \{\beta, \epsilon, \alpha\}$$

$$\rho \circ \{\epsilon, \alpha, \beta\} = \{\rho \circ \epsilon, \rho \circ \alpha, \rho \circ \beta\} = \{\rho, \tau, \sigma\}$$

$$\sigma \circ \{\epsilon, \alpha, \beta\} = \{\sigma \circ \epsilon, \sigma \circ \alpha, \sigma \circ \beta\} = \{\sigma, \rho, \tau\}$$

$$\tau \circ \{\epsilon, \alpha, \beta\} = \{\tau \circ \epsilon, \tau \circ \alpha, \tau \circ \beta\} = \{\tau, \sigma, \rho\}$$

Es gibt also nur zwei verschiedene Nebenklassen, nämlich $\{\epsilon, \alpha, \beta\}$ und $\{\rho, \sigma, \tau\}$. Man findet die Nebenklassen leicht in der Gruppentafel, man braucht für $\rho \circ \{\epsilon, \alpha, \beta\}$ ja nur in der Zeile von ρ unter ϵ, α, β nachzusehen.

(K 3.20) Bestimmen Sie alle Nebenklassen $x \circ \{\epsilon, \rho\}$ der Untergruppe $\{\epsilon, \rho\}$ von $\mathscr{D}_3$.

(K 3.21) Geben Sie folgende Nebenklassen der Untergruppen $(6\,\mathbb{Z}, +)$ und $(8\,\mathbb{Z}, +)$ von $(\mathbb{Z}, +)$ in aufzählender Form $\{\ldots a, b, c, \ldots\}$ an: $5 + 6\,\mathbb{Z}$; $-48 + 6\,\mathbb{Z}$; $10 + 8\,\mathbb{Z}$; $-18 + 8\,\mathbb{Z}$.

Vor dem nächsten Lemma rufen wir uns in Erinnerung, was eine *Klasseneinteilung* (Partition) einer Menge ist: Eine Menge $\mathscr{P} = \{P, Q, \ldots\}$ von Teilmengen einer Menge M heißt Klasseneinteilung von M, falls

(i) $\forall P \in \mathscr{P} : P \neq \emptyset$

(ii) $P \neq Q \Rightarrow P \cap Q = \emptyset$

(iii) $\bigcup_{P \in \mathscr{P}} P = \{x \mid \exists P \in \mathscr{P} : x \in P\} = M$

Für die Menge M nehmen wir nun G und für die Teilmengen $P, Q, \ldots$ die Nebenklassen $a * H, b * H, \ldots$ einer Untergruppe.

3.15 Lemma. *Die Menge der Nebenklassen von H ist eine Klasseneinteilung von G.*

Beweis: Wir haben die definierenden Eigenschaften (i, ii, iii) einer Klasseneinteilung zu verifizieren.

(i) Für eine Nebenklasse $a * H$ gilt $a = a * e \in a * H$, da $e \in H$, also ist keine Nebenklasse leer.

(ii) Durch Kontraposition erhalten wir die zu (ii) äquivalente Bedingung $a * H \cap b * H \neq \emptyset \Rightarrow a * H = b * H$. Es sei also $x \in a * H \cap b * H$.

Dann gibt es $h_1, h_2 \in H$ mit

$$x = a * h_1 = b * h_2, \text{ also}$$

$$a = b * h_2 * h_1{}^*$$

$$b = a * h_1 * h_2{}^*.$$

Es folgt:

$$\forall h \in H : a * h = b * h_2 * h_1{}^* * h \in b * H, \text{ da } h_2 * h_1{}^* * h \in H,$$

also

$$a * H \subseteq b * H,$$

und ebenso erhält man $b * H \subseteq a * H$. Damit haben wir $b * H = a * H$, was zu zeigen war.

(iii) Zu jedem $x \in G$ gibt es eine Nebenklasse welche x enthält: Wegen $e \in H$ und $x * e = x$ ist $x \in x * H$. Damit haben wir (unter Beachtung von $a * H \subseteq G$ für alle $a \in G$)

$$\{x \mid \exists\, a * H : x \in a * H\} = G.$$

Veranschaulichung:

Abb. 39

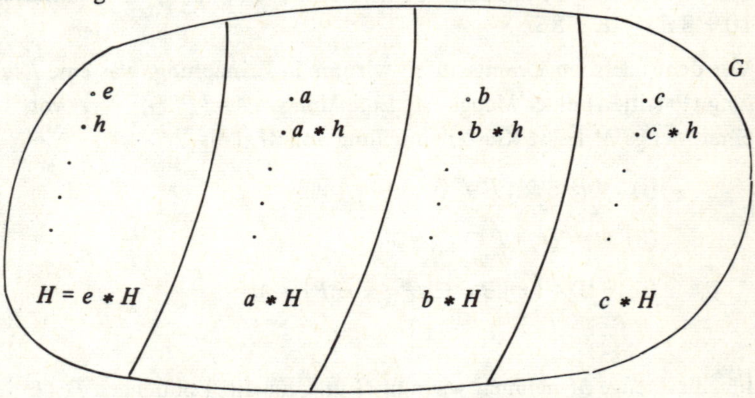

Zur Formulierung des folgenden Lemmas verwenden wir einen weiteren Begriff der Mengenlehre: Zwei Mengen M, N heißen *gleichmächtig*, falls es eine bijektive Abbildung $\varphi : M \to N$ gibt. Endliche Mengen sind genau dann gleichmächtig, wenn sie die gleiche Anzahl von Elementen enthalten.

3.16 Lemma. *Jede Nebenklasse $a * H$ ist gleichmächtig mit H.*

Beweis: Wir zeigen: Für jedes $a \in G$ ist die durch $h \to a * h$ definierte Abbildung $\tau_a : H \to a * H$ bijektiv.

a) τ_a ist injektiv: $\tau_a\, h_1 = \tau_a\, h_2 \Rightarrow a * h_1 = a * h_2$

$\Rightarrow h_1 = h_2$ mit der Kürzungsregel Lemma 3.8

b) τ_a ist surjektiv: Zu jedem $b \in a * H$ gibt es ein $h \in H$ mit $b = a * h = \tau_a h$.

3.17 Definition. Ist $(G, *)$ eine endliche Gruppe, so heißt die Elementeanzahl $|G|$ von G die *Ordnung von* $(G, *)$

3.18 Satz von Lagrange. *Ist* $(G, *)$ *eine endliche Gruppe und* $(H, *)$ *eine Untergruppe von* $(G, *)$, *so ist die Ordnung von* $(H, *)$ *ein Teiler der Ordnung von* $(G, *)$. – Kurz gesagt: *Die Untergruppenordnung teilt die Gruppenordnung.*

Beweis: Es seien $|G| = n$ und $|H| = k \leqq n$. Jede Nebenklasse von H hat dann nach Lemma 3.16 ebenfalls k Elemente. Es seien l Nebenklassen vorhanden. Nach Lemma 3.15 liegt jedes Element von G in genau einer dieser Nebenklassen, also gibt es in G gerade $k \cdot l$ Elemente, d.h. k teilt n.

Wie schon gesagt, schafft dieser Satz eine große Erleichterung beim Aufsuchen von Untergruppen endlicher Gruppen. Er sagt jedoch nichts aus über unendliche Gruppen (obwohl auch dafür die Lemmata 3.16 und 3.17 gelten), nichts über die Existenz von Untergruppen zu Teilern der Gruppenordnung und auch nichts über die Anzahl evtl. vorhandener Untergruppen. Ein ausführlich behandeltes Beispiel gibt uns dazu einige Information.

Beispiel zum Satz von Lagrange: Die Drehgruppe eines regelmäßigen Tetraeders

Für die folgenden Betrachtungen orientieren wir uns an einer Zeichnung:

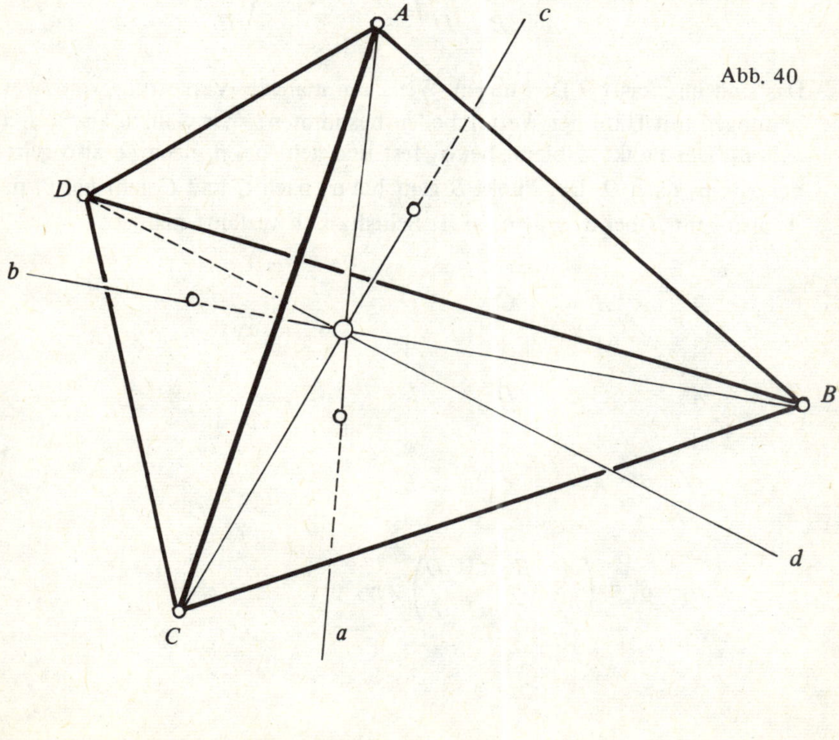

Abb. 40

Zuerst stellen wir eine Reihe von Drehungen um raumfeste Achsen zusammen, welche das Tetraeder in sich überführen. Die Abbildungen geben wir an durch Wertetabellen für die Eckpunkte. Um eine Gruppe zu erhalten, müssen wir auch die Identität ϵ mit zu den Drehungen rechnen. Die Abbildungen α_1, α_2 sind Drehungen um die in der Zeichnung angedeutete Achse a usw.:

$$\epsilon = \begin{pmatrix} A & B & C & D \\ A & B & C & D \end{pmatrix}$$

$$\alpha_1 = \begin{pmatrix} A & B & C & D \\ A & C & D & B \end{pmatrix} \qquad \alpha_2 = \begin{pmatrix} A & B & C & D \\ A & D & B & C \end{pmatrix}$$

$$\beta_1 = \begin{pmatrix} A & B & C & D \\ D & B & A & C \end{pmatrix} \qquad \beta_2 = \begin{pmatrix} A & B & C & D \\ C & B & D & A \end{pmatrix}$$

$$\gamma_1 = \begin{pmatrix} A & B & C & D \\ B & D & C & A \end{pmatrix} \qquad \gamma_2 = \begin{pmatrix} A & B & C & D \\ D & A & C & B \end{pmatrix}$$

$$\delta_1 = \begin{pmatrix} A & B & C & D \\ C & A & B & D \end{pmatrix} \qquad \delta_2 = \begin{pmatrix} A & B & C & D \\ B & C & A & D \end{pmatrix}$$

Das sind insgesamt 9 Drehungen. Wie kann man die Verkettung von zwei Abbildungen mit Hilfe der Wertetabellen bestimmen? Wir wählen als Beispiel $\alpha_1 \circ \beta_1$. Der Punkt A bleibt bei α_1 fest und geht bei β_1 nach D, also geht A bei $\alpha_1 \circ \beta_1$ nach D. Der Punkt B geht bei α_1 nach C und C geht bei β_1 nach A, also geht B bei $\alpha_1 \circ \beta_1$ nach A. Schematisch verfährt man so:

$$\begin{array}{ccccc} A & B & C & D & \\ \downarrow & \downarrow & \downarrow & \downarrow & \alpha_1 \\ A & C & D & B & \\ \downarrow & \downarrow & \downarrow & \downarrow & \beta_1 \\ D & A & C & B & \end{array}$$

$$\alpha_1 \circ \beta_1 = \begin{pmatrix} A & B & C & D \\ D & A & C & B \end{pmatrix} = \gamma_2$$

Zuerst bestimmt man also das Bild Y des Punktes X mit der ersten Tabelle und dann das Bild Z des Punktes Y mit der zweiten Tabelle. Man erhält so eine Tabelle $\binom{X \ldots}{Z \ldots}$ und sieht nach, zu welcher Abbildung sie gehört.

$\alpha_1 \circ \beta_2$ ergibt die Tabelle $\begin{pmatrix} A & B & C & D \\ C & D & A & B \end{pmatrix}$,

und die finden wir in unserer Liste nicht. Die bisher betrachtete Menge von Drehungen ist also nicht abgeschlossen bezüglich der Verkettung! Wir setzen $\alpha_1 \circ \beta_2 = \lambda$ und stellen die geometrische Bedeutung dieser Abbildung fest: Es handelt sich um eine 180°-Drehung um die in der Zeichnung angedeutete Achse:

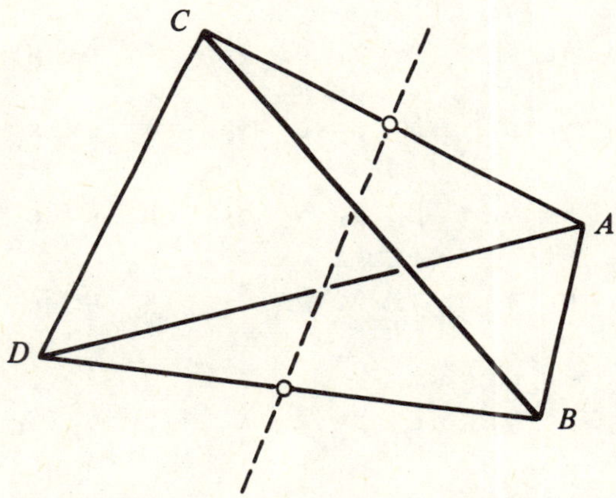

Abb. 41

Man sieht nun sofort noch zwei weitere solche Achsen mit den Drehungen

$$\kappa = \begin{pmatrix} A & B & C & D \\ B & A & D & C \end{pmatrix} \text{ und } \mu = \begin{pmatrix} A & B & C & D \\ D & C & B & A \end{pmatrix}.$$

Es fragt sich, ob wir nun sämtliche Drehungen haben oder nicht. Wir setzen

$$\mathscr{A} = \{\epsilon, \kappa, \lambda, \mu, \alpha_1, \alpha_2, \beta_1, \beta_2, \gamma_1, \gamma_2, \delta_1, \delta_2\}$$

und zeigen, daß $\mathscr{A}$ eine Untergruppe der Symmetriegruppe des Tetraeders ist. Dazu verifizieren wir das Untergruppenkriterium (UG) mit Hilfe der Verknüpfungstafel von $(\mathscr{A}, \circ)$. Man sieht, daß $\mathscr{A}$ abgeschlossen ist bezüglich der Verkettung. Da in jeder Zeile einmal das Element ϵ auftaucht, hat jedes Element von $\mathscr{A}$ auch ein Inverses in $\mathscr{A}$. – Tatsächlich gibt es nicht mehr Drehungen des Tetraeders als die aus $\mathscr{A}$, den Beweis für diese Behauptung schenken wir uns und arbeiten jetzt mit der Gruppe $(\mathscr{A}, \circ)$.

Verknüpfungstafel von $(\mathscr{A}, \circ)$

$a \backslash b$	ϵ	κ	λ	μ	α_1	β_1	γ_1	δ_1	α_2	β_2	γ_2	δ_2
ϵ	ϵ	κ	λ	μ	α_1	β_1	γ_1	δ_1	α_2	β_2	γ_2	δ_2
κ	κ	ϵ	μ	λ	δ_1	γ_1	β_1	α_1	γ_2	δ_2	α_2	β_2
λ	λ	μ	ϵ	κ	β_1	α_1	δ_1	γ_1	δ_2	γ_2	β_2	α_2
μ	μ	λ	κ	ϵ	γ_1	δ_1	α_1	β_1	β_2	α_2	δ_2	γ_2
α_1	α_1	γ_1	δ_1	β_1	α_2	γ_2	δ_2	β_2	ϵ	λ	μ	κ
β_1	β_1	δ_1	γ_1	α_1	δ_2	β_2	α_2	γ_2	λ	ϵ	κ	μ
γ_1	γ_1	α_1	β_1	δ_1	β_2	δ_2	γ_2	α_2	μ	κ	ϵ	λ
δ_1	δ_1	β_1	α_1	γ_1	γ_2	α_2	β_2	δ_2	κ	μ	λ	ϵ
α_2	α_2	δ_2	β_2	γ_2	ϵ	μ	κ	λ	α_1	δ_1	β_1	γ_1
β_2	β_2	α_2	γ_2	δ_2	μ	ϵ	λ	κ	γ_1	β_1	δ_1	α_1
γ_2	γ_2	β_2	δ_2	α_2	κ	λ	ϵ	μ	δ_1	α_1	γ_1	β_1
δ_2	δ_2	α_2	γ_2	β_2	λ	κ	μ	ϵ	β_1	γ_1	α_1	δ_1

$a \circ b$

Untergruppen von $(\mathscr{A}, \circ)$

Wählt man eine feste Achse, so werden die Drehungen um diese Achse zusammen mit der Identität eine Untergruppe von $\mathscr{A}$ bilden. Für die Achse α erhält man $\{\epsilon, \alpha_1, \alpha_2\}$. Wegen $\alpha_1 \circ \alpha_1 = \alpha_2$ und $\alpha_2 \circ \alpha_2 = \alpha_1$ und $\alpha_1 \circ \alpha_2 = \epsilon = \alpha_2 \circ \alpha_1$ ist das Untergruppenkriterium (UG) erfüllt. Auf die gleiche Weise findet man die Untergruppen

$$\{\epsilon, \kappa\}, \{\epsilon, \lambda\}, \{\epsilon, \mu\} \text{ und } \{\epsilon, \beta_1, \beta_2\}, \{\epsilon, \gamma_1, \gamma_2\}, \{\epsilon, \delta_1, \delta_2\}.$$

Nach dem Satz von Lagrange kann $\mathscr{A}$ nur Untergruppen der Ordnungen 1, 2, 3, 4, 6, 12 haben, denn $|\mathscr{A}| = 12$. Eine Untergruppe der Ordnung 4 fällt beim Betrachten der Gruppentafel auf: Es ist $\{\epsilon, \kappa, \lambda, \mu\}$. Es fehlt uns noch eine Untergruppe der Ordnung 6. Eine solche muß außer ϵ noch 5 andere Elemente enthalten. Für unsere augenblicklichen Zwecke nennen wir einmal κ, λ, μ Elemente erster Art von $\mathscr{A}$ und $\alpha_1, \ldots, \delta_2$ Elemente zweiter Art. Es sei H die gesuchte Untergruppe.

1. Möglichkeit: H enthält Elemente erster Art und zweiter Art, etwa α_1 und κ. Dann ist $\alpha_2 = \alpha_1 \circ \alpha_1 \in H$ und auch

$$\kappa \circ \alpha_1 = \delta_1 \in H$$

$$\Rightarrow \delta_1 \circ \delta_1 = \delta_2 \in H$$

$$\Rightarrow \kappa \circ \delta_2 = \beta_2 \in H$$

und wir haben schon mindestens die 7 Elemente $\epsilon, \alpha_1, \alpha_2, \kappa, \delta_1, \delta_2, \beta_2$ in H, also muß $H = \mathscr{A}$ sein.

2. Möglichkeit. H enthält 5 Elemente zweiter Art, etwa $\alpha_1, \alpha_2, \beta_1, \beta_2, \gamma_1 \in H$. Dann muß auch $\gamma_2 = \gamma_1 \circ \gamma_1$ in H liegen und wieder ist $H = \mathscr{A}$. Fazit: $\mathscr{A}$ enthält keine Untergruppe der Ordnung 6.

Es gibt nicht mehr Untergruppen von $\mathscr{A}$ als die hier aufgezählten (und den trivialen $\{\epsilon\}, \mathscr{A}$), den Beweis dafür schenken wir uns wieder. Die geordnete Menge der Untergruppen von $\mathscr{A}$:

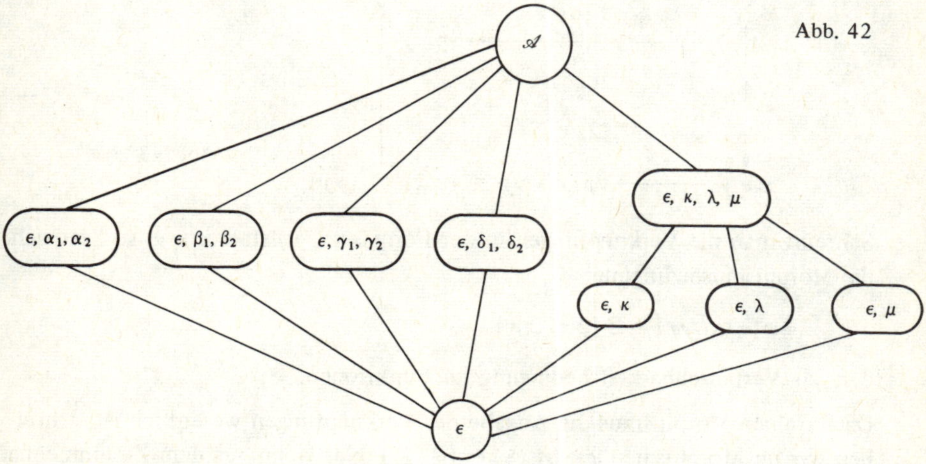

Abb. 42

(K 3.22) Lesen Sie die Linksnebenklassen und die Rechtsnebenklassen der Untergruppen $\{\epsilon, \kappa, \lambda, \mu\}$ und $\{\epsilon, \kappa\}$ von $\mathscr{A}$ in der Gruppentafel ab.

§ 4. Morphismen

Morphismen, auch Homomorphismen genannt, sind strukturerhaltende Abbildungen. Sie spielen in der gesamten Mathematik eine beherrschende Rolle. Man benutzt sie, um die Beziehungen verschiedener Gebilde zueinander zu erforschen und um Symmetrieeigenschaften mathematischer Objekte zu erkennen.

4.A Morphismen von Gebilden

Die Struktur eines Gebildes wird bestimmt durch seine Verknüpfung. Strukturerhaltende Abbildungen müssen also die Verknüpfung respektieren.

4.1 Definition. Es seien $(A, *)$ und $(B, \otimes)$ zwei Gebilde. Eine Funktion $\varphi : A \to B$ heißt ein *Morphismus* von $(A, *)$ nach $(B, \otimes)$, wenn sie die *Morphismusbedingung*

$$\forall x, y \in A : \varphi(x * y) = (\varphi x) \otimes (\varphi y)$$

erfüllt.

Darstellung der Morphismusbedingung im Diagramm:

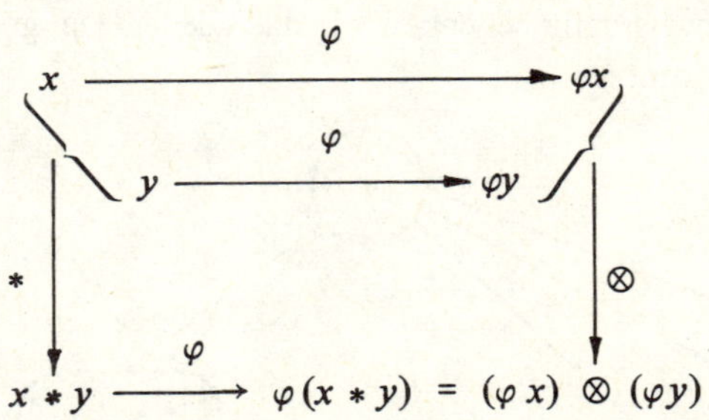

Abb. 43

Schreibt man die Verknüpfungen in der Form $*(x, y)$ statt $x * y$, so liest sich die Morphismusbedingung

$$\varphi[*(x, y)] = \otimes[\varphi x, \varphi y],$$

d.h. als Vertauschbarkeitsbedingung für Funktionen.

Da für einen Morphismus die Angabe der Verknüpfungen wesentlich ist, schreiben wir für Morphismen $\varphi : (A, *) \to (B, \otimes)$. Nur wenn aus dem Zusammenhang klar ist, welche Verknüpfungen gemeint sind, kürzen wir ab zu $\varphi : A \to B$. Ein

Morphismus $\varphi : (A, *) \to (B, \otimes)$ heißt *Isomorphismus,* falls die Abbildung $\varphi : A \to B$ bijektiv ist.

Beispiele. Die Einbettung $\zeta : (\mathbb{Z}, +) \to (Q\mathcal{N}, +)$ aus Satz 2.7 ist ein injektiver Morphismus, ebenso $\zeta : (\mathbb{Z}, \cdot) \to (Q\mathcal{N}, \cdot)$ und $\eta : (Q\mathcal{N}, +) \to (\mathbb{Q}, +)$ sowie $\eta : (Q\mathcal{N}, \cdot) \to (\mathbb{Q}, \cdot)$. Die Vorzeichenfunktion sgn aus 2.E ist nach Satz 2.10 ein Morphismus sgn : $(\mathbb{Q}, \cdot) \to (\{1, 0, -1\}, \cdot)$, jedoch kein Morphismus bezüglich der Addition. Die Betragsfunktion ist ein Morphismus $(x \to |x|) : (\mathbb{Q}, \cdot) \to (\mathbb{Q}, \cdot)$. Aus der Teilbarkeitslehre 9.G kennen wir die Isomorphismen

$$\Phi : (\mathbb{N}, \cdot) \to (\Sigma\mathbb{N}, +) \text{ und } \Pi : (\Sigma\mathbb{N}, +) \to (\mathbb{N}, \cdot).$$

Wegen $\Phi[\text{ggT}(a, b)] = \min[\Phi a, \Phi b]$ ist auch $\Phi : (\mathbb{N}, \text{ggT}) \to (\Sigma\mathbb{N}, \min)$ ein Morphismus.

(K 4.1) Zeigen Sie, daß die durch $\mu_a x = xa$ definierte Abbildung $\mu_a : \mathbb{Z} \to \mathbb{Z}$ ein Morphismus $\mu_a : (\mathbb{Z}, +) \to (\mathbb{Z}, +)$ ist.

(K 4.2) Zeigen Sie, daß die durch $qx = x^2$ definierte Abbildung ein Morphismus $q: (\mathbb{Q}, \cdot) \to (\mathbb{Q}, \cdot)$ ist.

Aufgabe. In der Menge $A_n = \{0, 1, \ldots; n\}$ seien die Verknüpfungen min und max (vgl. Abschnitt 1.G) definiert durch

$$\min(x, y) = \begin{cases} x \text{ falls } x \leqq y \\ y \text{ falls } y < x \end{cases}$$

$$\max(x, y) \begin{cases} x \text{ falls } y \leqq x \\ y \text{ falls } x < y. \end{cases}$$

Man zeige: Durch $\delta x = n - x$ wird ein Isomorphismus

$$\delta : (A_n, \max) \to (A_n, \min) \text{ definiert.}$$

Lösung: Zuerst versichern wir uns, daß δ tatsächlich eine Abbildung nach A_n ist, denn $0 \leqq x \leqq n \Rightarrow 0 \leqq n - x \leqq n$. Ehe man nun anfängt zu rechnen, veranschaulicht man sich besser die Verhältnisse an einem Beispiel:

$n = 5$

Abb. 44

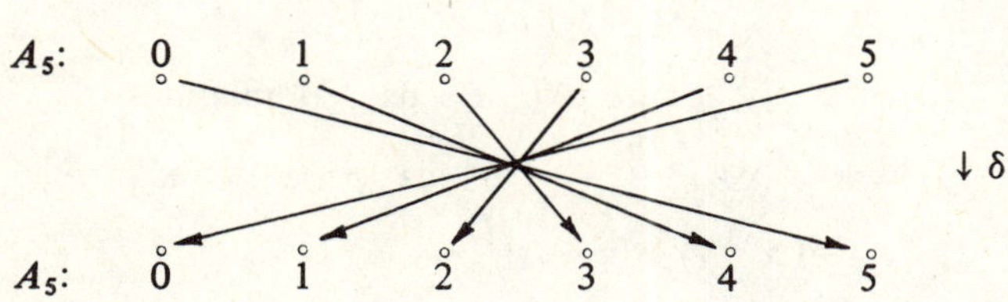

δ dreht also die Reihenfolge der Zahlen in A_n um. Daraus sieht man sofort $\delta \circ \delta = \mathrm{id}_{A_n}$ (prüfe: $\delta(\delta x) = \delta(n - x) = n - (n - x) = x$), also ist δ bijektiv. Durch das Umdrehen wird auch die Vertauschung von max und min plausibel, doch es bleibt die Morphismusbedingung zu verifizieren: Für $x, y \in A_n$ ist

$$\begin{aligned}
\delta[\max(x, y)] &= \begin{cases} n - x \text{ falls } y \leqq x \\ n - y \text{ falls } x < y \end{cases} \\
&= \begin{cases} n - x \text{ falls } n - x \leqq n - y \\ n - y \text{ falls } n - y < n - x \end{cases} \\
&= \min(n - x, n - y) \\
&= \min[\delta x, \delta y].
\end{aligned}$$

4.2 Lemma. Das Verhalten von Morphismen bezüglich der Funktionsverkettung.

1) *Für jedes Gebilde* $(A, *)$ *ist* $\mathrm{id}_A : (A, *) \to (A, *)$ *ein Isomorphismus.*

2) *Ist* $\varphi : (A, *) \to (B, \otimes)$ *ein Isomorphismus, so ist auch* $\varphi^{-1} : (B, \otimes) \to (A, *)$ *ein Isomorphismus.*

3) *Sind* $\varphi : (A, *) \to (B, \otimes)$ *und* $\psi : (B, \otimes) \to (C, \nabla)$ *Morphismen, so ist auch* $\varphi \circ \psi : (A, *) \to (C, \nabla)$ *ein Morphismus.*

Beweis.

1) Dies ist simpel wegen $\mathrm{id}_A(x * y) = x * y = (\mathrm{id}_A x) * (\mathrm{id}_A y)$.

2) Die Abbildung $\varphi^{-1} : B \to A$ ist bijektiv, wir müssen noch die Morphismusbedingung

$$\forall r, s \in B : \varphi^{-1}(r \otimes s) = (\varphi^{-1} r) * (\varphi^{-1} s)$$

verifizieren. Da φ bijektiv ist, gibt es $x, y \in A$ mit $\varphi x = r$ und $\varphi y = s$. Dann ist

$$\begin{aligned}
\varphi^{-1}[r \otimes s] &= \varphi^{-1}[\varphi x \otimes \varphi y] \\
&= \varphi^{-1}[\varphi(x * y)] && \text{da } \varphi \text{ Morphismus} \\
&= x * y && \text{da } \varphi \circ \varphi^{-1} = \mathrm{id}_A \\
&= (\varphi^{-1} r) * (\varphi^{-1} s).
\end{aligned}$$

3) Wir haben

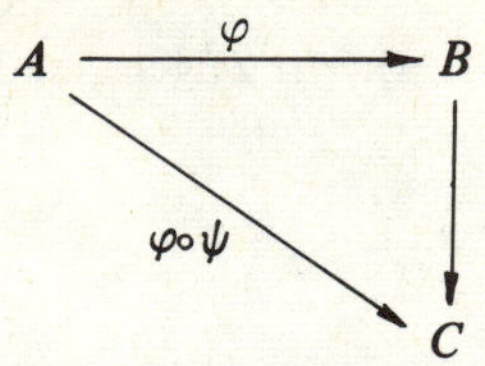

Abb. 45

und verifizieren die Morphismusbedingung für $\varphi \circ \psi$:

$$\begin{aligned} \varphi \circ \psi\,(x * y) &= \psi\,[\varphi(x * y)\,] \\ &= \psi\,[\varphi x \otimes \varphi y] \\ &= \psi\,[\varphi x\,] \mathbin{\nabla} \psi\,[\varphi y] \\ &= (\varphi \circ \psi x) \mathbin{\nabla} (\varphi \circ \psi y) \end{aligned}$$

Wegen 2) ist die Isomorphie von Gebilden symmetrisch. Man sagt deshalb auch $(A, *)$ und $(B, \otimes)$ seien *isomorph zueinander.* Dabei ist aber der Isomorphismus (die Abbildung) nicht zu vergessen. Gelegentlich schreibt man $\varphi\colon (A, *) \cong (B, \otimes)$ um auszudrücken, daß φ ein Isomorphismus ist.

Warnung: Teil 2) des Lemmas gilt *nur für Verknüpfungsgebilde,* bei Relationengebilden ist diese Aussage i. A. nicht richtig. Deshalb definiert man Isomorphismen für Relationengebilde anders als für Verknüpfungsgebilde.

Für eine Funktion $\varphi\colon A \to B$ nennt man die Menge $\varphi A = \{\varphi x \mid x \in A\}$ das *Bild* von φ und schreibt auch $\varphi A = \text{Bild}\ \varphi$.

4.3 Lemma. Übertragung von Rechengesetzen bei Morphismen. *Es sei* $\varphi : (A, *) \to (B, \otimes)$ *ein Morphismus. Dann ist* $(\varphi A, \otimes)$ *ein Gebilde und die Eigenschaften* (Ass), (Komm), (Neutr) *übertragen sich von* $(A, *)$ *(falls dort gültig) auf* $(\varphi A, \otimes)$. *Weiter gilt: Ist y invers zu x in* $(A, *)$, *so ist* φy *invers zu* φx *in* $(\varphi A, \otimes)$.

Beweis. Da $\otimes$ eine Verknüpfung in B ist, ist $r \otimes s$ für alle $r, s \in \varphi A \subseteq B$ definiert und eindeutig bestimmt.

Zu $r, s \in \varphi A$ gibt es $x, y \in A$ mit $r = \varphi x$ und $s = \varphi y$. Dann ist $r \otimes s = \varphi x \otimes \varphi y = \varphi(x * y) \in \varphi(x * y) \in \varphi A$, also φA abgeschlossen bezüglich $\otimes$ und damit $(\varphi A, \otimes)$ ein Gebilde. Übertragung des Kommutativgesetzes: Wieder seien $r = \varphi x$ und $s = \varphi y$.

$$\begin{aligned} r \otimes s &= \varphi x \otimes \varphi y \\ &= \varphi(x * y) \\ &= \varphi(y * x) \quad \text{da } (A, *) \text{ kommutativ} \\ &= \varphi y \otimes \varphi x \\ &= s \otimes r. \end{aligned}$$

Die Übertragung der Assoziativität rechnet man mit der gleichen Methode nach.

Neutrales Element in φA : Es sei e neutral in $(A, *)$. Wir zeigen: φe ist neutral in $(\varphi A, \otimes)$.

$$r \otimes \varphi e = \varphi x \otimes \varphi e = \varphi(x * e) = \varphi x = r$$

$$\varphi e \otimes r = \varphi e \otimes \varphi x = \varphi(e * x) = \varphi x = r.$$

Übertragung von Inversen: Es sei $y * x = e = x * y$ in $(A, *)$. Daraus folgt

$$\varphi y \otimes \varphi x = \varphi(y * x) = \varphi e = \varphi(x * y) = \varphi x \otimes \varphi y,$$

also ist φy invers zu φx in $(\varphi A, \otimes)$. Bei eindeutig bestimmten Inversen folgt daraus

$$\varphi(a^*) = (\varphi a)^{\otimes},$$

Inverse gehen in Inverse über.

Über die Elemente von B, die nicht in φA liegen, kann man mit diesen Mitteln natürlich keine Aussagen machen. Die wichtigste Folgerung aus dem Lemma ist:

4.4 Satz. *Das Bild einer Gruppe unter einem Morphismus ist wieder eine Gruppe. Ist die Gruppe kommutativ, so auch ihr Bild.*

Beweis: Wir formulieren die Aussage noch einmal: Ist $\varphi : (A, *) \to (B, \otimes)$ ein Morphismus und $(A, *)$ eine Gruppe, so ist auch $(\varphi A, \otimes)$ eine Gruppe. Der Satz folgt sofort mit Lemma 4.3.

Wichtiges Beispiel: Die Gruppen $(U_n, +_n)$

Mit Hilfe von Satz 3 werden wir eine ganze Klasse von Gruppen gewinnen. Zur Einführung betrachten wir die Addition auf der Uhr: Man hat die Ziffern 1, 2, . . . , 12 und kann in dieser Menge addieren, indem man nach 12 wieder mit 1 weiterzählt. Dabei ist 12 neutrales Element, man rechnet deshalb lieber mit 0, 1, 2, . . . , 11. In Anlehnung an diese „Uhrenarithmetik" setzen wir für $n \in \mathbb{N}$

$$U_n =_{\text{def}} \{0, 1, \ldots, n-1\}.$$

Aus der Division mit Rest (Satz 1.6) erhalten wir eine Abbildung

$$\rho : \mathbb{Z} \to U_n$$

durch die Vorschrift

$$\rho z = r, \text{ falls } z = qn + r \text{ mit } 0 \leqq r < n.$$

Wir nennen $\rho : \mathbb{Z} \to U_n$ die *Restabbildung modulo n.* Die Angabe der Zahl n geschieht dabei in der Zielmenge U_n, um nicht – wie es eigentlich nötig wäre – durch einen Index bei ρ_n die Schreibweise zu überlasten.

(K 4.3) Berechnen Sie für $\rho : \mathbb{Z} \to U_{12}$ die Funktionswerte $\rho 5$; $\rho 17$; $\rho(-6)$; $\rho(-11)$; $\rho 48$.

In der Menge U_n definieren wir eine Verknüpfung $+_n$ durch die Vorschrift:

Es seien $r, s \in U_n$ und $r + s = q n + t$ mit t mit $0 \leqq t < n$.

Dann sei $r +_n s =_{\text{def}} t$.

Mit der Restabbildung ρ ausgedrückt heißt das einfach

$$r +_n s = \rho(r + s).$$

Jedenfalls ist $+_n : U_n \times U_n \to U_n$ eine Funktion, also $(U_n, +_n)$ ein Gebilde. $+_n$ heißt auch *Addition modulo n.*

(K 4.4) Berechnen Sie $3 +_5 4$; $2 +_{12} 7$; $7 +_{12} 8$; $5 +_9 4$.

(K 4.5) Stellen Sie die Verknüpfungstafel von $(U_6, +_6)$ auf.

4.5 Satz: *Für jedes $n \in \mathbb{N}$ ist $(U_n, +_n)$ eine kommutative Gruppe.*

Beweis. Die Abbildung $\rho : \mathbb{Z} \to U_n$ ist surjektiv, denn für $0 \leqq r < n$ ist $\rho r = r$, d.h. $\rho \mathbb{Z} = U_n$. Um Satz 4.4 anwenden zu können, zeigen wir: Die Restabbildung ist sogar ein Morphismus $\rho : (\mathbb{Z}, +) \to (U_n, +_n)$.

Es seien

$$a = q_1 n + r, \text{ also } \rho a = r$$

$$b = q_2 n + s, \text{ also } \rho b = s$$

und $\quad r + s = q n + t.$

Nun ist

$$a + b = (q_1 + q_2 + q)\, n + t,$$

also

$$\rho(a + b) = t = \rho(r + s) = r +_n s = \rho a +_n \rho b.$$

Damit ist die Morphismusbedingung verifiziert. Nach Satz 4.4 ist also $(U_n, +_n)$ eine kommutative Gruppe.

Aufgaben

(A 4.6) Machen Sie sich mit Hilfe der Ordnungsdiagramme plausibel $(T_{30}, \text{ggT}) \cong (\mathfrak{P}\{1, 2, 3\}, \cap)$.

Können Sie Mengen M, N angeben mit

$$(T_{31}, \mathrm{ggT}) \cong (\mathfrak{P}M, \cap)$$

$$(T_{32}, \mathrm{ggT}) \cong (\mathfrak{P}N, \cap)?$$

(A 4.7) Beweisen Sie: Die durch $\delta X = \overline{X} = A \setminus X$ definierte Abbildung ist ein Isomorphismus

$$\delta : (\mathfrak{P}A, \cup) \to (\mathfrak{P}A, \cap).$$

(A 4.8) Zeigen Sie: Die Symmetriegruppe $(K_4, \circ)$ eines Rechtecks (vgl. A 3.19) ist isomorph zu der Gruppe $(\mathfrak{P}\,\{1, 2\}, \nabla)$ (vgl. A 3.12)

(A 4.9) Zu welcher der in Abschnitt 3.D angegebenen Matrizengruppen ist $(K_4, \circ)$ isomorph?

(A 4.10) a) Benutzen Sie (A 1.15) und die entsprechende Formel für das kgV sowie (A 1.24) zum Beweis der Aussage: Für jedes $a \in \mathbb{N}$ wird durch $\delta x = \frac{a}{x}$ ein Isomorphismus $\delta : (T_a, \mathrm{ggT}) \to (T_a, \mathrm{kgV})$ definiert. (Anderer Lösungsweg: via Exponentenfolgen mit Hilfe der im Text gelösten Aufgabe.)

b) Zeigen Sie, daß die Gebilde $(\mathbb{N}, \mathrm{ggT})$ und $(\mathbb{N}, \mathrm{kgV})$ nicht zueinander isomorph sind.

4.B Matrizen

Für die Matrix $\begin{pmatrix} a & b \\ c & d \end{pmatrix} \in (\mathbb{Q})_2$ setzen wir

$$\det \begin{pmatrix} a & b \\ c & d \end{pmatrix} =_{\mathrm{def}} ad - bc.$$

Aus Abschnitt 3.B wissen wir, daß dieser Ausdruck für Matrizen wichtig ist. Nach unserer Definition ist

$$\det : (\mathbb{Q})_2 \to \mathbb{Q}$$

eine Funktion, sie wird die *Determinante* genannt.

(K 4.11) Es seien $A = \begin{pmatrix} 1 & 1 \\ 0 & 1 \end{pmatrix}$ und $B = \begin{pmatrix} 0 & -1 \\ 1 & 0 \end{pmatrix}$. Berechnen Sie $C = A^2 BA^3 BA$ und $\det C$, sowie $\det \begin{pmatrix} 6 & 7 \\ 8 & 9 \end{pmatrix}$ und $\det \begin{pmatrix} 5 & 3 \\ 3 & 2 \end{pmatrix}$.

Behauptung: *Die Determinante ist ein Morphismus*

$$\det\colon ((\mathbb{Q})_2, \cdot) \to (\mathbb{Q}, \cdot).$$

Beweis. Zu zeigen ist

$$\det (A P) = (\det A) (\det P) \text{ für alle } A, P \in (\mathbb{Q})_2.$$

Es seien $A = \begin{pmatrix} a & b \\ c & d \end{pmatrix}$ und $P = \begin{pmatrix} p & q \\ r & s \end{pmatrix}$.

Dann ist

$$A P = \begin{pmatrix} ap + br, & aq + bs \\ cp + dr, & cq + ds \end{pmatrix}$$

und

$$\begin{aligned} \det (A P) &= (ap + br)(cq + ds) - (aq + bs)(cp + dr) \\ &= (ad - bc)(ps - qr) \\ &= (\det A)(\det P). \end{aligned}$$

Wir untersuchen nun einmal die Menge derjenigen Matrizen, welche eine von 0 verschiedene Determinante haben, d.h. welche unter det nach $\mathbb{Q} \setminus \{0\}$ abgebildet werden. Wir sehen: Ist $\det A \neq 0 \neq \det B$, so gilt $\det AB = \det A \det B \neq 0$, also ist diese Menge abgeschlossen bezüglich der Matrizenmultiplikation. Da die Multiplikation von Matrizen allgemein assoziativ ist, gilt (Ass) auch in dieser Menge. Ferner ist $\det \begin{pmatrix} 1 & 0 \\ 0 & 1 \end{pmatrix} = 1 \neq 0$, also enthält die Menge das neutrale Element $\begin{pmatrix} 1 & 0 \\ 0 & 1 \end{pmatrix}$ der Matrizenmultiplikation. Schließlich haben wir gesehen, daß jede Matrix A mit $\det A \neq 0$ eine Inverse A^{-1} in $(\mathbb{Q})_2$ hat. Wegen

$$1 = \det E = \det (A A^{-1}) = (\det A)(\det A^{-1})$$

ist auch $\det A^{-1} \neq 0$, also liegt auch A^{-1} in der von uns betrachteten Menge.

Wir setzen

$$GL(\mathbb{Q})_2 =_{\text{def}} \{A \in (\mathbb{Q})_2 \mid \det A \neq 0\}.$$

(Die Bezeichnung kommt aus dem Englischen: General Linear Group, im Deutschen: allgemeine lineare Gruppe von 2×2 Matrizen über $\mathbb{Q}$).

4.6 Satz. *$(GL\,(\mathbb{Q})_2, \cdot)$ ist eine Gruppe und die Einschränkung der Determinante*

$$\det : (GL\,(\mathbb{Q})_2, \cdot) \to (\mathbb{Q} \setminus \{0\}, \cdot)$$

ein Morphismus.

Den Beweis haben wir schon erbracht.

Aufgabe

(A 4.12) Zeigen Sie: $\det : \mathbb{Q}_2 \to \mathbb{Q}$ und auch die Einschränkung $\det : GL\,(\mathbb{Q})_2 \to \mathbb{Q} \setminus \{0\}$ sind surjektiv.

4.C Gruppenmorphismen

Wir betrachten nun nicht mehr beliebige Gebilde, sondern nur noch Gruppen. Ein Gruppenmorphismus ist ein Morphismus zwischen Gebilden, die Gruppen sind.

4.7 Definition. Es sei $\varphi : (A, *) \to (B, \otimes)$ ein Gruppenmorphismus und e_B das neutrale Element von B.

$$\operatorname{Ker} \varphi =_{\text{def}} \{x \in A \mid \varphi x = e_B\}$$

heißt der *Kern von φ*.

Der Kern ist also definiert als eine Teilmenge von A. Man studiert diese Teilmengen, weil sie eine weitgehende Beschreibung der Morphismen – sozusagen innerhalb der Gruppe A – ermöglichen.

Beispiele: Durch Übergang zu den Einschränkungen auf $\mathbb{Q} \setminus \{0\}$ erhalten wir die Gruppenmorphismen

$$\operatorname{sgn} : (\mathbb{Q} \setminus \{0\}, \cdot) \to (\mathbb{Q} \setminus \{0\}, \cdot)$$

und mit $\beta = (x \to |x|)$

$$\beta : (\mathbb{Q} \setminus \{0\}, \cdot) \to (\mathbb{Q} \setminus \{0\}, \cdot).$$

Es ist $\operatorname{Ker} \operatorname{sgn} = \mathbb{B}$ (und Bild $\operatorname{sgn} = \{1, -1\}$), sowie $\operatorname{Ker} \beta = \{1, -1\}$ (und Bild $\beta = \mathbb{B}$).

Der Kern der Restabbildung $\rho : (\mathbb{Z}, +) \to (U_n, +_n)$ besteht aus allen ganzen Zahlen, welche bei Division durch n den Rest 0 lassen: $\operatorname{Ker} \rho = n\mathbb{Z}$.

Wir werden nun für den weiteren Verlauf dieses Abschnittes (und auch sonst gelegentlich) die Verknüpfungszeichen $*$, $\otimes$ bei den Gebilden $(A, *)$ und $(B, \otimes)$ weglassen, da dies ohne Verwechslungsgefahr möglich ist. Es ist dann

$ab = a * b$ in A und $rs = r \otimes s$ in B. Für einen Morphismus steht jetzt auch $\varphi : A \to B$.

4.8 Satz. *Für jeden Gruppenmorphismus* $\varphi : A \to B$ *ist* Ker φ *eine Untergruppe von* A.

Bemerkung: Nach Satz 4.4 ist Bild φ eine Untergruppe von B.

Beweis. Wir müssen für Ker φ das Untergruppenkriterium (UG) verifizieren. Für das neutrale Element e_A von A gilt $\varphi e_A = e_B$, also ist $e_A \in$ Ker φ und jedenfalls Ker $\varphi \neq \emptyset$. Falls $a, b \in$ Ker φ, so $\varphi(ab) = (\varphi a)(\varphi b) = e_B\, e_B = e_B$, also $ab \in$ Ker φ. Falls $a \in$ Ker φ, so $\varphi(a^*) = (\varphi a)^{\otimes} = e_B^{\otimes} = e_B$, also $a^* \in$ Ker φ. – Damit erfüllt Ker φ die Bedingung (UG).

Folgerungen. Es sei K = Ker φ.

1) $\varphi a = \varphi b \Leftrightarrow aK = bK$. In Worten: Die Elemente $a, b \in A$ haben das gleiche Bild bei φ genau dann, wenn die Nebenklassen aK und bK gleich sind.

Beweis:

$$\begin{aligned}\varphi a = \varphi b &\Leftrightarrow (\varphi b)^{\otimes} (\varphi a) = e_B \\ &\Leftrightarrow \varphi(b^* a) = e_B \\ &\Leftrightarrow b^* a \in K \\ &\Leftrightarrow a \in bK \\ &\Leftrightarrow aK = bK.\end{aligned}$$

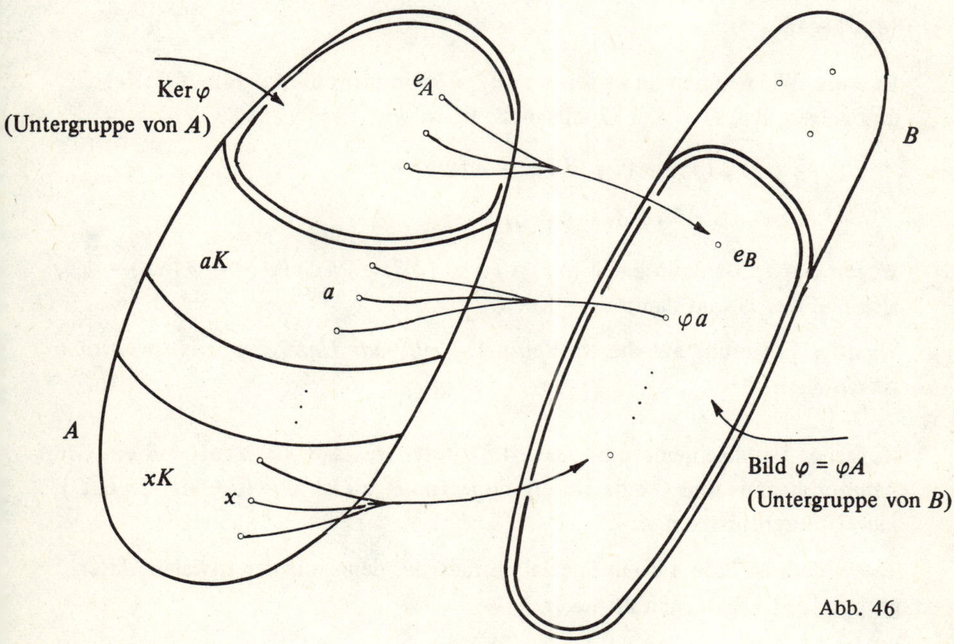

Abb. 46

2) φ injektiv $\Leftrightarrow$ Ker $\varphi = K = \{e_A\}$.

Beweis: a) Sei $K = \{e_A\}$. Aus $\varphi a = \varphi b$ folgt mit 1) $a\{e_A\} = b\{e_A\}$, also $\{a\} = \{b\}$ und damit $a = b$.

b) Sei φ injektiv. Aus $\varphi a = e_B = \varphi e_A$ folgt $a = e_A$, also Ker $\varphi = \{e_A\}$. Diese Folgerung wird besonders häufig angewendet!

(K 4.13) Zeigen Sie mit Hilfe des Kerns Ker μ_a des in (K 4.1) definierten Morphismus 'μ_a, daß μ_a injektiv ist.

3) Für endliche Gruppen gilt: $|\varphi A|$ teilt $|A|$, m.a.W.: Die Ordnung des Bildes φA teilt die Ordnung von A. Dabei soll man beachten, daß φA eine Untergruppe von B ist, der Satz von Lagrange also nicht direkt eingeht. Man verwendet diesen Satz so: $|\varphi A|$ ist die Anzahl λ der Nebenklassen von Ker φ nach Folgerung 1), nach Lagrange gilt $\lambda \cdot |K| = |A|$, also teilt $\lambda = |\varphi A|$ die Gruppenordnung $|A|$.

Beispiel. Die Dreiecksgruppe $\mathscr{D}_3$ mit den Elementen $\epsilon, \alpha, \beta, \rho, \sigma, \tau$. Für die folgenden Rechnungen benutzt man die Gruppentafel aus Abschnitt 3.D.

a) Wir definieren eine Abbildung $\varphi: \mathscr{D}_3 \to \{1, -1\}$ durch $\varphi\epsilon = \varphi\alpha = \varphi\beta = 1$ und $\varphi\rho = \varphi\sigma = \varphi\tau = -1$. Man rechnet leicht nach, daß $\varphi: (\mathscr{D}_3, \circ) \to (\{1, -1\}, \cdot)$ ein Gruppenmorphismus ist. Der Kern ist die Untergruppe $\{\epsilon, \alpha, \beta\}$.

b) Behauptung: Es gibt keinen Gruppenmorphismus $\psi: \mathscr{D}_3 \to B$ mit Ker $\psi = \{\epsilon, \rho\} = H$.

Beweis. Wir nehmen an es sei $\psi: \mathscr{D}_3 \to B$ ein Morphismus mit $H \subseteq$ Ker ψ und zeigen, daß $H \neq$ Ker ψ sein muß. Es ist $\psi\rho = e_B = e$, also

$$\psi\alpha = \psi(\rho\tau) = (\psi\rho)(\psi\tau) = e(\psi\tau) = \psi\tau$$
$$= (\psi\tau)\cdot(\psi\rho) = \psi(\tau\rho) = \psi\beta.$$

Wegen $\epsilon = \alpha\beta$ ist dann $e = \psi(\alpha\beta) = (\psi\alpha)(\psi\beta) = (\psi\alpha)(\psi\alpha) = \psi(\alpha\alpha) = \psi\beta$, also $\beta \in$ Ker ψ und damit $H \neq$ Ker ψ.

Wichtige Folgerung aus diesem Beispiel: *Nicht jede Untergruppe einer Gruppe ist ein Kern!*

Aufgabe: Verallgemeinern Sie Satz 4.8 zu der Aussage: Ist $\varphi: A \to B$ ein Gruppenmorphismus und C eine Untergruppe von B, so ist $M = \{a \in A \mid \varphi a \in C\}$ eine Untergruppe von A.

Tatsächlich ist Satz 4.8 ein Spezialfall hiervon, denn mit der trivialen Untergruppe $\{e_B\}$ erhält man $M =$ Ker φ.

Lösung: Es ist kein Trick nötig, um die Untergruppenbedingung (UG) für M zu verifizieren: $M \neq \emptyset$ wegen $\varphi e_A = e_B \in C$,

(i) $a, b \in M \Rightarrow \varphi a, \varphi b \in C$

$\Rightarrow (\varphi a)(\varphi b) \in C$

$\Rightarrow \varphi(ab) \in C$

$\Rightarrow ab \in M.$

(ii) $a \in M \Rightarrow \varphi a \in C$

$\Rightarrow (\varphi a)^{\otimes} \in C$

$\Rightarrow \varphi(a^*) \in C$

$\Rightarrow a^* \in M.$

Eine bessere Formulierung für das Gedächtnis ist: Das Urbild einer Untergruppe ist eine Untergruppe.

Ist φ ein Gruppenmorphismus und gilt $\varphi G = H$, so ist H gewissermaßen ein vergröbertes Abbild von G. So sind z.B. alle Gruppen $(U_n, +_n)$ Bilder der Gruppe $(\mathbb{Z}, +)$. Wie steht es nun mit der Verwandtschaft der Gruppen $(U_n, +_n)$ untereinander? Wir präzisieren die Frage: Für welche $a, b \in \mathbb{N}$ gibt es einen surjektiven Morphismus

$$\xi : (U_a, +_a) \to (U_b, +_b)\ ?$$

Eine Teilantwort erhalten wir aus Folgerung 3) zu Satz 4.8: Wenn es einen surjektiven Morphismus ξ gibt, so folgt $b = |U_b| = |\text{Bild } \xi|$ teilt $a = |U_a|$. Es gibt also *höchstens im Falle b teilt a* einen solchen Morphismus. Über die Existenz können wir noch nichts aussagen. Dazu stellen wir erst eine allgemeine Überlegung an.

4.9 Satz. *Es seien* $\varphi : A \to B$ *und* $\psi : A \to C$ *Gruppenmorphismen, dabei* φ *surjektiv. Ist* Ker $\varphi \subseteq$ Ker ψ, *so gibt es genau einen Gruppenmorphismus* $\xi : B \to C$ mit $\varphi \circ \xi = \psi$.

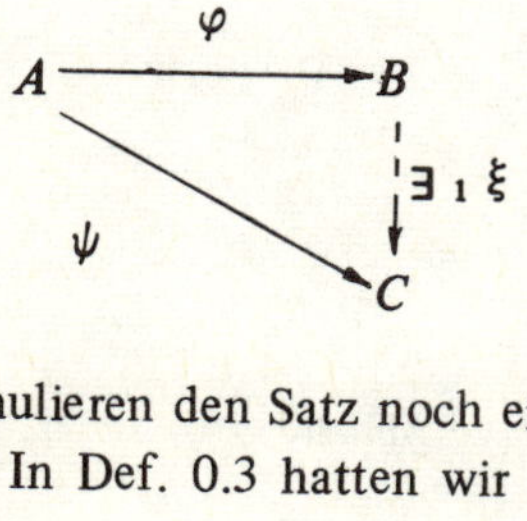

Abb. 47

Wir formulieren den Satz noch einmal unter Verwendung des Ausdrucks „universell". In Def. 0.3 hatten wir eine Funktion φ universell in Bezug auf eine

Menge $\mathscr{F}$ von Funktionen genannt, wenn $\varphi \in \mathscr{F}$ und es zu jedem $\psi \in \mathscr{F}$ genau ein ξ mit $\varphi \circ \xi = \psi$ gibt. Damit liest sich unser Satz: *Der Morphismus $\varphi : A \to B$ ist universell unter allen Morphismen $\psi : A \to C$ mit* Ker $\varphi \subseteq$ Ker ψ; *und die Funktion ξ mit $\varphi \circ \xi = \psi$ ist ein Morphismus.*

Beweis: Um den Satz 0.2 über die Lösbarkeit von Funktionsgleichungen anwenden zu können, müssen wir noch die Voraussetzung $\varphi x = \varphi y \Rightarrow \psi x = \psi y$ verifizieren.

$$\begin{aligned} \varphi x = \varphi y &\Rightarrow \varphi(x^* y) = e_B \\ &\Rightarrow x^* y \in \text{Ker } \varphi \\ &\Rightarrow x^* y \in \text{Ker } \psi, && \text{da Ker } \varphi \subseteq \text{Ker } \psi \\ &\Rightarrow \psi(x^* y) = e_C \\ &\Rightarrow \psi x = \psi y. \end{aligned}$$

Danach gibt es also genau eine Funktion $\xi : B \to C$ mit $\varphi \circ \xi = \psi$.

Wir zeigen: ξ ist Morphismus.

Es seien $s, t \in B$. Da φ surjektiv ist, gibt es $a, b \in A$ mit $\varphi a = s$ und $\varphi b = t$. Dann ist

$$\begin{aligned} \xi(st) &= \xi[(\varphi a)(\varphi b)] \\ &= \xi[\varphi(ab)] && \text{da } \varphi \text{ Morphismus} \\ &= \varphi \circ \xi(ab) \\ &= \psi(ab), && \text{da } \varphi \circ \xi = \psi \\ &= (\psi a)(\psi b), && \text{da } \psi \text{ Morphismus} \\ &= (\varphi \circ \xi a)(\varphi \circ \xi b) \\ &= (\xi[\varphi a])(\xi[\varphi b]) \\ &= (\xi s)(\xi t) \end{aligned}$$

Wir greifen nun die vor der Formulierung des Satzes gestellte Frage wieder auf. Im Diagramm seien α und β die Restabbildungen:

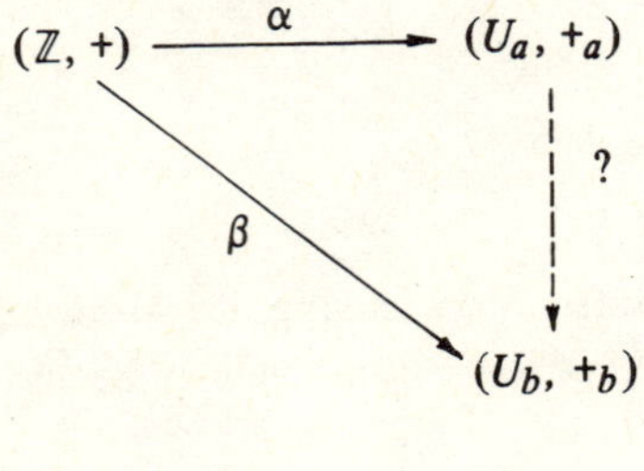

Abb. 48

Gilt hier b teilt a, so folgt

$$\text{Ker}\ \alpha = a\,\mathbb{Z} \subseteq b\,\mathbb{Z} = \text{Ker}\ \beta,$$

und mit dem eben bewiesenen Satz: Es gibt $\xi : U_a \to U_b$ mit $\alpha \circ \xi = \beta$. Da β surjektiv ist, muß auch ξ surjektiv sein. Damit haben wir als Antwort auf unsere Frage:

Es gibt einen surjektiven Morphismus $\xi : (U_a, +_a) \to (U_b, +_b) \Leftrightarrow b$ *teilt* a.

4.10 Hauptsatz über Gruppenmorphismen. *Es seien* $\varphi : A \to B$ *und* $\psi : A \to C$ *surjektive Gruppenmorphismen mit* Ker φ = Ker ψ. *Dann sind* B *und* C *isomorph.*

Kurz gesagt: *Morphismen mit gleichem Definitionsbereich und Kern haben isomorphe Bilder.*

Verdeutlichung dieser Aussage. „Der Kern bestimmt das Bild“: Die Bilder von φ und ψ unterscheiden sich nur durch die Bezeichnungen. Hat man (nicht notwendig surjektive) Morphismen $\varphi : A \to R$ und $\psi : A \to S$ mit verschiedenen Gruppen R und S, jedoch Ker φ = Ker ψ, so sind die Bilder $\varphi A \subseteq R$ und $\psi A \subseteq S$ (Untergruppen von R bzw. S) isomorph, auch wenn die Gruppen R und S nicht isomorph sind. *Die Gruppe A bestimmt über den Kern selbst, welche Bilder sie haben kann. Die Struktur des Bildes* φA *hängt gar nicht von der Zielgruppe R ab.* Von der Zielgruppe werden sozusagen nur die Bezeichnungen entlehnt.

Beweis des Hauptsatzes. Zur mehrfachen Anwendung von Satz 4.9 und der Eindeutigkeitsaussage von 0.2 zeichnen wir ein Diagramm:

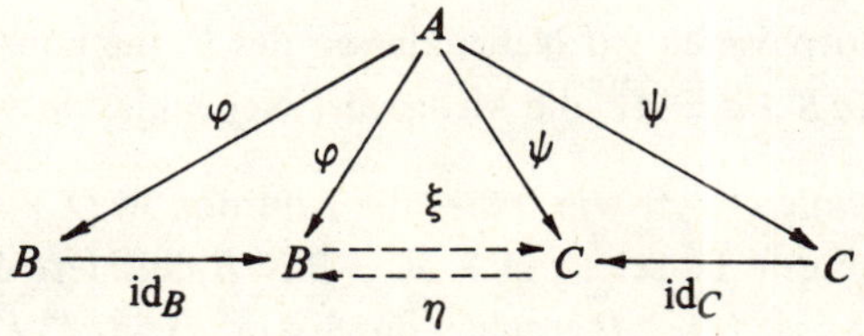

Abb. 49

1. Ker $\varphi \subseteq$ Ker $\psi \Rightarrow \exists\, \xi : \varphi \circ \xi = \psi$

2. Ker $\psi \subseteq$ Ker $\varphi \Rightarrow \exists\, \eta : \psi \circ \eta = \varphi$

Es folgen

$$\varphi \circ (\xi \circ \eta) = \varphi \text{ und } \psi \circ (\eta \circ \xi) = \psi$$

Nun gelten aber auch

$$\varphi \circ \mathrm{id}_B = \varphi \text{ und } \psi \circ \mathrm{id}_C = \psi.$$

Nach Satz 4.9 gibt es je *genau eine* Lösung für die Gleichungen

$$\varphi \circ \rho = \varphi \quad \text{und} \quad \psi \circ \sigma = \psi$$

also haben wir

$$\xi \circ \eta = \mathrm{id}_B \text{ und } \eta \circ \xi = \mathrm{id}_C.$$

Das bedeutet aber $\eta = \xi^{-1}$, die Funktionen ξ und η sind bijektiv, also Isomorphismen.

Eine wichtige Anwendung dieses Satzes geben wir in Abschnitt 5.C. Hier merken wir nur an: Eine endliche Gruppe hat nur endlich viele (nicht isomorphe) Bilder, denn sie hat ja nur endlich viele Untergruppen, die als Kerne in Frage kommen.

Zum Abschluß dieses Abschnitts übertragen wir noch die Beobachtung, daß in $(\mathbb{Z}, +)$ jede Untergruppe ein Kern ist, auf beliebige kommutative Gruppen.

4.11 Satz. *In einer kommutativen Gruppe ist jede Untergruppe ein Kern.*

Technische Formulierung: Sei $(A, \cdot)$ eine kommutative Gruppe und $(K, \cdot)$ eine Untergruppe von $(A, \cdot)$. Dann gibt es eine Gruppe $(B, \otimes)$ und einen surjektiven Morphismus $\pi : (A, \cdot) \to (B, \otimes)$ mit $\operatorname{Ker} \pi = K$.

Üblicherweise schreibt man $B = A / K$ (wegen der Ordnung bei endlichen Gruppen.)

Beweis: 1) Herstellung des Gebildes $(B, \otimes)$.

Wir wissen bereits, daß Morphismen auf Nebenklassen des Kerns konstant sind und wählen deshalb $B = \{aK \mid a \in A\}$, die Menge der Nebenklassen von K.

Die Verknüpfung in B definieren wir wie früher die Addition in $Q\mathcal{N}$ via Lösbarkeit von Funktionsgleichungen. Es sei $\kappa : A \times A \to B \times B$ definiert durch $\kappa(a, b) = (aK, bK)$ sowie $\lambda : A \times A \to B$ gegeben durch $\lambda(a, b) = (ab)K$:

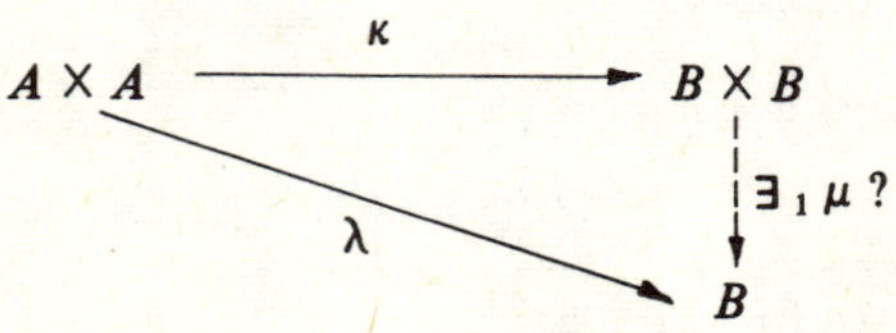

Abb. 50

Es ist κ surjektiv, und $\kappa(a, b) = \kappa(r, s) \Rightarrow aK = rK$ und $bK = sK$

$$\Rightarrow \exists k_1, k_2 \in K : r = ak_1 \text{ und } s = bk_2$$

$$\Rightarrow rs = ak_1bk_2 = ab\,k_1k_2, \qquad \text{da } A \text{ kommutativ}$$

$$\Rightarrow (rs)K = (ab\,k_1k_2)K = abK$$

$$\Rightarrow \lambda(r, s) = \lambda(a, b)$$

Also gibt es genau eine Funktion $\mu : B \times B \to B$ mit $\kappa \circ \mu = \lambda$

Wir setzen $\mu(aK, bK) = (aK) \otimes (bK)$ und haben $(aK) \otimes (bK) = (ab)K$. Es ist $(B, \otimes)$ ein Gebilde.

2) B ist Gruppe und es gibt einen surjektiven Morphismus $\pi : A \to B$ mit Kern K.

Für $a \in A$ setzen wir $\pi a = aK \in B$. Dann ist π eine surjektive Abbildung und $\pi(ab) = abK = (aK) \otimes (bK) = (\pi a) \otimes (\pi b)$, also $\pi : (A, \cdot) \to (B, \otimes)$ ein Morphismus. $(B, \otimes)$ ist Bild einer Gruppe, also eine Gruppe.

Der Kern von π:

$$\operatorname{Ker} \pi = \{a \in A \mid \pi a = e_B\}$$

Es ist $e_B = \pi e_A = e_A K = K$ und $\pi a = aK = K \Leftrightarrow a \in K$,

$$\text{also } \operatorname{Ker} \pi = \{a \in A \mid a \in K\} = K.$$

Bemerkung. 1) In diesem Beweis wurde nur an einer einzigen Stelle gebraucht, daß A kommutativ ist. Daß man ohne diese Eigenschaft nicht auskommt, zeigt das Beispiel $\mathscr{D}_3$. In beliebigen (evtl. nicht kommutativen) Gruppen hat man:
Eine Untergruppe K der Gruppe G ist Kern genau dann, wenn für alle $x \in G$: $xK = Kx$ (d.h. Linksnebenklasse = Rechtsnebenklasse). Untergruppen mit dieser Eigenschaft nennt man *Normalteiler* von G. Als Homomorphiesatz für Gruppen bezeichnet man die Aussage, daß jeder Normalteiler N von G Kern eines Morphismus' ist und daß jedes Bild von G isomorph zu einer der Gruppen G/N (wie im Satz konstruiert) ist. Unser Hauptsatz besagt dann, daß man alle Bilder von G aus G selbst mit Hilfe der Normalteiler konstruieren kann, ohne „fremde" Zielgruppen für die Morphismen heranziehen zu müssen.

2) Wir kommen noch einmal zurück auf das Beispiel $(\mathbb{Z}, +)$. Ist $(n\mathbb{Z}, +)$ eine Untergruppe, so erhält man mit der Konstruktion des Satzes die Gruppe der Restklassen (= Nebenklassen) $\mathbb{Z}/n\mathbb{Z}$. Die Elemente dieser Gruppe sind die Nebenklassen $a + n\mathbb{Z}$ (additive Schreibweise!), also Mengen mit unendlich vielen Elementen. Nun hat der im Satz definierte surjektive Morphismus $\pi : \mathbb{Z} \to \mathbb{Z}/n\mathbb{Z}$ den Kern $n\mathbb{Z}$, ebenso wie die Restabbildung $\rho : \mathbb{Z} \to U_n$. Aus dem Hauptsatz 4.10 folgt: $\mathbb{Z}/n\mathbb{Z}$ und U_n sind isomorph. Also bringt das Verfahren von Satz

4.11 in diesem Fall nichts Neues. Weil die Restklassen als Elemente von A/K (bzw. G/N) für den Lernenden meist unhandlich sind, wird man – wie in diesem Beispiel – im konkreten Fall doch lieber „fremde" Zielgruppen für die Bilder von A (bzw. G) verwenden.

Aufgaben

(A 4.14) Es sei $\mathscr{A}$ die Drehgruppe des Tetraeders.

a) Es sei G eine Gruppe der Ordnung 2. Beweisen Sie: Es gibt keinen surjektiven Morphismus von $\mathscr{A}$ nach G.

b) Definieren Sie einen surjektiven Morphismus $\varphi : (\mathscr{A}, \circ) \to (U_3, +_3)$.

c) Gibt es einen surjektiven Morphismus von $\mathscr{A}$ auf eine Gruppe der Ordnung 6?

(A 4.15) Zeigen Sie: $\sigma = (x \to 2x)$ ist ein Isomorphismus $\sigma : (\mathbb{Q}, +) \to (\mathbb{Q}, +)$.

(A 4.16) Es sei $\varphi : M \to N$ eine bijektive Funktion. Zeigen Sie: Durch $\Phi = (\alpha \to \varphi^{-1} \circ \alpha \circ \varphi)$ ist ein Isomorphismus $\Phi : \mathscr{S}_M \to \mathscr{S}_N$ definiert.

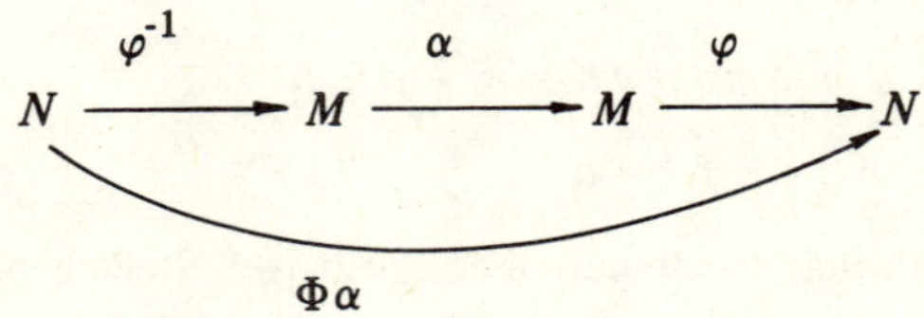

Abb. 51

(A 4.17) Wie man Gruppen kopiert: Es sei $(G, *)$ eine Gruppe und M eine Menge, sowie $\varphi : G \to M$ bijektiv. Zeigen Sie: Durch

$$x \otimes y =_{\text{def}} \varphi[(\varphi^{-1}x) * (\varphi^{-1}y)]$$

wird eine Verknüpfung $\otimes$ in M definiert und $\varphi : (G, *) \to (M, \otimes)$ ist ein Isomorphismus. Betrachten Sie unter diesem Aspekt die Aufgaben (A 3.6) und (A 3.13) noch einmal!

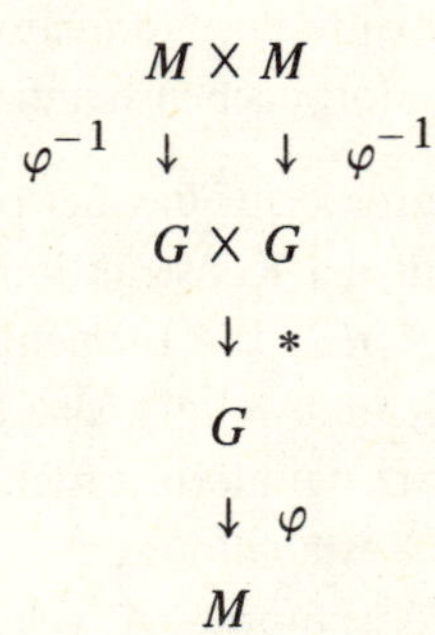

(A 4.18) Es seien G und H Gruppen sowie $\varphi : G \to H$ ein surjektiver Morphismus. Beweisen Sie:

$\forall x, y \in G$: $x y x^{-1} y^{-1} \in \operatorname{Ker} \varphi \Leftrightarrow H$ ist kommutativ.

4.D Permutationsgruppen

Es sei $\mathscr{S}_{\mathbb{Q}}$ die Permutationsgruppe von $\mathbb{Q}$, d.h. die Gruppe aller bijektiven Funktionen $\mathbb{Q} \to \mathbb{Q}$. Eine wichtige Teilmenge von $\mathscr{S}_{\mathbb{Q}}$ besteht aus den Abbildungen der Form $x \to a x + b$ mit $a, b \in \mathbb{Q}$ und $a \neq 0$. Wir setzen

$$\mathscr{A}\,\mathbb{Q} = \{\varphi \in \mathscr{S}_{\mathbb{Q}} \mid \exists a, b \in \mathbb{Q}\ \forall x \in \mathbb{Q} : \varphi x = a x + b\}$$

Wegen $\varphi \in \mathscr{S}_{\mathbb{Q}}$ haben wir dabei automatisch $a \neq 0$ gefordert, denn eine Abbildung dieser Art ist ja bijektiv genau dann, wenn $a \neq 0$.

Wir behaupten: $(\mathscr{A}\mathbb{Q}, \circ)$ ist eine Untergruppe von $(\mathscr{S}_{\mathbb{Q}}, \circ)$. Wegen $\mathrm{id}_{\mathbb{Q}}\, x = 1 \cdot x + 0$ ist $\mathrm{id}_{\mathbb{Q}} \in \mathscr{A}\mathbb{Q}$, also $\mathscr{A}\mathbb{Q} \neq \emptyset$. Weiter seien $\varphi, \psi \in \mathscr{A}\,\mathbb{Q}$ mit $\varphi x = a x + b$ und $\psi x = c x + d$.

Dann ist

$$\begin{aligned} \varphi \circ \psi x = \psi(\varphi x) &= \psi(a x + b) \\ &= c(a x + b) + d \\ &= (c a)\, x + (c b + d), \end{aligned}$$

also $\varphi \circ \psi \in \mathscr{A}\mathbb{Q}$.

Ferner ist $\varphi^{-1} x = a^{-1} x + a^{-1} b$ (nachrechnen!), also auch $\varphi^{-1} \in \mathscr{A}\mathbb{Q}$. Die Gruppe $(\mathscr{A}\mathbb{Q}, \circ)$ heißt die *Gruppe der affinen Abbildungen* von $\mathbb{Q}$.

4.12 Satz. *Die Abbildungen der Form $x \to x + b$ mit $b \in \mathbb{Q}$ bilden eine zu $(\mathbb{Q}, +)$ isomorphe Untergruppe von $(\mathscr{A}\mathbb{Q}, \circ)$.*

Beweis. Die Menge der angegebenen Abbildungen bezeichnen wir mit T. Für den gesuchten Isomorphismus ist es naheliegend, dem Element $b \in \mathbb{Q}$ die Abbildung $(x \to x + b) = \tau_b \in T$ zuzuordnen. Wir setzen also $\Phi b = \tau_b$ mit $\Phi : \mathbb{Q} \to \mathscr{A}\,\mathbb{Q}$.

Veranschaulichung:

$$b \xrightarrow{\ \Phi\ } [x \overset{\tau_b}{\to} x + b]$$

Wir zeigen zunächst, daß Φ ein Gruppenmorphismus ist.

$$\begin{aligned}\Phi(b+c) &= \tau_{b+c} \\ &= x \to \tau_{b+c}\, x \\ &= x \to x + (b+c) \\ &= x \to (x+b) + c \\ &= x \to (\tau_b x + c) \\ &= x \to \tau_c\, (\tau_b\, x) \\ &= x \to \tau_b \circ \tau_c x \\ &= \tau_b \circ \tau_c \\ &= (\Phi b) \circ (\Phi c)\end{aligned}$$

Nun ist

$$\text{Bild } \Phi = \{\varphi \in \mathscr{A}\mathbb{Q} \mid \exists\, b \in \mathbb{Q} : \varphi x = x + b\} = T,$$

also T das Bild der Gruppe $(\mathbb{Q}, +)$ unter dem Morphismus Φ und damit $(T, \circ)$ eine Gruppe. Wegen

$$\begin{aligned}\text{Ker } \Phi &= \{b \in \mathbb{Q} \mid \Phi b = \text{id}_{\mathbb{Q}}\} \\ &= \{b \in \mathbb{Q} \mid x + b = x\} \\ &= \{0\}\end{aligned}$$

ist Φ injektiv, also

$$\Phi : \mathbb{Q} \to T \text{ bijektiv}$$

und $\Phi : (\mathbb{Q}, +) \to (T, \circ)$ ein Isomorphismus: Die Untergruppe $(T, \circ)$ von $(\mathscr{A}\mathbb{Q}, \circ)$ ist isomorph zu $(\mathbb{Q}, +)$. – Die Umkehrabbildung $\Phi^{-1} : T \to \mathbb{Q}$ erhält man durch „Auswerten der Abbildung τ_b an der Stelle 0":

$$\tau_b\, 0 = 0 + b = b = \Phi^{-1}\, \tau_b$$

4.13 Satz. *Die Abbildungen der Form $x \to a x$ aus $\mathscr{A}\mathbb{Q}$ bilden eine zu $(\mathbb{Q} \setminus \{0\}, \cdot)$ isomorphe Untergruppe von $\mathscr{A}\mathbb{Q}$.*

Da der Beweis ganz analog zum letzten Beweis verläuft, unterdrücken wir die Einzelheiten. Man setzt

$$S = \{\varphi \in \mathscr{A}\mathbb{Q} \mid \varphi x = a x\}$$

und zeigt:

$$\Psi = [a \to (x \overset{\sigma_a}{\to} ax)]$$

ist ein injektiver Morphismus

$$\Psi : (\mathbb{Q} \setminus \{0\}, \cdot) \to (\mathscr{A}\mathbb{Q}, \circ)$$

mit Bild $\Psi = S$. – Die Umkehrabbildung $\Psi^{-1} : S \to \mathbb{Q} \setminus \{0\}$ erhält man hier durch Auswertung an der Stelle $1 \in \mathbb{Q}$:

$$\sigma_a 1 = a1 = a = \Psi^{-1} \sigma_a.$$

Nach diesen beiden Sätzen enthält die Gruppe $(\mathscr{A}\mathbb{Q}, \circ)$ isomorphe Kopien sowohl der additiven als auch der multiplikativen Gruppe der rationalen Zahlen. Durch Einschränkungen von Φ bzw. Ψ erhält man auch „Einbettungen" der Gruppen $(\mathbb{Z}, +)$ und $(\mathbb{B}, \cdot)$ nach $(\mathscr{A}\mathbb{Q}, \circ)$. Was wird dabei eigentlich getan? Beim Übergang von 5 zu τ_5 etwa *ordnet man der Zahl 5 die Vorschrift „addiere 5" zu,* d.h. man faßt die Zahl 5 als einen „Operator" auf, welcher alle anderen Zahlen um 5 verschiebt. (Das Wort Operator wird synonym zu Funktion gebraucht.) Entsprechend faßt man die Zahlen beim Übergang zu $(S, \circ)$ als „Strekker" oder „Staucher" auf, insbesondere die Elemente von $\mathbb{B}$.

Diese Möglichkeit der Interpretation von Gruppenelementen als Abbildungen ist nicht auf die Zahlbereiche beschränkt, sondern besteht allgemein. Der entsprechende Satz geht auf den englischen Mathematiker Cayley zurück:

4.14 Satz von Cayley: *Jede Gruppe ist isomorph zu einer Permutationsgruppe.*

Andere Formulierung: *Zu jeder Gruppe $(G, *)$ gibt es eine Menge M und eine Untergruppe von $(\mathscr{S}_M, \circ)$, welche isomorph zu $(G, *)$ ist.*

Zum Beweis verwenden wir unsere Erfahrungen aus Satz 4.12. Zuerst müssen wir aber die Menge M irgend woher nehmen, die naheliegende Wahl ist $M = G$. Den Elementen aus $\mathbb{Q}$ hatten wir die Abbildungen der Art $x \to x + b$ bzw. $x \to x \cdot a$ zugeordnet, wir versuchen es deshalb hier mit

$$\Phi a = (x \overset{\tau_a}{\to} x * a) \text{ für } a \in G.$$

Jetzt müssen wir zuerst

$$(x \to x * a) = \tau_a \in \mathscr{S}_G$$

zeigen. Nach Lemma 3. gibt es zu allen $a, b \in G$ genau ein $x \in G$ mit $x * a = \tau_a x = b$, also ist $\tau_a : G \to G$ bijektiv, d.h. $\tau_a \in \mathscr{S}_G$. Der nächste Schritt:

$$\Phi : (G, *) \to (\mathscr{S}_G, \circ)$$

ist Morphismus.

$$\begin{aligned}\Phi(a * b) &= \tau_{a * b}\\ &= x \to x * (a * b)\\ &= x \to (x * a) * b\\ &= x \to (\tau_a x) * b\\ &= x \to \tau_b\, (\tau_a x)\\ &= x \to \tau_a \circ \tau_b\, x\\ &= \tau_a \circ \tau_b\\ &= (\Phi a) \circ (\Phi b).\end{aligned}$$

Wir setzen Bild $\Phi = T$ und erhalten: $(T, \circ)$ ist eine Untergruppe von $(\mathscr{S}_G, \circ)$. Es fehlt uns noch: $\Phi : G \to T$ ist bijektiv. Wegen Bild $\Phi = T$ ist die Abbildung surjektiv, es bleibt die Injektivität nachzuweisen.

$$\begin{aligned}\Phi a = \Phi b &\Leftrightarrow \tau_a = \tau_b\\ &\Leftrightarrow \forall x \in G : \tau_a x = \tau_b\, x\\ &\Leftrightarrow \forall x \in G : x * a = x * b\\ &\Rightarrow a = b \text{ nach Lemma 3.8.}\end{aligned}$$

Also ist

$$\Phi : (G, *) \to (T, \circ)$$

ein Isomorphismus.

Die Umkehrabbildung $\Phi^{-1} : T \to G$ erhält man durch Auswerten an der Stelle $e \in G$:

$$\tau_a\, e = e * a = a = \Phi^{-1}\, \tau_a$$

Aufgabe

(A 4.19) Beweisen Sie: Durch

$$\Gamma = [\varphi \to \begin{pmatrix} \varphi 1 - \varphi 0, & 0 \\ \varphi 0, & 1 \end{pmatrix}]$$

wird ein injektiver Gruppenmorphismus

$$\Gamma : (\mathscr{A}\mathbb{Q}, \circ) \to (GL\,(\mathbb{Q})_2, \cdot)$$

definiert. Beschreiben Sie die zu $(\mathscr{A}\mathbb{Q}, \circ)$ isomorphe Untergruppe (Bild Γ, $\cdot$) von $(GL\,(\mathbb{Q})_2, \cdot)$. Geben Sie Untergruppen von $(GL\,(\mathbb{Q})_2, \cdot)$ an, welche isomorph zu $(\mathbb{Z}, +)$ bzw. $(\mathbb{B}, \cdot)$ sind.

§ 5. Zyklische Gruppen

Die Ergebnisse und Methoden der vorigen Paragraphen wenden wir auf eine spezielle Klasse von Gruppen an.

5.A Von einem Element erzeugte Untergruppen

Wir erinnern noch einmal an die Untergruppe $(\langle 2\rangle, \cdot)$ von $(\mathbb{B}, \cdot)$ aus Abschnitt 3.E. Die Elemente dieser Untergruppe entstehen durch fortgesetzte Verknüpfung von 2 bzw. 2^{-1} mit sich. Das entsprechende allgemeine Phänomen halten wir in einer Definition fest:

5.1 Definition. Es sei $(G, *)$ eine Gruppe und $a \in G$. Es seien

$a^0 =_{\text{def}} e$,

$a^1 =_{\text{def}} a$ und

$a^k =_{\text{def}} (a^{k-1}) * a$ für $k \in \mathbb{N}$.

Dadurch ist eine Funktion $\theta : \mathbb{N}_0 \to G$ mit $\theta\, n = a^n$ gegeben (rekursive Definition). (Diese Funktion hängt von der Auswahl des Elementes $a \in G$ ab, wir werden das später auch in der Bezeichnung zum Ausdruck bringen.) Wir setzen θ fort auf den Definitionsbereich $\mathbb{Z}$ mit Hilfe von $\theta(-n) = a^{-n} = (a^*)^n$ für $n \in \mathbb{N}$. Damit ist z. B. $a^* = (a^*)^1 = a^{-1}$. Wir haben jetzt $\theta : \mathbb{Z} \to G$ mit $\theta\, 1 = a$.

Bemerkung zur Schreibweise:

Wir haben hier $a * a = a^2$ in Anlehnung an die multiplikative Schreibweise gesetzt. In $(\mathbb{Q}, +)$ z. B. erhalten wir aber $a * a = a + a = 2a$ in der additiven Schreibweise. *Man wird also je nach der Schreibweise für $\theta\, n$ die Bezeichnung a^n oder na wählen.* – Für unsere allgemeinen Betrachtungen verwenden wir weiterhin $\theta\, n = a^n$.

5.2 Lemma. *Die in 5.1 definierte Funktion θ ist ein Gruppenmorphismus* $\theta : (\mathbb{Z}, +) \to (G, *)$.

Beweis: Wir haben die Morphismusbedingung

$$\forall r, s \in \mathbb{Z} : \theta\,(r+s) = (\theta\, r) * (\theta\, s)$$

zu verifizieren. In anderer Schreibweise:

$$a^{r+s} = a^r * a^s$$

Mit $m, n \in \mathbb{N}_\circ$ bestehen für $r, s \in \mathbb{Z}$ folgende Möglichkeiten:

	r	s
1)	m	n
2)	m	$-n$
3)	$-m$	n
4)	$-m$	$-n$

Fall 1): Durch vollständige Induktion beweisen wir die Aussage $\mathscr{A}(n)$: $\forall r \in \mathbb{N}_\circ : a^{r+n} = a^r * a^n$.

Anfang: $\mathscr{A}(0) : a^{r+0} = a^r = a^r * e = a^r * a^0$

Schritt: $\mathscr{A}(k) \Rightarrow \mathscr{A}(k+1)$:

$$\begin{aligned} a^{r+(k+1)} &= a^{(r+k)+1} && \text{Assoziativität in } (\mathbb{Z}, +) \\ &= (a^{r+k}) * a && \text{Def. von } a^{n+1} \\ &= (a^r * a^k) * a && \text{nach } \mathscr{A}(k) \\ &= a^r * (a^k * a) && \text{Assoziativität in } (G, *) \\ &= a^r * a^{k+1} && \text{Def. von } a^{n+1} \end{aligned}$$

Hilfsbemerkung: Es gilt die Aussage $\mathscr{B}(n)$: für alle $n \in N : (a^*)^n = (a^n)^*$

Beweis: Anfang $\mathscr{B}(1)$: $(a^*)^1 = a^* = (a^1)^*$

Schritt: $\mathscr{B}(k) \Rightarrow \mathscr{B}(k+1)$:

$$
\begin{aligned}
(a^*)^{k+1} &= (a^*)^k * a^* && \text{Def von } a^{n+1}\\
&= (a^k)^* * a^* && \text{nach } \mathscr{B}(k)\\
&= (a * a^k)^* && \text{wegen } (xy)^* = y^* x^*\\
&= (a^{1+k})^* && \text{nach Fall 1) mit } r = 1\\
&= (a^{k+1})^* && \text{nach (Kom) in } (\mathbb{Z}, +)
\end{aligned}
$$

Wegen $a^* = (a^*)^1 = a^{-1}$ können wir in $\mathscr{B}(n)$ auch in der Form $a^{-n} = (a^n)^{-1}$ schreiben.

Fall 2): a) Ist $m \geqq n$, also $m = n + r$ mit $r \in \mathbb{N}_0$, so erhalten wir

$$
\begin{aligned}
a^{m-n} = a^r = a^r * [(a^n) * (a^n)^*]&\\
= a^{r+n} * (a^n)^* & \qquad \text{nach Fall 1)}\\
= a^m * a^{-n} & \qquad \text{nach Hilfsbemerkung.}
\end{aligned}
$$

b) Ist $m < n$, so betrachten wir

$$
\begin{aligned}
a^{m-n} &= a^{-(n-m)}\\
&= (a^{n-m})^*\\
&= (a^n * a^{-m})^* && \text{nach a)}\\
&= (a^{-m})^* * (a^n)^*\\
&= a^{-(-m)} * a^{-n}\\
&= a^m * a^{-n}
\end{aligned}
$$

Fall 3) Analog zu Fall 2).

Fall 4):

$$
\begin{aligned}
a^{-m-n} &= a^{-(m+n)}\\
&= (a^{m+n})^*\\
&= (a^{n+m})^*\\
&= (a^n * a^m)^* && \text{nach Fall 1)}\\
&= (a^m)^* * (a^n)^*\\
&= a^{-m} * a^{-n}
\end{aligned}
$$

Damit ist der Beweis von Lemma 5.2 abgeschlossen.

Zur Schreibweise: In der additiven Schreibweise – etwa bei $(A, +)$ – haben wir statt der Exponenten Multiplikatoren zu setzen, da würde es also heißen $\theta n = na$ und $(r+s)\, a = ra + sa$ für die Morphismusbedingung.

Es ist interessant zu beobachten, daß man an dieser Stelle, d.h. bei der Definition von θ und dem Beweis der Morphismusbedingung, auf die Konstruktion von $\mathbb{Z}$ aus $\mathbb{N}$ zurückgreifen muß. Sowohl die Definition von θ als auch der Nachweis der Morphismusbedingung hängen ab vom Prinzip der vollständigen Induktion. Die Ausdehnung auf $\mathbb{Z}$ erfolgt jedesmal mit der Unterscheidung $z \in \mathbb{N}_0$ oder $-z \in \mathbb{N}$. Das gleiche gilt auch noch für den folgenden Satz.

5.3 Satz. *Es sei $(G, *)$ eine Gruppe und $a \in G$. Dann gibt es genau einen Morphismus $\varphi : (\mathbb{Z}, +) \to (G, *)$ mit $\varphi 1 = a$.*

Beweis: a) Existenz: Es gibt mindestens einen solchen Morphismus, nämlich den oben definierten Morphismus $\theta : (\mathbb{Z}, +) \to (G, *)$.

b) Eindeutigkeit. Es sei $\varphi : (\mathbb{Z}, +) \to (G, *)$ ein Morphismus mit $\varphi 1 = a$. Wir zeigen $\varphi = \theta$ durch den Nachweis von

$$\forall z \in \mathbb{Z} : \varphi z = \theta z.$$

1) Induktionsbeweis für $n \in \mathbb{N}$: Anfang: Es ist $\varphi 1 = a = \theta 1$ nach Voraussetzung. Schritt: Sei $\varphi k = \theta k$. Dann ist

$$\theta (k+1) = \theta k * \theta 1 = \theta k * a \qquad \text{und}$$

$$\varphi(k + 1) = \varphi k * \varphi 1 = \varphi k * a,$$

also gilt auch

$$\theta (k+1) = \varphi(k+1).$$

2) Es ist $\theta 0 = e = \varphi 0$, da das neutrale Element 0 auf das neutrale Element e abgebildet werden muß.

3) Für $z = -n$ mit $n \in \mathbb{N}$ erhalten wir

$$\theta z = \theta(-n) = (\theta n)^*$$

$$\varphi z = \varphi(-n) = (\varphi n)^*$$

und wegen $\theta n = \varphi n$ aus Fall 1) ist $\theta z = \varphi z$.

Da der Morphismus θ durch das Element $a \in G$ eindeutig bestimmt ist, schreiben wir zur Verdeutlichung θ_a statt θ. Im Anschluß an das Eingangsbeispiel setzen wir

$$\langle a \rangle =_{\text{def}} \theta_a\, \mathbb{Z} = \{a^k \mid k \in \mathbb{Z}\}.$$

Da $\langle a \rangle$ das Bild von $\mathbb{Z}$ unter dem Morphismus $\theta_a : (\mathbb{Z}, +) \to (G, *)$ ist, folgt aus Satz 4.4 sofort:

5.4 Satz. *Für jedes $a \in G$ ist $(\langle a \rangle, *)$ eine kommutative Untergruppe von $(G, *)$.*

(K 5.1) Bestimmen Sie die Untergruppen $\langle \alpha \rangle$, $\langle \beta \rangle$, und $\langle \rho \rangle$ von $\mathscr{D}_3$.

Ist $(H, *)$ eine Untergruppe von $(G, *)$ und $a \in H$, so muß auch das Inverse a^* in H liegen. Aus der Abgeschlossenheit von $(H, *)$ folgt nun $a * a = a^2 \in H$; $a^2 * a = a^3 \in H$ usw. und $a^* * a^* = a^{-2} \in H$ usw., also $\langle a \rangle \subseteq H$. (Auf den eigentlich notwendigen Induktionsbeweis verzichten wir.) Wir haben also: Jede Untergruppe von G, welche a enthält, umfaßt $\langle a \rangle$. Mit anderen Worten:

5.5 Satz. *$(\langle a \rangle, *)$ ist die kleinste Untergruppe von $(G, *)$, welche das Element a enthält.*

5.6 Definition. $(\langle a \rangle, *)$ heißt die *von a erzeugte Untergruppe* von $(G, *)$. Falls $\langle a \rangle$ endlich ist, nennt man die Ordnung (= Elementeanzahl) $|\langle a \rangle|$ dieser Untergruppe auch die *Ordnung des Elementes a*. Für eine endliche Gruppe G folgt aus dem Satz von Lagrange: *Die Ordnung eines jeden Elementes von G teilt die Ordnung von G.*

Zur Verdeutlichung schreiben wir noch einmal aus:

$$\langle a \rangle = \{e, a, a^{-1}, a^2, a^{-2}, a^3, a^{-3}, \ldots,$$

bzw. in additiver Schreibweise

$$\langle a \rangle = \{0, a, -a, 2a, (-2)a, \ldots\}.$$

Man darf aus der Aufzählung $a, a^2, a^3, \ldots$ aber nicht herauslesen, daß diese Mengen immer unendlich viele Elemente hätten.

(K 5.2) Bestimmen Sie die Ordnungen aller Elemente der Drehgruppe $\mathscr{A}$ des Tetraeders. (Evtl. Gruppentafel benutzen, geometrische Argumente helfen schneller.)

5.7 *Aufgabe.*

Beweisen Sie: Es sei $\varphi : G \to H$ ein Gruppenmorphismus. Dann gilt für alle $a \in G$ und alle $n \in \mathbb{Z}$: $\varphi(a^n) = (\varphi a)^n$. Formulieren Sie die Aussage auch in additiver Schreibweise.

Lösung: Wir machen uns zuerst die Behauptung plausibel indem wir schreiben

$$\varphi(a^n) = \varphi(\underbrace{a\,a\,a \ldots a}_{n\text{-mal}})$$

$$= \underbrace{(\varphi a)\,(\varphi a) \ldots (\varphi a)}_{n\text{-mal}}$$

$$= (\varphi a)^n.$$

Dies setzen wir um in einen Induktionsbeweis:

Wegen $\varphi(a^0) = \varphi e$ ist der Induktionsanfang klar.

Für $k \in \mathbb{N}_o$ gilt:

$$\begin{aligned}\varphi(a^{k+1}) &= \varphi(a^k a)\\ &= (\varphi a^k)(\varphi a)\\ &= (\varphi a)^k (\varphi a)\\ &= (\varphi a)^{k+1}\end{aligned}$$

Also gilt die Behauptung für alle $k \in \mathbb{N}_o$. Ist nun $-n = k \in \mathbb{N}_o$, so erhalten wir

$$\begin{aligned}\varphi(a^n) = \varphi(a^{-k}) &= \varphi((a^*)^k)\\ &= (\varphi(a^*))^k\\ &= ((\varphi a)^*)^k\\ &= (\varphi a)^{-k}\\ &= (\varphi a)^n.\end{aligned}$$

Damit gilt die Behauptung für alle $n \in \mathbb{Z}$.

Wiedergabe der Aussage in additiver Schreibweise: Statt $a^n = a \cdot a \ldots \cdot a$ ist $na = a + a + \ldots + a$ zu setzen. Es heißt dann
$\forall n \in \mathbb{Z}; a \in G : \varphi(na) = n(\varphi a)$.

Aufgaben

(A 5.3) Zeigen Sie: Falls Ker $\theta_a = \{0\}$, so gilt für alle $k, l \in \mathbb{Z}$ mit $k \neq l$ auch $a^k \neq a^l$. Falls Ker $\theta_a = n\mathbb{Z}$, so gilt für alle $k, l \in U_n$ mit $k \neq l$ auch $a^k \neq a^l$ und für alle $z \in \mathbb{Z} : a^k = a^{k+nz}$.

(A 5.4) Zeigen Sie: Für endliche Gruppen ist die Bedingung (UGii) im Untergruppenkriterium entbehrlich. – Genauer: Es sei G eine endliche Gruppe und $H \neq \emptyset$ eine Teilmenge von G mit (i) $\forall x, y \in H : xy \in H$. Dann ist H eine Untergruppe von G.

(A 5.5) Es seien $A = \begin{pmatrix} 1 & 1 \\ -1 & 0 \end{pmatrix}$ und $B = \begin{pmatrix} 0 & 1 \\ -1 & 0 \end{pmatrix}$.

Bestimmen Sie die Untergruppen $\langle A \rangle$, $\langle B \rangle$ und $\langle AB \rangle$ von $GL(\mathbb{Q})_2$.

5.B Kennzeichnungen von $(\mathbb{Z}, +)$

1. Die Zahlbereichserweiterung von $(\mathbb{N}, +)$ *zu* $(\mathbb{Z}, +)$

Bei der Zahlbereichserweiterung hat man das Gefühl, daß es eigentlich keine andere vernünftige Erweiterung von $(\mathbb{N}, +)$ zu einer Gruppe als die zu $(\mathbb{Z}, +)$ geben kann. Wir sind jetzt in der Lage, dies Gefühl zu präzisieren. Bei der Einführung der negativen Zahlen liegt gruppentheoretisch gesehen das Bedürfnis vor, zu jeder Zahl aus $\mathbb{N}$ ein inverses Element bezüglich der Addition zu konstruieren. (Die Zufügung von 0 zu $\mathbb{N}$ macht ja keine Schwierigkeiten). Wir formulieren das Erweiterungsproblem mit den uns zur Verfügung stehenden algebraischen Begriffen:

Gesucht wird eine Gruppe $(A, +)$, die $(\mathbb{N}, +)$ als Untergebilde enthält und möglichst klein ist. (D.h. es sollen nicht überflüssig viel Elemente neu eingeführt werden.)

Da man bei der Konstruktion evtl. statt $(\mathbb{N}, +)$ eine isomorphe Kopie in $(A, +)$ erhalten wird, verlangt man

(i) *Es gibt einen injektiven Morphismus* $\alpha : (\mathbb{N}, +) \to (A, +)$.

Daß $(A, +)$ nicht größer als nötig sein soll bedeutet: Ist $(\mathbb{N}, +)$ Untergebilde irgend einer Gruppe $(G, *)$, so soll auch die Gruppe $(A, +)$ Untergruppe von $(G, *)$ sein, und zwar so, daß $\mathbb{N} \subseteq A$.

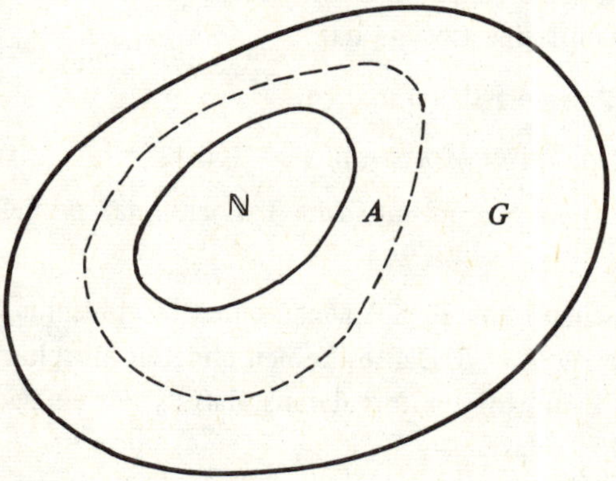

Abb. 52

Diese Formulierung genügt unseren Ansprüchen noch nicht. Da wir wieder isomorphe Kopien in Rechnung stellen müssen, fordern wir

(ii) *Zu jedem injektiven Morphismus* $\beta : (\mathbb{N}, +) \to (G, *)$ *von* $(\mathbb{N}, +)$ *in eine Gruppe* $(G, *)$ *gibt es genau einen Gruppenmorphismus* $\xi : (A, +) \to (G, *)$ *mit* $\alpha \circ \xi = \beta$, *dabei ist* α *die Abbildung aus* (i).

Unter Verwendung des Ausdrucks „universell" schreibt sich das:

(ii) *Der Morphismus* α *aus* (i) *ist universell in Bezug auf die Menge der injektiven Morphismen von* $(\mathbb{N}, +)$ *in Gruppen.*

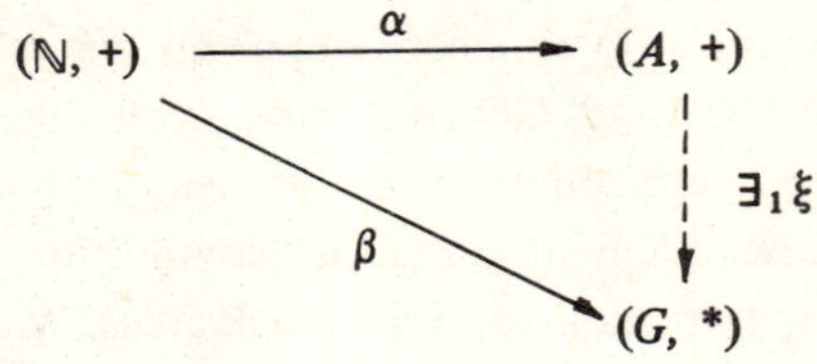

Abb. 53

Dabei haben wir hier universell in dem Sinn gebraucht, daß die zulässigen Lösungen der Gleichung $\alpha \circ \xi = \beta$ auf Gruppenmorphismen beschränkt sind.

5.8 Satz. Kennzeichnung von $(\mathbb{Z}, +)$ als Erweiterung von $(\mathbb{N}, +)$:

a) $(\mathbb{Z}, +)$ *erfüllt die Bedingungen* (i) *und* (ii).

b) *Jede Gruppe* $(A, +)$, *die* (i) *und* (ii) *erfüllt, ist isomorph zu* $(\mathbb{Z}, +)$.

Danach können wir sagen: Welchen Weg man auch einschlägt, um $(\mathbb{N}, +)$ zu einer Gruppe mit (i) und (ii) zu erweitern, das Resultat ist immer $(\mathbb{Z}, +)$. Dies erklärt auch, warum die Konstruktion von $(\mathbb{Z}, +)$ im Grunde langweilig ist; man weiß ja schon vorher genau, was herauskommen muß. Tatsächlich ist es aber so, daß erst mit dem Konstruktionsprozeß nachgewiesen wird, daß das Erweiterungsproblem überhaupt eine Lösung hat.

Beweis von Satz 5.8 a) $(\mathbb{Z}, +)$ erfüllt (i) und (ii).

(i) Durch $\varphi n = n$ ist ein injektiver Morphismus $\varphi : (\mathbb{N}, +) \to (\mathbb{Z}, +)$ gegeben.

(ii) Sei $\beta : (\mathbb{N}, +) \to (G, *)$ ein Morphismus (die Tatsache, daß β injektiv ist, benutzen wir gar nicht).

Es sei $\beta 1 = a \in G$. Wir behaupten: Es gibt genau einen Morphismus, nämlich $\theta_a : (\mathbb{Z}, +) \to (G, *)$ mit $\varphi \circ \theta_a = \beta$. Daß es keinen anderen Morphismus mit dieser Eigenschaft geben kann, folgt sofort daraus, daß θ_a der einzige Morphismus $\mathbb{Z} \to G$ mit $\theta_a 1 = a = \beta 1$ ist.

Induktionsbeweis für $\varphi \circ \theta_a = \beta$.

Es ist für alle $n \in \mathbb{N} : (\varphi \circ \theta_a) n = \theta_a (\varphi n) = \theta_a n = a^n$.

Zu zeigen: für alle $n \in \mathbb{N} : \beta n = a^n$

Anfang: $\beta 1 = a = a^1$ (nach Def.)

Schritt: Sei $\beta k = a^k$. Dann ist

$$\begin{aligned} \beta(k+1) &= (\beta k) * (\beta 1) \qquad \text{(da } \beta \text{ Morphismus)} \\ &= (\beta k) * a \\ &= a^k * a \\ &= a^{k+1} \end{aligned}$$

Also ist $\varphi \circ \theta_a = \beta$.

b) Angenommen auch $(A, +)$ mit $\alpha : (\mathbb{N}, +) \to (A, +)$ erfüllt (i) und (ii). Wir zeichnen ein Diagramm:

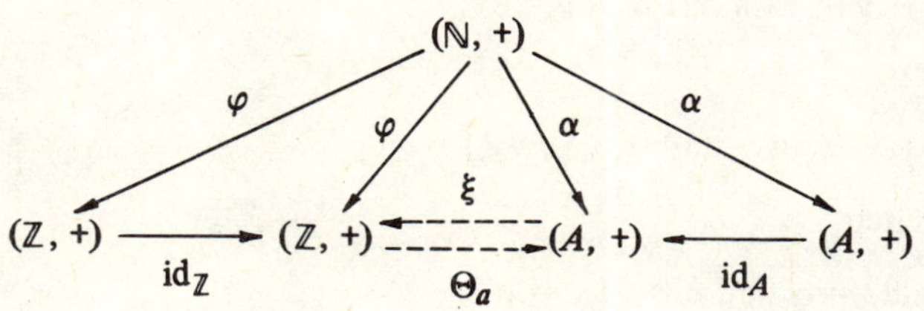

Abb. 54

1. Es gibt ξ mit $\alpha \circ \xi = \varphi$, da (ii) für $(A, +)$ gilt.
2. Es ist $\varphi \circ \theta_a = \alpha$, da (ii) für $(\mathbb{Z}, +)$ gilt.

Daraus folgen

$$\alpha \circ (\xi \circ \theta_a) = \alpha \text{ und } \varphi \circ (\theta_a \circ \xi) = \varphi.$$

Außerdem gelten

$$\alpha \circ \mathrm{id}_A = \alpha \text{ und } \varphi \circ \mathrm{id}_{\mathbb{Z}} = \varphi.$$

Da es nach (ii) jeweils nur genau eine Lösung dieser Gleichungen geben kann, folgen

$$\xi \circ \theta_a = \mathrm{id}_A \text{ und } \theta_a \circ \xi = \mathrm{id}_{\mathbb{Z}}.$$

Das bedeutet aber $\theta_a = \xi^{-1}$, die Funktionen θ_a und ξ sind bijektiv, also Isomorphismen.

Der Teil b) des Beweises lief nach genau dem gleichen Schema wie der Beweis des Hauptsatzes über Gruppenmorphismen 4.10. Beidesmal wurden Universaleigenschaften ausgenutzt. Da wir noch mehrmals in ähnliche Situationen kommen werden, fügen wir an dieser Stelle ein allgemeines Lemma über universelle Elemente ein.

5.9 Lemma. *Es seien sowohl $\alpha : A \to B$ als auch $\alpha' : A \to B'$ universell in Bezug auf $\mathcal{F}$. Dann sind die Funktionen ξ und η mit $\alpha \circ \xi = \alpha'$ und $\alpha' \circ \eta = \alpha$ bijektiv.*

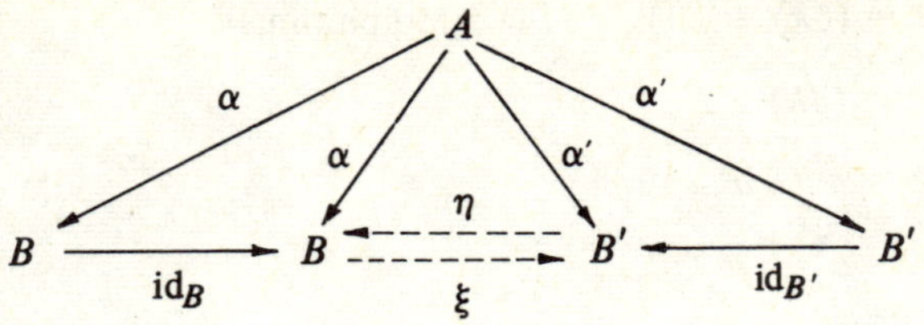

Abb. 55

Beweis.

Wegen $\alpha \in \mathcal{F}$ gibt es ξ mit $\alpha \circ \xi = \alpha'$

Wegen $\alpha' \in \mathcal{F}$ gibt es η mit $\alpha' \circ \eta = \alpha$

Daraus folgen

$$\alpha \circ (\xi \circ \eta) = \alpha \text{ und } \alpha' \circ (\eta \circ \xi) = \alpha'.$$

Außerdem gelten

$$\alpha \circ \mathrm{id}_B = \alpha \text{ und } \alpha' \circ \mathrm{id}_{B'} = \alpha'.$$

Da es nach der Definition eines universellen Elementes jeweils nur genau eine Lösung dieser Gleichung gibt, folgen

$$\xi \circ \eta = \mathrm{id}_B \text{ und } \eta \circ \xi = \mathrm{id}_{B'}.$$

Das bedeutet aber $\eta = \xi^{-1}$, die Funktionen ξ und η sind bijektiv.

2. Eine gruppentheoretische Kennzeichnung von $(\mathbb{Z}, +)$

Beim Erweiterungsproblem war die Gruppe $(\mathbb{Z}, +)$ unter Bezugnahme auf $(\mathbb{N}, +)$ charakterisiert worden. Um eine rein gruppentheoretische Kennzeichnung zu geben, formulieren wir Satz 5.3 noch einmal:

(F) *Für alle Gruppen* $(G, *)$ *und alle* $a \in G$ *gibt es genau einen Gruppenmorphismus* $\xi : (\mathbb{Z}, +) \to (G, *)$ *mit* $\xi 1 = a$.

(Den Buchstaben *F* verwendet man, weil man $\mathbb{Z}$ auf Grund dieser Eigenschaft eine *freie* Gruppe nennt.)

Um in (*F*) eine Universaleigenschaft zu erkennen, führen wir die Funktionen

$$\alpha : \{1\} \to \mathbb{Z} \text{ mit } \alpha 1 = 1 \in \mathbb{Z}$$

und

$$\psi : \{1\} \to G \text{ mit } \psi 1 = a \in G$$

ein. Diese Funktionen sind nur eine andere Art der Auszeichnung der Elemente $1 \in \mathbb{Z}$ und $a \in G$, auf die es ja ankommt.

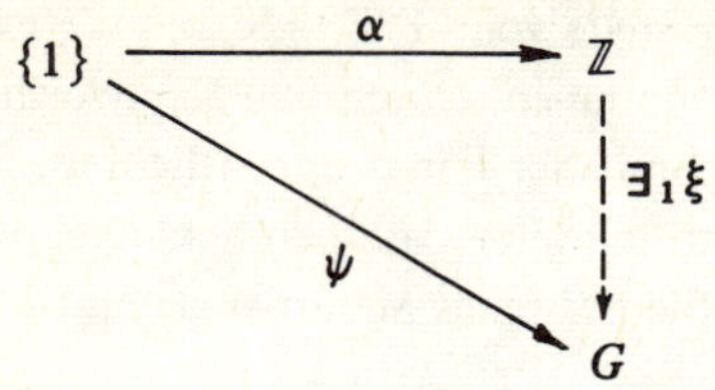

Abb. 56

Die Lösung ξ ist hier wieder eingeschränkt auf Gruppenmorphismen, sonst wäre keine Eindeutigkeit zu erreichen. So liest sich (F):

Die Funktion α (Auswahl von $1 \in \mathbb{Z}$) ist universell in Bezug auf alle Funktionen $\psi : \{1\} \to G$, wobei $(G, *)$ eine Gruppe ist.

Es sei nun auch $(W, +)$ eine Gruppe und $w \in W$, so daß gilt:

(F) Für alle Gruppen $(G, *)$ und alle $a \in G$ gibt es genau einen Gruppenmorphismus $\eta : (W, +) \hookrightarrow (G, *)$ mit $\eta w = a$. Hieraus erhalten wir: Es gibt einen Isomorphismus $\xi : (\mathbb{Z}, +) \to (W, +)$ mit $\xi 1 = w$. Den Beweis liefert uns Lemma 5.9, wenn wir das folgende Diagramm betrachten und dabei $\xi 1 = w$ und $\eta w = 1$ beachten.

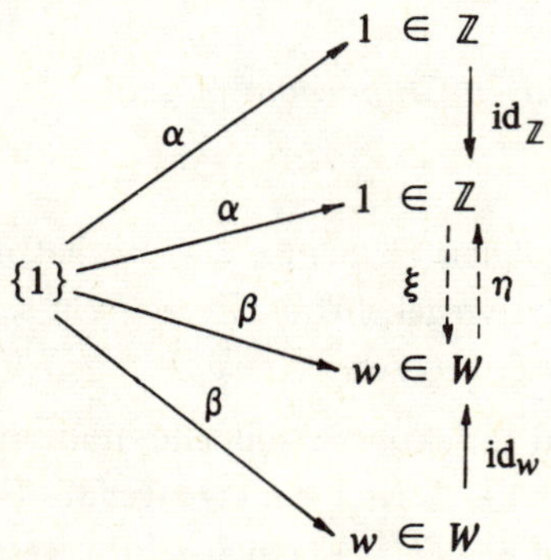

Abb. 57

ξ und η sind nach Voraussetzung Gruppenmorphismen und nach Lemma 5.9 bijektiv, also ist ξ ein Isomorphismus mit $\xi 1 = w$. Wir formulieren unser Ergebnis etwas abgekürzt:

5.10 Satz. Kennzeichnung von $(\mathbb{Z}, +)$ als freie Gruppe. *Jede Gruppe mit der Eigenschaft (F) ist isomorph zu $(\mathbb{Z}, +)$.*

Um die Eigenschaft (F) für $(\mathbb{Z}, +)$ nachzuweisen, waren wir gezwungen auf die Konstruktion von $\mathbb{Z}$ aus $\mathbb{N}$ zurückzugreifen. (Bei den Induktionen in Lemma 1 und Satz 2). Mit rein gruppentheoretischen Rechnungen kann man Satz 5.3 nicht beweisen, da sonst die Eigenschaft (F) sämtlichen Gruppen zukommen müßte. Andererseits kommen aber in (F) nur gruppentheoretische Begriffe vor (vgl. die Formulierung mit (w, W) an Stelle von $(1, \mathbb{Z})$); d.h. in (F) wird insbesondere nicht mehr auf $\mathbb{N}$ Bezug genommen. Durch den Kennzeichnungssatz 5.10 wird sich also die Gruppe $(\mathbb{Z}, +)$ mit der rein gruppentheoretisch formulierten Eigenschaft (F) aus der Gesamtheit aller Gruppen herausgehoben. $(\mathbb{Z}, +)$ ist sozusagen durch ein rein gruppentheoretisches Merkmal als einzigartiges Individuum festgelegt.

5.C Zyklische Gruppen

5.11 Definition. Eine Gruppe $(G, *)$ heißt *zyklisch*, wenn es ein Element $a \in G$ mit $\langle a \rangle = G$ gibt. Ein solches Element a heißt ein erzeugendes Element von G. Wegen $\langle a \rangle = \{a^k \mid k \in \mathbb{Z}\} = \theta_a \mathbb{Z}$ kann man auch schreiben

$$(G, *) \text{ zyklisch} \Leftrightarrow_{\text{def}} \exists a \in G : G = \theta_a \mathbb{Z}$$
$$\Leftrightarrow_{\text{def}} \exists a \in G : G = \{a^k \mid k \in \mathbb{Z}\}$$

Weiter gilt:

$(G, *)$ zyklisch $\Leftrightarrow$ Es gibt einen surjektiven Gruppenmorphismus

$$\theta : (\mathbb{Z}, +) \to (G, *).$$

Ist nämlich $(G, *)$ zyklisch mit erzeugenden Element $a \in G$, so hat man den surjektiven Morphismus $\theta_a : \mathbb{Z} \to G$. Ist umgekehrt $\theta : \mathbb{Z} \to G$ ein surjektiver Morphismus und $\theta\, 1 = a \in G$, so folgt $\theta = \theta_a$, also $G = \theta_a \mathbb{Z}$.

Beispiele: $\mathrm{id}_{\mathbb{Z}} : (\mathbb{Z}, +) \to (\mathbb{Z}, +)$ ist ein surjektiver Gruppenmorphismus, *also ist* $(\mathbb{Z}, +)$ *zyklisch* und wegen $\mathrm{id}_{\mathbb{Z}}\, 1 = 1 \in \mathbb{Z}$ ist 1 ein erzeugendes Element von $(\mathbb{Z}, +)$. Die bei der Definition der Gruppen $(U_n, +_n)$ eingeführte Restabbildung

$$\rho : (\mathbb{Z}, +) \to (U_n, +_n)$$

ist für jedes $n \in \mathbb{N}$ ein surjektiver Morphismus. *Also sind alle Gruppen* $(U_n, +_n)$ *zyklisch.* Für $n > 1$ hat man $\rho\, 1 = 1 \in U_n$, also ist 1 ein erzeugendes Element von $(U_n, +_n)$. Von der Interpretation von U_n als Drehgruppe (auf der Uhr) kommt der Name „zyklisch".

5.12 Satz. *Jede zyklische Gruppe ist kommutativ.*

Beweis: Jede zyklische Gruppe ist Bild der kommutativen Gruppe $(\mathbb{Z}, +)$, also selbst kommutativ.

Beispiele: Da die Dreiecksgruppe $\mathscr{D}_3$ nicht kommutativ ist, ist $\mathscr{D}_3$ auch nicht zyklisch. Andererseits gibt es die zyklische, also kommutative Gruppe $(U_6, +_6)$.

Damit haben wir zwei Gruppen mit je 6 Elementen, die sicher nicht isomorph sind. Für die Rechtecksgruppe K_4 mit den Elementen ϵ, κ, λ, μ haben wir $\langle k \rangle = \{\epsilon, \kappa\}$; $\langle \lambda \rangle = \{\epsilon, \lambda\}$ und $\langle \mu \rangle = \{\epsilon, \mu\}$. Die Gruppe ist kommutativ, aber nicht zyklisch.

Ein Problem und seine Lösung

Problem: *Man gebe eine Übersicht über alle zyklischen Gruppen.* (Was kann es überhaupt für zyklische Gruppen geben?)

Untersuchung des Problems:

Wir kennen schon die zyklischen Gruppen $(\mathbb{Z}, +)$ und $(U_n, +_n)$, also unendlich viele. Zu jeder dieser Gruppen kann man durch Bezeichnungsänderung beliebig viele isomorphe Kopien herstellen, die auch alle zyklisch sind. Es ist also unsinnig, nach einer vollständigen Liste aller zyklischen Gruppen zu fragen. Man wird sich damit zufrieden geben, von jeder zyklischen Gruppe eine isomorphe Kopie zu kennen. Dann suchen wir also eine Liste von zyklischen Gruppen mit den Eigenschaften

(i) *Von jeder beliebigen zyklischen Gruppe ist auf der Liste eine isomorphe Kopie zu finden.*

(ii) *Je zwei in der Liste aufgeführte Gruppen sind zueinander nicht isomorph.*

Nach Definition ist jede zyklische Gruppe ein Bild von $(\mathbb{Z}, +)$. Nach dem Hauptsatz über Gruppenmorphismen gibt es zu jedem Kern (bis auf Isomorphie) nur ein Bild.

Die Gruppe $(\mathbb{Z}, +)$ hat nur die Untergruppen $n\mathbb{Z}$ (Aussage von Satz 1.7). Jede dieser Untergruppen ist Kern eines Morphismus', nämlich $n\mathbb{Z}$ von $\rho : (\mathbb{Z}, +) \to (U_n, +_n)$ falls $n \neq 0$, und $\{0\} = 0\mathbb{Z}$ von $\mathrm{id}_{\mathbb{Z}}$. Also ist jedes Bild von $(\mathbb{Z}, +)$ unter einem Gruppenmorphismus isomorph zu einer der Gruppen $(U_n, +_n)$ oder zu $(\mathbb{Z}, +)$ selbst.

Ist also $(G, *)$ zyklisch und $\varphi : (\mathbb{Z}, +) \to (G, *)$ surjektiv, so folgt:

Ist $\mathrm{Ker}\, \varphi = 0\mathbb{Z} = \{0\}$, so ist G isomorph zu $(\mathbb{Z}, +)$.

Ist $\mathrm{Ker}\, \varphi = n\mathbb{Z}$ mit $n \in \mathbb{N}$, so ist G isomorph zu $(U_n, +_n)$.

Nach diesen Überlegungen haben wir nun die Lösung des Problems:

5.13 Satz. Klassifizierung der zyklischen Gruppen. *Ist $(G, *)$ zyklisch, so ist $(G, *)$ isomorph zu einer der Gruppen $(\mathbb{Z}, +)$ oder $(U_n, +_n)$. Von diesen Gruppen sind keine zwei verschiedenen zueinander isomorph.*

Die Nichtisomorphie ergibt sich sofort aus den verschiedenen Ordnungen.

Bemerkungen.

1) Die wesentlichen Hilfsmittel zur Lösung dieses Problems waren der Satz 1.7 über die Untergruppen von $(\mathbb{Z}, +)$ und der Hauptsatz über Gruppenmorphismen 4.10. Die Bedeutung dieser Sätze wird damit noch einmal unterstrichen.

2) Unter der Klassifizierung einer Gesamtheit (evtl. Unmenge) von Gebilden oder anderen mathematischen Objekten versteht man wie hier die Angabe einer Liste von Prototypen mit den (passend modifizierten) Eigenschaften (i) und (ii). Das Klassifizierungsproblem ist gelöst für endliche kommutative Gruppen, jedoch nicht für beliebige endliche Gruppen.

Weitere Eigenschaften zyklischer Gruppen

5.14 Satz. *Jedes Bild einer zyklischen Gruppe unter einem Gruppenmorphismus ist wieder eine zyklische Gruppe.*

Beweis. Es sei G zyklisch und $\psi : G \to H$ ein surjektiver Morphismus. Es gibt einen surjektiven Morphismus $\varphi : \mathbb{Z} \to G$. Die Verkettung $\varphi \circ \psi : \mathbb{Z} \to H$ ist ein surjektiver Morphismus und damit H zyklisch.

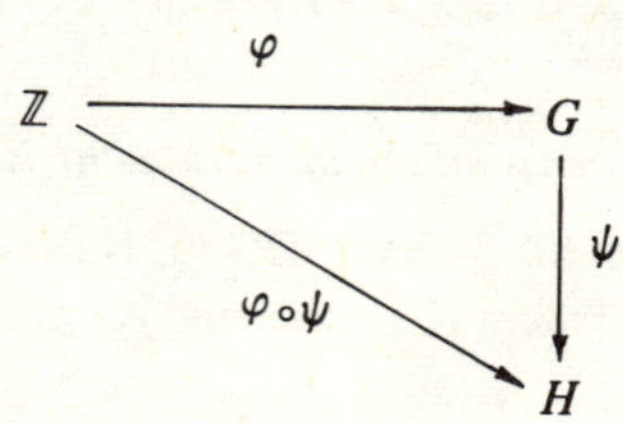

Abb. 58

5.15 Satz. *Jede Untergruppe einer zyklischen Gruppe ist zyklisch. In der Gruppe $(U_n, +_n)$ gibt es zu jedem Teiler k von n genau eine Untergruppe der Ordnung k.*

Beweis. Wegen der Klassifizierung brauchen wir nur $\mathbb{Z}$ und die U_n zu betrachten.

1. $(\mathbb{Z}, +)$ hat nur die Untergruppen $(n\mathbb{Z}, +) = (\langle n \rangle, +)$, von denen jede mittels $\theta_n : (\mathbb{Z}, +) \to (\langle n \rangle, +)$ isomorph zu $(\mathbb{Z}, +)$ ist.

2. $(U_n, +_n)$. Nach dem Satz von Lagrange kommen für die Ordnungen von Untergruppen nur Teiler von n in Frage. Wir nehmen an $n = k\,l$.

a) Existenz: Es ist $\langle l \rangle = \{0, l, \ldots, (k-1)\,l\}$ eine zyklische Untergruppe der Ordnung k von U_n.

b) Eindeutigkeit: Es sei H eine Untergruppe der Ordnung k von U_n. Wir müssen zeigen $H = \langle l \rangle$.

Da U_n kommutativ ist, gibt es nach Satz 4.11 eine Gruppe G und einen surjektiven Morphismus $\psi : U_n \to G$ mit Ker $\psi = H$. Wegen Satz 5.14 (Bilder von U_n sind zyklisch) und $k \cdot l = n$ können wir $G = U_l$ annehmen.

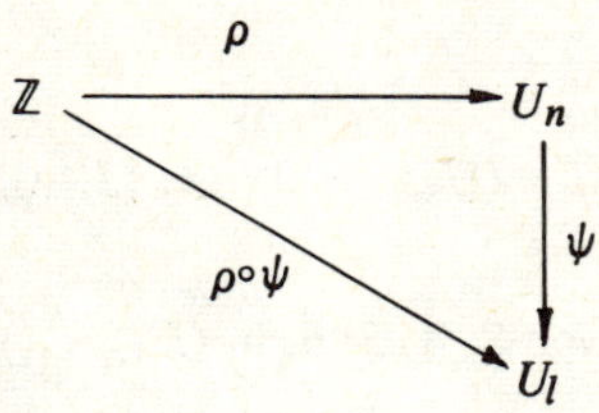

Abb. 59

Es sei nun $\rho : \mathbb{Z} \to U_n$ die Restabbildung. Wir betrachten $\rho \circ \psi : \mathbb{Z} \to U_l$. Da ρ und ψ surjekt sind, hat auch $\rho \circ \psi$ diese Eigenschaft und es folgt Ker $\rho \circ \psi = l\dot{\mathbb{Z}}$, denn nur bei diesem Kern kann das Bild von $\mathbb{Z}$ die Gruppe U_l der Ordnung l sein. Daraus folgt nun

$$\begin{aligned} H &= \text{Ker } \psi \\ &= \{x \in U_n \mid \psi x = 0 \in U_l\} \\ &= \{\rho r \mid \psi[\rho r] = \rho \circ \psi r = 0\} \\ &= \{\rho r \mid r \in \text{Ker } \rho \circ \psi\} \\ &= \{\rho r \mid r \in l\mathbb{Z}\} \\ &= \rho\,(l\mathbb{Z}) \\ &= \{0, l, \ldots, (k-1)\,l\} \\ &= \langle l \rangle. \end{aligned}$$

Beispiel. Wir können jetzt sofort die geordnete Menge der Untergruppen von $(U_n, +_n)$ angeben: Das Diagramm unterscheidet sich nur durch die Bezeichnungen von dem Diagramm von $(T_n, |)$. Es gilt nämlich für die Teiler r, s von n: $r \mid s \Leftrightarrow U_r$ ist isomorph zu einer Untergruppe von U_s. ($\Leftarrow$ hat man nach Lagrange, und $\Rightarrow$ erhält man aus der Tatsache, daß U_s dann eine zyklische Untergruppe der Ordnung r enthalten muß). Für U_{12} ist das Diagramm der Untergruppen:

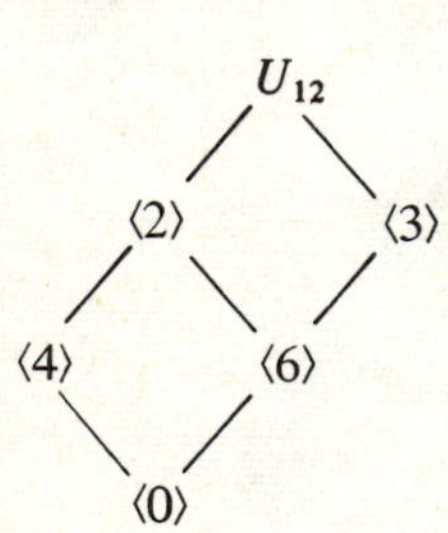

Abb. 60

Es lohnt sich hier ein Vergleich mit der Tetraedergruppe $\mathscr{A}$: Wir haben auch die Ordnung 12 und keine Untergruppe der Ordnung 6, eine Untergruppe der Ordnung 4, mehrere Untergruppen der Ordnungen 2 und 3.

Aufgaben

(A 5.6) Bestimmen Sie $\theta_i \mathbb{Z}$ mit $\theta_i : (\mathbb{Z}, +) \to (U_8, +_8)$ für $i \in \{3, 4, 5, 6\}$. (Additive Schreibweise $\theta_i n = n\,i$ benutzen).

(A 5.7) a) Bestimmen Sie die Ordnungen von 3, 4, 5, 6, in $(U_{12}, +_{12})$.

b) Bestimmen Sie alle erzeugenden Elemente von $(U_6, +_6)$ und $(U_{12}, +_{12})$.

c) Bestimmen Sie alle erzeugenden Elemente von $(U_n, +_n)$.

(A 5.8) Beweisen Sie: Ist G eine endliche Gruppe und $|G| = p$ eine Primzahl, so ist G zyklisch.

(A 5.9) Es sei

$$\alpha = \begin{pmatrix} 1 & 2 & 3 & 4 & 5 \\ 3 & 1 & 2 & 5 & 4 \end{pmatrix} \in \mathscr{S}_5$$

Berechnen Sie die Elemente der Untergruppe $\langle\alpha\rangle$ von $\mathscr{S}_5$. Geben Sie eine Gruppe $(U_n, +_n)$ und einen Isomorphismus $\varphi : (U_n, +_n) \to (\langle\alpha\rangle, +)$ (explizit durch Zuordnung der Elemente) an.

(A 5.10) Bestimmen Sie sämtliche Untergruppen von U_4, U_5 und U_6. Zeichnen Sie die Ordnungsdiagramme. Vergleichen Sie mit K_4 bzw. $\mathscr{D}_3$.

(A 5.11) Beweisen Sie: Es gibt einen injektiven Morphismus $\eta : (U_b, +_b) \to (U_a, +_a)$ genau dann, wenn b teilt a.

(A 5.12) Klassifizieren Sie alle endlichen Gruppen mit einer Ordnung $\leqq 5$.

(A 5.13) Klassifizieren Sie alle Gruppen der Ordnung 6.

§ 6. Direkte Produkte

Bei vielen Gelegenheiten erkennt man, daß komplizierte Gebilde aus einfacheren Bausteinen zusammengesetzt sind. Die Kunst des Zusammenfügens und einige Anwendungen auf Zahlbereiche sind der Gegenstand dieses Paragraphen.

6.A Definitionen

6.1 Definition. Es seien $(A, *)$ und $(W, \otimes)$ zwei Gebilde. Für (a, x) und (b, y) aus dem cartesischen Produkt $A \times W$ setzen wir

$$(a, x) \nabla (b, y) =_{\text{def}} (a * b, x \otimes y).$$

Damit gilt: $(a, x) \nabla (b, y)$ ist immer definiert und eindeutig bestimmt, da dies für $a * b$ und $x \otimes y$ der Fall ist. Aus der Abgeschlossenheit der Gebilde $(A, *)$ und $(W, \otimes)$ folgt, daß $A \times W$ bezüglich ∇ abgeschlossen ist. Es ist also $(A \times W, \nabla)$ ein Gebilde, genannt das *direkte Produkt* der Faktoren $(A, *)$ und $(W, \otimes)$ (manchmal auch *direkte Summe,* wenn die Faktoren kommutative Gruppen sind). Man schreibt auch $(A \times W, \nabla) = (A, *) \times (W, \otimes)$.

6.2 Lemma. Übertragung von Eigenschaften der Faktoren auf das direkte Produkt.

Diejenigen der Eigenschaften (Ass), (Kom), (Neutr), *welche in beiden Faktoren gelten, übertragen sich auf das direkte Produkt. Hat a das Inverse b in $(A, *)$ und x das Inverse y in $(W, \otimes)$, so hat (a, x) das Inverse (b, y) im direkten Produkt.*

Beweis: (Kom) Es ist

$$\begin{aligned}(a, x) \nabla (b, y) &= (a * b, x \otimes y)\\ &= (b * a, y \otimes x) \quad \text{Wegen (Kom) in } (A, *) \text{ und } (W, \otimes)\\ &= (b, y) \nabla (a, x)\end{aligned}$$

Die Beweise für die anderen Eigenschaften verlaufen entsprechend einfach. Ein neutrales Element von $(A, *) \times (W, \otimes)$ ist (e_A, e_W), wenn e_A und e_W neutrale Elemente von $(A, *)$ bzw. $(W, \otimes)$ sind.

6.3 Satz. *Das direkte Produkt von zwei Gruppen ist wieder eine Gruppe. Diese ist kommutativ, wenn beide Faktoren kommutativ sind.*

Beweis: Lemma 6.2.

Man sagt auch, die Gruppe (G, ∇) zerfalle direkt in die Faktoren $(A, *)$ und $(W, \otimes)$.

Aufgaben

(A 6.1) Beweisen Sie: Das direkte Produkt $(U_2, +_2) \times (U_5, +_5)$ ist isomorph zu $(U_{10}, +_{10})$.

(A 6.2) Beweisen Sie: Das direkte Produkt $(U_2, +_2) \times (U_6, +_6)$ ist nicht isomorph zu $(U_{12}, +_{12})$.

(A 6.3) Beweisen Sie: Ist ggT $(r, s) = 1$, so ist $(U_r, +_r) \times (U_s, +_s)$ isomorph zu $(U_{rs}, +_{rs})$.

(A 6.4) Zeigen Sie: Die Gruppe $(G, \nabla) = (U_6, +_6) \times (\mathscr{D}_3, \circ)$ hat die Ordnung 36 und die Untergruppen

$$U = \{(u, \epsilon) \mid u \in U_6\} \qquad \text{und}$$

$$D = \{(0, \xi) \mid \xi \in \mathscr{D}_3\}.$$

Es gibt surjektive Morphismen $\varphi : (G, \nabla) \to (U_6, +_6)$ mit Ker $\varphi = D$ und $\psi : (G, \nabla) \to (\mathscr{D}_3, \circ)$ mit Ker $\psi = U$. Die Gruppe G hat also zwei nicht isomorphe Bilder der Ordnung 6 und zwei nicht isomorphe Untergruppen der Ordnung 6.

6.B Die Addition von Matrizen

Wir haben bisher Matrizen nur multipliziert und wollen nun auch eine Addition von Matrizen einführen.
Dazu gehen wir aus von der Gruppe $(\mathbb{Q}, +)$ und bilden zunächst das direkte Produkt $(\mathbb{Q}, +) \times (\mathbb{Q}, +) = (\mathbb{Q} \times \mathbb{Q}, \nabla)$. Dabei ist $(a, x) \nabla (b, y) = (a + b, x + y)$. Wir schreiben deshalb + statt ∇ :

$$(a, x) + (b, y) = (a + b, x + y).$$

Nach Satz 6.3 ist $(\mathbb{Q} \times \mathbb{Q}, +)$ eine kommutative Gruppe mit neutralem Element $(0, 0)$. Wir hatten Matrizen als Elemente von $(\mathbb{Q} \times \mathbb{Q}) \times (\mathbb{Q} \times \mathbb{Q}) = (\mathbb{Q})_2$ eingeführt und dabei

$$[(a, b), (c, d)] = \begin{pmatrix} a & b \\ c & d \end{pmatrix}$$

geschrieben.

Übertragen wir nun wieder die Addition von $(\mathbb{Q} \times \mathbb{Q}, +)$ auf $(\mathbb{Q})_2$ (und bezeichnen die neue Verknüpfung wieder mit +), so erhalten wir

$$\begin{pmatrix} a & b \\ c & d \end{pmatrix} + \begin{pmatrix} p & q \\ r & s \end{pmatrix} = \begin{pmatrix} a+p, & b+q \\ c+r, & d+s \end{pmatrix}$$

und das Ergebnis: $((\mathbb{Q})_2, +)$ ist eine kommutative Gruppe mit neutralem Element $\begin{pmatrix} 0 & 0 \\ 0 & 0 \end{pmatrix}$. Man addiert also Matrizen einfach elementweise.

(K 6.5) Zeigen Sie $\det(-A) = \det A$.

6.C Die multiplikative Gruppe der rationalen Zahlen

6.4 Satz. *Die multiplikative Gruppe* $(\mathbb{Q} \setminus \{0\}, \cdot)$ *ist isomorph zum direkten Produkt* $(\{1, -1\}, \cdot) \times (\mathbb{B}, \cdot)$.

Beweis. In diesem Beweis werden wir natürlich alle vorkommenden Verknüpfungen multiplikativ schreiben. – Mit der Vorzeichenfunktion sgn und der Betragsfunktion $x \to |x|$ definieren wir eine Abbildung.

$$\varphi : \mathbb{Q} \setminus \{0\} \to \{1, -1\} \times \mathbb{B}$$

durch

$$\varphi x = (\operatorname{sgn} x, |x|).$$

φ ist Morphismus:

$\varphi(xy) = (\operatorname{sgn}(xy), |xy|)$

$= (\operatorname{sgn} x \operatorname{sgn} y, |x|\,|y|)$ da sgn und Betrag Morphismen sind.

$= (\operatorname{sgn} x, |x|) \cdot (\operatorname{sgn} y, |y|)$ nach der Definition der Verknüpfung im direkten Produkt.

$= (\varphi x) \cdot (\varphi y)$.

φ ist bijektiv: Wir definieren

$$\psi : \{1, -1\} \times \mathbb{B} \to \mathbb{Q} \setminus \{0\}$$

durch

$$\psi(r, s) = rs$$

und sehen, daß ψ die Umkehrfunktion von φ ist.

Nachdem wir so gesehen haben, daß die Gruppe $(\mathbb{Q}\setminus\{0\}, \cdot)$ in die Faktoren $(\{1, -1\}, \cdot)$ und $(\mathbb{B}, \cdot)$ zerfällt, wollen wir die Gruppe $(\mathbb{B}, \cdot)$ genauer untersuchen. (Der andere Faktor ist ja einfach genug.) Allerdings reicht dazu der Begriff des gewöhnlichen direkten Produktes nicht mehr aus. Wir müssen ein den früher definierten Exponentenfolgen ähnliches Hilfsmittel verwenden.

Wir betrachten etwa den Bruch $\frac{12}{70}$. Wegen $12 = 2^2 \cdot 3^1 \cdot 5^0 \cdot 7^0$ und $70 = 2^1 \cdot 3^0 \cdot 5^1 \cdot 7^1$ können wir hier die „Primfaktorzerlegung“ $\frac{12}{70} = 2^{2-1} \cdot 3^{1-0} \cdot 5^{0-1} \cdot 7^{0-1}$ angeben. Man muß also in diesem Fall auch negative Exponenten zulassen und Exponentenfolgen subtrahieren. Bei Multiplikation von Brüchen addieren sich aber wie früher die (nun teils positiven, teils negativen) Exponenten. Dies erklärt die Absicht der folgenden Definitionen.

6.5 Definition. Es sei $(A, +)$ eine kommutative Gruppe. Eine Folge α mit Werten in A ist eine Funktion $\alpha : \mathbb{N} \to A$. Man schreibt $\alpha i = \alpha_i \in A$ für $i \in \mathbb{N}$.

Wir setzen

$$\Sigma A =_{\text{def}} \{\alpha : \mathbb{N} \to A \mid \text{fast alle } \alpha_i = 0\}$$

Dabei ist 0 das neutrale Element von $(A, +)$ und die Redeweise „fast alle $\alpha_i = 0$“ bedeutet wie früher „alle bis auf endlich viele $\neq 0$“ oder auch „es gibt $j \in \mathbb{N}$ mit $\alpha_i = 0$ für alle $i > j$“. Für $\alpha, \beta \in \Sigma A$ definieren wir eine Summe durch

$$(\alpha + \beta)_i = \alpha_i + \beta_i \text{ für } i \in \mathbb{N}.$$

Damit ist eine Verknüpfung in ΣA erklärt, da auch in der Summe fast alle $\alpha_i + \beta_i = 0$ sind.

6.6 Satz. *Für jede kommutative Gruppe $(A, +)$ ist $(\Sigma A, +)$ wieder eine kommutative Gruppe.*

Beweis. $(\Sigma A, +)$ ist ein Gebilde. Wegen $(\alpha_i + \beta_i) + \gamma_i = \alpha_i + (\beta_i + \gamma_i)$ für alle $i \in \mathbb{N}$ ist $(\alpha + \beta) + \gamma = \alpha + (\beta + \gamma)$, also das Gebilde assoziativ. Neutrales Element ist die Folge $\omega = (0, 0, 0, \ldots)$. Zu α erklären wir $-\alpha$ durch $(-\alpha)_i = -\alpha_i$, wobei wieder fast alle $-\alpha_i = 0$ sind. Es ist $\alpha + (-\alpha) = \omega = (-\alpha) + \alpha$. Weiter gilt $\alpha + \beta = \beta + \alpha$, weil für alle i die Gleichung $\alpha_i + \beta_i = \beta_i + \alpha_i$ richtig ist.

Bemerkung. Wir haben hier ein unendliches Analogon zum direkten Produkt vorliegen, allerdings nur für lauter gleiche Gebilde. Von dieser Einschränkung kann man sich leicht befreien, wir werden an einer späteren Stelle darauf noch einmal eingehen. Eine andersartige Beschränkung liegt in der Forderung „fast alle $\alpha_i = 0$“, diese Bedingung ist unseren jetzigen Bedürfnissen angemessen.

Man nennt $(\Sigma A, +)$ auch die unendliche direkte Summe von A. (Beim unendlichen direkten Produkt läßt man die Beschränkung „fast alle $\alpha_i = 0$" fallen.)

6.7 Satz. Struktursatz für $(\mathbb{B}, \cdot)$.

$(\mathbb{B}, \cdot)$ *ist isomorph zur unendlichen direkten Summe* $(\Sigma\, \mathbb{Z}, +)$.

Beweis. Wir rufen uns zunächst den Isomorphismus $\Phi : (\mathbb{N}, \cdot) \to (\Sigma \mathbb{N}, +)$ aus Abschnitt 1.G in Erinnerung, der jeder Zahl $a \in \mathbb{N}$ die Folge der Exponenten $\alpha = (\alpha_1, \alpha_2, \ldots)$ bei der Primfaktorzerlegung von a zuordnet. (Die Umkehrfunktion $\Pi : (\Sigma\, \mathbb{N}, +) \to (\mathbb{N}, \cdot)$ war definiert durch $\Pi\, \alpha$ = Produkt über $p_i^{\alpha_i}$ mit $\alpha_i \neq 0$.)

(1) Wir beabsichtigen, dem Bruch $\frac{a}{b}$ die Exponentenfolge $\Phi a - \Phi b \in \Sigma\, \mathbb{Z}$ zuzuordnen.

Nun wäre diese Vorschrift von der speziellen Zähler-Nenner-Darstellung abhängig, und da ist Vorsicht geboten. Wir verfahren nach dem bewährten Schema: Es sei $\varphi : \mathbb{N} \times \mathbb{N} \to \Sigma\, \mathbb{Z}$ definiert durch $\varphi(a, b) = \Phi a - \Phi b$. Dagegen ist nichts einzuwenden. Weiter sei $\kappa : \mathbb{N} \times \mathbb{N} \to \mathbb{B}$ gegeben durch $\kappa(a, b) = \frac{a}{b}$.

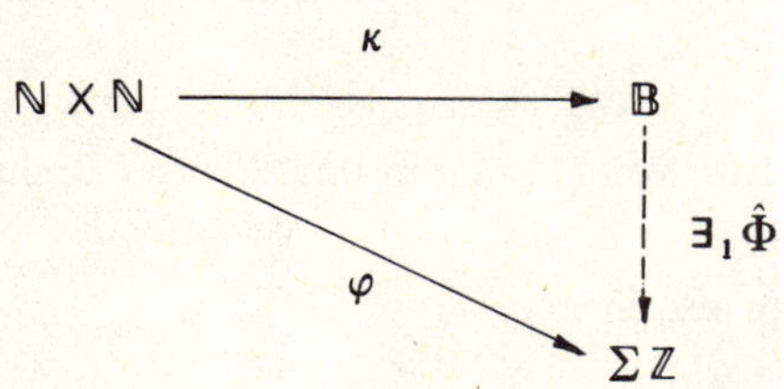

Abb. 61

κ ist surjektiv, denn jedes Element von $\mathbb{B}$ hat eine Darstellung $\frac{a}{b}$ mit $a, b \in \mathbb{N}$ (notfalls mit -1 erweitern).

$$
\begin{aligned}
k(a, b) = \kappa(r, s) &\Rightarrow \frac{a}{b} = \frac{r}{s} \\
&\Rightarrow a s = b r \\
&\Rightarrow \Phi(a s) = \Phi(b r) \\
&\Rightarrow \Phi a + \Phi s = \Phi b + \Phi r \\
&\Rightarrow \Phi a - \Phi b = \Phi r - \Phi s \\
&\Rightarrow \varphi(a, b) = \varphi(r, s)
\end{aligned}
$$

Nach dem Satz 0.2 über die Lösbarkeit von Funktionsgleichungen gibt es also genau eine Funktion $\hat{\Phi} : \mathbb{B} \to \Sigma\, \mathbb{Z}$ mit $\kappa \circ \hat{\Phi} = \varphi$. Es ist dann

$$\hat{\Phi} \frac{a}{b} = \hat{\Phi}(\kappa(a, b)) = \kappa \circ \hat{\Phi}(a, b)$$

$$= \varphi(a, b) = \Phi a - \Phi b,$$

wie gewünscht.

Anmerkung: Man kann sagen, daß beim Übergang von $\frac{a}{b}$ zu $\Phi a - \Phi b$ automatisch gekürzt wird, wie man sich leicht an einem Zahlenbeispiel verdeutlicht.

(K 6.6) Bestimmen Sie $\hat{\Phi} \frac{720}{126}$.

(2) $\hat{\Phi}$ ist bijektiv. (Sei $\alpha = \Phi a$ usw.)

$\hat{\Phi}$ ist injektiv:

$$\hat{\Phi} \frac{a}{b} = \hat{\Phi} \frac{r}{s} \Rightarrow \alpha - \beta = \rho - \sigma$$

$$\Rightarrow \alpha + \sigma = \beta + \rho$$

$$\Rightarrow \Pi(\alpha + \sigma) = \Pi(\beta + \rho)$$

$$\Rightarrow as = br$$

$$\Rightarrow \frac{a}{b} = \frac{r}{s}$$

(Beachten Sie, daß die Schlußkette von (1) hier in umgekehrter Richtung durchlaufen ist!)

$\hat{\Phi}$ ist surjektiv: Sei $\gamma \in \Sigma\, \mathbb{Z}$. Wir setzen

$$\alpha(\gamma) = (\max \gamma_i, 0) \qquad (\text{Anteil} \geqq 0 \text{ von } \gamma)$$

$$\beta(\gamma) = (\min \gamma_i, 0) \qquad (\text{Anteil} \leqq 0 \text{ von } \gamma)$$

Für $\gamma = (0, 1, 2, -1, -3, 0, 4, -2, 0, 0, 0, \ldots)$ ist also

$$\alpha(\gamma) = (0, 1, 2, 0, 0, 0, 4, 0, 0, 0, 0, \ldots)$$

$$\beta(\gamma) = (0, 0, 0, -1, -3, 0, 0, -2, 0, 0, \ldots)$$

Es ist dann $\gamma = \alpha(\gamma) + \beta(\gamma)$ und $\alpha(\gamma) \in \Sigma\, \mathbb{N}$ sowie $-\beta(\gamma) \in \Sigma \mathbb{N}$, also $\Pi\, \alpha(\gamma)$ und $\Pi(-\beta(\gamma))$ aus $\mathbb{N}$.

$$\hat{\Phi}\left[\frac{\Pi\, \alpha(\gamma)}{\Pi[-\beta(\gamma)]}\right] = \Phi[\Pi\, \alpha(\gamma)] - \Phi[\Pi(-\beta(\gamma))]$$

$$= \alpha(\gamma) - (-\beta(\gamma))$$

$$= \alpha(\gamma) + \beta(\gamma) = \gamma.$$

Daraus sehen wir auch, daß die Umkehrfunktion von $\hat{\Phi}$ die Funktion

$$\hat{\Pi} : \gamma \to \frac{\Pi a(\gamma)}{\Pi[-\beta(\gamma)]} \text{ ist.}$$

(3) $\hat{\Phi}$ ist Morphismus.

$$\begin{aligned}\hat{\Phi}\left(\frac{a}{b}\cdot\frac{r}{s}\right) &= \hat{\Phi}\left(\frac{a\cdot r}{b\cdot s}\right)\\ &= \Phi(ar) - \Phi(bs)\\ &= (\alpha+\rho) - (\beta+\sigma) \qquad \text{da } \Phi \text{ Morphismus}\\ &= (\alpha-\beta) + (\rho-\sigma)\\ &= \hat{\Phi}\frac{a}{b} + \hat{\Phi}\frac{r}{s}\end{aligned}$$

Damit ist der Struktursatz für $(\mathbb{B}, \cdot)$ bewiesen.

Bemerkungen:

1) Wir übersehen nun die Struktur der multiplikativen Gruppe der rationalen Zahlen vollständig:

Es ist $(\mathbb{Q}\setminus\{0\}, \cdot)$ isomorph zu $(\{1, -1\}, \cdot) \times (\Sigma\,\mathbb{Z}, +)$.

Man kann also sagen, daß mit $(\mathbb{Q}\setminus\{0\}, \cdot)$ gar keine wesentlich neue Gruppe vorliegt, da sie auf die elementaren Gruppen $(\{1, -1\}, \cdot)$ und $(\mathbb{Z}, +)$ zurückgeführt ist. Mit der additiven Gruppe $(\mathbb{Q}, +)$ verhält es sich anders. Hier gibt es keine solche Reduzierung auf elementare Bestandteile. Es soll noch einmal darauf hingewiesen werden, daß die Grundlage des Beweises der Satz von der eindeutigen Primfaktorzerlegung ist, der auf diese Weise einen wichtigen Beitrag zur Strukturtheorie liefert.

2) Wir haben nun auch ein Beispiel eines Struktursatzes kennengelernt. Es sind dies Sätze, die den Aufbau komplizierter Gebilde (oder anderer mathematischer Objekte) aus elementareren Bestandteilen offenlegen. Sätze über Kennzeichnungen, Klassifizierungen und Struktur sind wesentliche Ziele in der Algebra, aber auch in allen anderen Zweigen der Mathematik.

Aufgabe

(A 6.7) Es sei $(\mathscr{E}, \cdot)$ die multiplikative Gruppe der Einheiten der Dezimalzahlen $\mathbb{D}$ez. (Zur Def. vgl. (A 3.7) und Abschnitt 2.D)

Beweisen Sie den Struktursatz:

$$(\mathscr{E}, \cdot) \cong (\{1, -1\}, \cdot) \times [(\mathbb{Z}, +) \times (\mathbb{Z}, +)]$$

Dabei können Sie gemäß unserer Verabredung in Abschnitt 2.F $\mathbb{D}$ez als Teilmenge von $\mathbb{Q}$ auffassen. – Finden Sie ähnliche Struktursätze für andere Quotientenbereiche!

6.D Quadratzahlen in $\mathbb{Q}$

Jeder rationalen Zahl sei durch die Funktion q („quadriere") ihr Quadrat zugeordnet: $q\,x = x^2$ und $q : \mathbb{Q} \to \mathbb{Q}$.

Aus $q\,x = x^2 = 0$ folgt $x = 0$, also gilt $q\,x = 0 \Leftrightarrow x = 0$. Ferner haben wir

$$q(-x) = (-x)(-x) = (-1)^2\, x^2 = x^2 = q\,x.$$

Wir werden deshalb alle interessanten (d.h. $\neq 0$) Quadratzahlen erhalten, wenn wir nur die Quadrate der positiven rationalen Zahlen betrachten. Wir schränken deshalb ein: $q : \mathbb{B} \to \mathbb{B}$.

$q : (\mathbb{B}, \cdot) \to (\mathbb{B}, \cdot)$ ist ein Morphismus, denn es gilt

$$q(xy) = (xy)^2 = (xy)(xy) = x^2 y^2 = (q\,x) \cdot (q\,y),$$

dabei wurde die Kommutativität von $\mathbb{B}$ wesentlich benutzt. Wir geben nun eine Beschreibung der Elemente des Bildes $q\mathbb{B}$, also der Quadratzahlen, in $\Sigma\,\mathbb{Z}$:

6.8 Lemma. *Es sei $b \in \mathbb{B}$ und $\Phi b = (\beta_1, \beta_2, \ldots)$ die zugehörige Folge aus $\Sigma\,\mathbb{Z}$. Dann gilt: b ist Quadratzahl $\Leftrightarrow$ Alle β_i sind gerade.*

Formal wiedergegeben:

$$\exists\, a \in \mathbb{B} : a^2 = b \Leftrightarrow \forall\, i \in \mathbb{N}\, \exists\, \alpha_i \in \mathbb{Z} : \beta_i = 2\,\alpha_i$$

Beweis: a) Gibt es $a \in \mathbb{B}$ mit $a^2 = b$, so folgt

$$\hat{\Phi} a^2 = \hat{\Phi} a + \hat{\Phi} a = \hat{\Phi} b,$$

also (mit $\hat{\Phi} a = \alpha$): $\alpha + \alpha = \beta$ und damit

$$\forall i : \alpha_i + \alpha_i = 2\,\alpha_i = \beta_i,$$

also ist jedes β_i gerade.

b) Ist jedes β_i gerade, so gibt es zu jedem $i \in \mathbb{N}$ ein α_i mit $\beta_i = \alpha_i + \alpha_i$. Da fast alle $\beta_i = 0$ sind, werden auch fast alle $\alpha_i = 0$ sein. Durch $i \to \alpha_i$ ist also eine Folge $\alpha \in \Sigma\,\mathbb{Z}$ definiert.

Dann gilt

$$\alpha + \alpha = \beta,$$

also $\quad \Pi(\alpha + \alpha) = (\Pi\alpha)(\Pi\alpha) = b$

und mit $a = \Pi\alpha$ hat man $a^2 = b$, d.h. b ist eine Quadratzahl.

Folgerungen

1) $q : \mathbb{B} \to \mathbb{B}$ ist nicht surjektiv. Denn ist nur ein einziges der β_i ungerade, so kann b keine Quadratzahl sein. Z.B. hat man: $\hat{\Phi}\, 5 = (0, 0, 1, 0, 0, \ldots)$ und $\hat{\Phi}\,\frac{4}{7} = (2, 0, 0, -1, 0, 0, \ldots)$, also gibt es kein $x \in \mathbb{B}$ mit $x^2 = 5$ oder $x^2 = \frac{4}{7}$.
Anders ausgedrückt: Gibt es in der Primfaktorzerlegung von b auch nur einen ungeraden Exponenten (positiv oder negativ), so ist b keine Quadratzahl.

2) $q : \mathbb{B} \to \mathbb{B}$ ist injektiv. Dies gilt, wenn Ker $q = \{1\}$ (neutrales Element von $(\mathbb{B}, \cdot)$) ist. Nun gilt mit $\alpha = \hat{\Phi} a$:

$$\begin{aligned} a \in \text{Ker}\, q \;&\Rightarrow a^2 = 1 \\ &\Rightarrow \alpha + \alpha = \omega \\ &\Rightarrow \alpha = \omega \\ &\Rightarrow a = 1 \end{aligned}$$

Also wird durch q kein von 1 verschiedenes Element $a \in \mathbb{B}$ auf 1 abgebildet: Ker $q = \{1\}$.

Bemerkung: Man weiß aus der Analysis, daß jede positive reelle Zahl, also jedes $x \in \mathbb{R}^+$, eine Wurzel in $\mathbb{R}^+$ hat. Damit folgt $q : \mathbb{R}^+ \to \mathbb{R}^+$ ist surjektiv, im Gegensatz zu $q : \mathbb{B} \to \mathbb{B}$. Bei den reellen Zahlen ist $q : (\mathbb{R}^+, \cdot) \to (\mathbb{R}^+, \cdot)$ ein Isomorphismus, was hier nicht gilt. Vergleichen Sie diese Verhältnisse mit denen bei den durch $x \to 2x$ definierten Morphismen

$$\delta : (\mathbb{Z}, +) \to (\mathbb{Z}, +) \qquad \text{und} \qquad \delta : (\mathbb{Q}, +) \to (\mathbb{Q}, +).$$

Wir wollen die Sache noch etwas weiter treiben. Die Menge der Quadratzahlen $q\,\mathbb{B}$ ist eine Untergruppe der Gruppe $\mathbb{B}$. Da $\mathbb{B}$ kommutativ ist, muß es einen Morphismus $\chi : \mathbb{B} \to\, ?$ geben mit Ker $\chi = q\,\mathbb{B}$. An Stelle des Fragezeichens könnten wir natürlich $\mathbb{B}/_{q\mathbb{B}}$ schreiben, aber damit ist uns nicht gedient. Mit dem Hinschreiben von $\mathbb{B}/_{q\mathbb{B}}$ gewinnen wir keine Einsicht in die Natur dieser Gruppe. Wir betrachten die Situation in $\Sigma\,\mathbb{Z}$. Die Quadratzahlen sind in $\Sigma\,\mathbb{Z}$ gekennzeichnet durch Folgen, deren sämtliche Glieder gerade sind. Wir suchen jetzt also die Bildgruppe von $\chi : (\Sigma \mathbb{Z}, +) \to$?. Für einen einzelnen Index i erhalten wir: χ ist ein Morphismus bzgl. + und alle geraden Zahlen liegen im Kern, 1 aber nicht. Da für α_i alle Elemente aus $\mathbb{Z}$ vorkommen können, muß folgendes vorliegen: Beim Index i ist $\chi : (\mathbb{Z}, +) \to (U_2, +_2)$ der Morphismus von $(\mathbb{Z}, +)$ mit Kern $2\mathbb{Z}$. Dies geschieht nun für jeden Index in gleicher Weise, also ist das Bild $\chi(\alpha)$ der Folge α eine Folge mit Gliedern in U_2, dabei fast alle 0.

Ergebnis: *Die Bildgruppe* $\chi\mathbb{B}$ *ist* $(\Sigma U_2, +_2)$; *m. a. W.* $\mathbb{B}/_{q\mathbb{B}} \cong (\Sigma U_2, +_2)$.

Mit den Bezeichnungen waren wir diesmal etwas großzügig, deshalb noch ein Diagramm

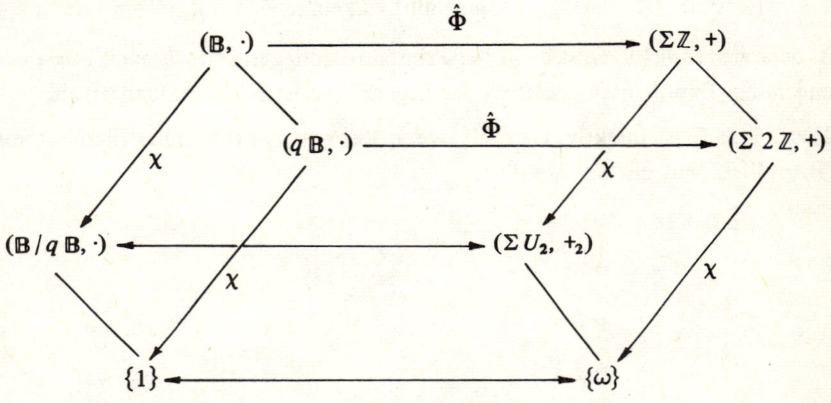

Abb. 62

Aufgabe

(A 6.8) Versuchen Sie entsprechende Diagramme für die Funktionen

$$\varphi_3 : \mathbb{B} \to \mathbb{B} \text{ mit } \varphi_3 x = x^3$$

und

$$\varphi_n : \mathbb{B} \to \mathbb{B} \text{ mit } \varphi_n x = x^n$$

zu entwerfen. (Die Frage ist: was tritt an Stelle von $(\Sigma U_2, +_2)$?)

§ 7. Ringe und Körper

Nachdem wir Gebilde mit einer Verknüpfung ausgiebig studiert haben, wenden wir uns solchen mit zwei Verknüpfungen zu. Wir beschränken uns dabei auf die allerwichtigsten Typen.

7.A Definitionen und einfache Eigenschaften

7.1 Definition. Ein Gebilde $(R, +, \cdot)$ mit zwei Verknüpfungen heißt ein *Ring,* falls

(i) $(R, +)$ eine kommutative Gruppe ist (neutrales Element meist mit 0 bezeichnet),

(ii) $(R, \cdot)$ ein assoziatives Gebilde mit neutralem Element ist (meist mit 1 bezeichnet),

(iii) in $(R, +, \cdot)$ die Distributivgesetze gelten:

(Distr) $\forall a, b, c \in R : a(b+c) = ab + ac$ und

$$(a+b)c = ac + bc$$

Der *Ring* $(R, +, \cdot)$ *heißt kommutativ,* falls das Gebilde $(R, \cdot)$ kommutativ ist. (Beachte: $(R, +)$ ist immer kommutativ bei einem Ring.) Wir haben hier ausdrücklich die *Existenz eines neutralen Elements in* $(R, \cdot)$, auch Einselement genannt, gefordert. Diese Forderung wird von manchen Autoren nicht in die Definition eines Ringes aufgenommen.

Beispiele. Das wichtigste Beispiel eines Ringes ist $(\mathbb{Z}, +, \cdot)$. Kommutative Ringe sind die in § 2 eingeführten Quotientenbereiche $(Q\,\mathcal{N}, +, \cdot)$, mit den dort definierten Verknüpfungen, insbesondere $(\mathbb{Q}, +, \cdot)$. Ein trivialer Ring ist der Nullring $(\{0\}, +, \cdot)$ mit $0 + 0 = 0 = 0 \cdot 0$. Hier sind die beiden Verknüpfungen $+$ und $\cdot$ gleich, also liegt in diesem Sonderfall nur eine Verknüpfung vor.

Bezeichnungen und Rechenregeln

Die beiden Verknüpfungen in einem Ring werden für gewöhnlich mit $+$ und $\cdot$ bezeichnet, in Spezialfällen verwendet man auch einmal andere Zeichen (vgl.

A 7.3). Das entsprechende gilt für die neutralen Elemente und die Konventionen bzgl. der Klammersetzung (die wir schon bei der Schreibweise der Distributivgesetze verwendet haben).

Konsequenzen aus (i) und (ii): Für alle $a \in R$ gilt $a + 0 = a = 0 + a$ und $1a = a = a1$. Es ist $-a$ das Inverse von a in $(R, +)$ und damit $-(-a) = a$. Wie üblich kürzt man ab: $a + (-b) = a - b$. (Damit ist die Subtraktion wie in $\mathbb{Q}$ auf die Addition und die Inversenbildung in $(R, +)$ zurückgeführt.) Insbesondere ist -1 durch die Gleichung $(-1) + 1 = 0$ festgelegt.

Konsequenzen aus (Distr):

(a) $\forall a \in R : a0 = 0 = 0a$. Beweis. $aa = a(a + 0)$ wegen $a = a + 0$

$= aa + a0$ (Distr.)

und mit $aa + 0 = aa + a0$ folgt $0 = a0$.

Entsprechend erhält man $0a = 0$.

(b) Ist R nicht der Nullring, so ist $0 \neq 1$. (Dabei soll man beachten, daß hier 0 bzw. 1 Variable für die neutralen Elemente eines beliebigen Ringes sind, nicht die Zahlen (Elemente von $\mathbb{Z}$) 0 und 1 sind gemeint).

Beweis. Zu zeigen ist $R \neq \{0\} \Rightarrow 0 \neq 1$.

Kontraposition: $0 = 1 \Rightarrow R = \{0\}$.

$$0 = 1 \Rightarrow \forall a \in R : a = a \cdot 1 = a \cdot 0 = 0,$$

also $R = \{0\}$.

Wir formulieren diese Aussage noch einmal:

Hat ein Ring mehr als ein Element, so sind die neutralen Elemente bzgl. Addition und Multiplikation verschieden.

(c) $\forall a, b \in R : (-a)b = -ab = a(-b)$.

Beweis:

$$0 = 0b = (a + (-a))\, b = ab + (-a)b \Rightarrow -(ab) = (-a)b$$

$$0 = a(b + (-b)) = ab + a(-b) \Rightarrow -ab = a(-b).$$

Folgerung: $(-a)(-b) = -a(-b) = -(-ab) = ab$, also insbesondere in jedem Ring:

$$(-1)(-1) = 1 \text{ und } (-1)a = -a.$$

In (a) und (c) haben wir die Distributivgesetze verwendet, um die „üblichen" Rechengesetze für die Multiplikation mit „negativen" Elementen herzuleiten. Die Distributivgesetze machen die Betrachtung einer Menge mit zwei Verknüpfungen erst sinnvoll, denn durch sie wird ein Zusammenhang dieser Verknüpfungen gegeben. Ohne Distributivgesetze kann man nicht einmal (a) beweisen. Es sei darauf hingewiesen, daß wir keine Anordnung in R gefordert haben, so daß insbesondere die Negativenbildung $a \to -a$ nichts mit einer Anordnung zu tun hat.

(K 7.1) Berechnen Sie $(a+b)(a-b)$ in einem (a) nicht kommutativen (b) kommutativen Ring.

7.2 Definition. Es seien $(R, +, \cdot)$ und $(S, +, \cdot)$ Ringe. Eine Abbildung $\varphi : R \to S$ heißt ein *Ringmorphismus*, falls

$$\forall a, b \in R : \varphi(a+b) = \varphi a + \varphi b \qquad \text{und}$$

$$\varphi(ab) = (\varphi a)(\varphi b) \qquad \text{und}$$

$$\varphi 1_R = 1_S,$$

wobei mit 1_R bzw. 1_S natürlich die neutralen Elemente bzgl. der Multiplikation gemeint sind.

Damit ist ein Ringmorphismus eine Art „Doppelmorphismus" bezüglich Addition und Multiplikation. Aus den Eigenschaften von Gruppenmorphismen folgen $\varphi(0_R) = 0_S$ und $\varphi(-a) = -\varphi a$. Bei surjektivem φ kann man die letzte Forderung $\varphi 1_R = 1_S$ beweisen, sonst weiß man aber nicht, ob $\varphi 1_R$ für alle $x \in S$ neutral ist.

Wichtige Beispiele: Die Restringe $(U_n, +_n, \cdot_n)$

Wir definieren in den Gruppen $(U_n, +_n)$ eine Multiplikation $\cdot_n$, so daß wir Ringe erhalten:

Es seien $r, s \in U_n$ (d.h. $0 \leqq r, s < n$) und $rs = qn + t$ mit $0 \leqq t < n$ (in $\mathbb{Z}$). Dann setzen wir $r \cdot_n s = t \in U_n$.

Damit ist eine Verknüpfung in U_n definiert, die wir Multiplikation modulo n nennen.

(K 7.2) Berechnen Sie $3 \cdot_6 3$; $5 \cdot_6 5$; $3 \cdot_{12} 5$; $3 \cdot_{12} 4$ und $x \cdot_{12} x$ für alle $x \in U_{12}$.

7.3 Satz. *Für jedes $n \in \mathbb{N}$ ist $(U_n, +_n, \cdot_n)$ ein kommutativer Ring und die Restabbildung $\rho : \mathbb{Z} \to U_n$ ein surjektiver Ringmorphismus.*

Beweis: Wir beachten, daß wir im Fall $n = 1$ den Nullring $(\{0\}, +_1, \cdot_1)$ erhalten, für $n > 1$ aber einen Ring mit mehr als einem Element. Jedenfalls ist $(U_n, +_n)$ eine kommutative Gruppe und $\rho : (\mathbb{Z}, +) \to (U_n, +_n)$ ein surjektiver Gruppenmorphismus. Wir beweisen zuerst, daß ρ auch ein Morphismus bezüglich der Multiplikation ist:

$$\forall a, b \in \mathbb{Z} : \rho(ab) = (\rho a) \cdot_n (\rho b).$$

Es seien $a, b \in \mathbb{Z}$ und $a = q_1 n + r$, $b = q_2 n + s$ sowie $rs = qn + t$, wobei $0 \leqq r, s, t < n$.

Es ist

$$\begin{aligned} ab &= (q_1 n + r)(q_2 n + s) \\ &= q_1 q_2 n n + q_1 n s + q_2 n r + rs \\ &= (q_1 q_2 n + q_1 s + q_2 r)\, n + qn + t \\ &= (\ldots)n + t \end{aligned}$$

Nun haben wir $\rho a = r$, $\rho b = s$ und $\rho(ab) = t$, sowie $r \cdot_n s = t$, also

$$\rho(ab) = t = r \cdot_n s = (\rho a) \cdot_n (\rho b).$$

Die Ringeigenschaften von $(U_n, +_n, \cdot_n)$:

(i) $(U_n, +_n)$ ist kommutative Gruppe.

(ii) $\rho : (\mathbb{Z}, \cdot) \to (U_n, \cdot_n)$ ist surjektiv und Morphismus, also übertragen sich nach Lemma 4.3 die Eigenschaften (Ass), (Neutr), (Kom) von $(\mathbb{Z}, \cdot)$ auf $(U_n, \cdot_n)$. Für $n \neq 1$ erhalten wir $\rho 1 = 1 \in U_n$ als neutrales Element der Multiplikation.

(iii) Distributivgesetze. Es seien $x, y, z \in U_n$. Dann gelten wegen $0 \leqq x, y, z < n$ die Gleichungen $\rho x = x$ und py $\rho y = y$ und $\rho z = z$.

Wir erhalten nun:

$$\begin{aligned} x \cdot_n (y +_n z) &= \rho x \cdot_n (\rho y +_n \rho z) \\ &= \rho x \cdot_n (\rho(y+z)) && (\rho \text{ ist Morph. bzgl. } +) \\ &= \rho(x \cdot (y+z)) && (\rho \text{ ist Morph. bzgl. } \cdot) \\ &= \rho(xy + xz) && (\text{Distr. in } \mathbb{Z}) \\ &= (\rho xy) +_n (\rho xz) && (\text{Morph. bzgl. } +) \\ &= (\rho x) \cdot_n (\rho y) +_n (\rho x) \cdot_n (\rho z) && (\text{Morph. bzgl. } \cdot) \\ &= x \cdot_n y +_n x \cdot_n z && (\text{wegen } \rho x = x \text{ usw.}) \end{aligned}$$

Das zweite Distributivgesetz folgt mit Hilfe der Kommutativität der Multiplikation.

Wir definieren nun noch das Analogon zu den Untergruppen für Ringe:

7.4 Definition. Ist $(R, +, \cdot)$ ein Ring und $S \subseteq R$ eine Teilmenge von R, so daß auch $(S, +, \cdot)$ mit den Verknüpfungen und neutralen Elementen von R ein Ring ist, so heißt $(S, +, \cdot)$ ein *Teilring* (oder *Unterring*) von $(R, +, \cdot)$. – Dabei haben wir ausdrücklich $1_R \in S$ für das neutrale Element der Multiplikation gefordert, was manchmal unterlassen wird.

Beispiele: $(\mathbb{Z}, +, \cdot)$ ist ein Teilring von $(\mathbb{Q}, +, \cdot)$. Jeder Quotientenring $(Q\mathcal{N}, \cdot)$ ist ein Teilring von $(\mathbb{Q}, +, \cdot)$. Die geraden Zahlen bilden keinen Teilring (überhaupt keinen Ring) von $\mathbb{Z}$, weil 1 nicht gerade ist.

Was muß man nachprüfen, um eine Teilmenge $S \subseteq R$ als Teilring zu erkennen? Zuerst muß $(S, +)$ Untergruppe von $(R, +)$ sein. Dann brauchen wir die Abgeschlossenheit von $(S, \cdot)$ und $1 \in S$. Die anderen Gesetze (Ass, Distr, evtl. Komm) übertragen sich automatisch.

Aufgaben

(A 7.3) Es sei A eine Menge und $\mathfrak{P}A$ die Menge aller Teilmengen von A. Beweisen Sie, daß $(\mathfrak{P}A, \nabla, \cap)$ ein kommutativer Ring ist. (Für die Verknüpfung ∇ vgl. (A. 3.12).) Was ist das neutrale Element der Multiplikation $\cap$?

(A 7.4) Welche der Untergruppen von $(U_n, +_n)$ sind Teilringe von $(U_n, +_n \cdot_n)$?

(A 7.5) Es sei $(R, +, \cdot)$ ein Ring mit neutralem Element e bzgl. der Multiplikation. Zeigen Sie:

a) $\theta_e : (\mathbb{Z}, +) \to (R, +)$ ist auch Morphismus bzgl. der Multiplikation, also ist θ_e ein Ringmorphismus.

b) θ_e ist der einzige Ringmorphismus $\mathbb{Z} \to R$.
(Ist Ker $\theta_e = n\,\mathbb{Z}$, so heißt n die *Charakteristik* von R.)

7.B Matrizenringe

In der Menge $(\mathbb{Q})_2$ der Matrizen ist eine Addition und eine Multiplikation definiert, es liegt also ein Gebilde $((\mathbb{Q})_2, +, \cdot)$ vor.

Behauptung: $((\mathbb{Q})_2, +, \cdot)$ *ist ein Ring.*

(i) $((\mathbb{Q})_2, +)$ ist eine kommutative Gruppe nach Abschnitt 6.B.

(ii) $((\mathbb{Q})_2, \cdot)$ ist assoziatives Gebilde mit dem neutralen Element $\begin{pmatrix} 1 & 0 \\ 0 & 1 \end{pmatrix}$ nach Abschnitt 3.B (Wir wissen auch von dort, daß $((\mathbb{Q})_2, \cdot)$ nicht kommutativ ist)

(iii) Distributivgesetze:

$$\forall A, B, C \in (\mathbb{Q})_2 : A(B + C) = AB + AC$$

$$\text{und} \quad (A + B)C = AC + BC.$$

Es seien $A = \begin{pmatrix} a_{11} & a_{12} \\ a_{21} & a_{22} \end{pmatrix}$, $B = \begin{pmatrix} b_{11} & b_{12} \\ b_{21} & b_{22} \end{pmatrix}$

und $C = \begin{pmatrix} c_{11} & c_{12} \\ c_{21} & c_{22} \end{pmatrix}$. Es ist

$$A(B + C) = A \begin{pmatrix} b_{11} + c_{11}, & b_{12} + c_{12} \\ b_{21} + c_{21}, & b_{22} + c_{22} \end{pmatrix}$$

$$= \begin{pmatrix} a_{11}(b_{11} + c_{11}) + a_{12}(b_{21} + c_{21}), & a_{11}(b_{12} + c_{12}) + a_{12}(b_{22} + c_{22}) \\ a_{21}(b_{11} + c_{11}) + a_{22}(b_{21} + c_{21}), & a_{21}(b_{12} + c_{12}) + a_{22}(b_{22} + c_{22}) \end{pmatrix}$$

$$= AB + AC.$$

Entsprechend verifiziert man

$$(A + B)C = AC + BC.$$

Wir betrachten

$$(\mathbb{Z})_2 = \left\{ \begin{pmatrix} a & b \\ c & d \end{pmatrix} \in (\mathbb{Q})_2 \mid a, b, c, d \in \mathbb{Z} \right\},$$

d.h. die Menge der Matrizen mit ganzen Elementen. Man sieht sofort: $((\mathbb{Z})_2, +)$ ist Untergruppe von $((\mathbb{Q})_2, +)$ und $(\mathbb{Z})_2$ ist abgeschlossen bezüglich der Matrizenmultiplikation. Wegen $\begin{pmatrix} 1 & 0 \\ 0 & 1 \end{pmatrix} \in (\mathbb{Z})_2$ liegt auch das neutrale Element der Multiplikation in $(\mathbb{Z})_2$. Also gilt: $((\mathbb{Z})_2, +, \cdot)$ ist ein Teilring von $((\mathbb{Q})_2, +, \cdot)$; der Ring der 2 mal 2 Matrizen mit ganzen Elementen. (Bezüglich der Inversenbildung in $(\mathbb{Z})_2$ muß man vorsichtig sein. Warum?)

Aufgabe

(A 7.6) Zeigen Sie: Die Matrizen $\begin{pmatrix} a & b \\ c & d \end{pmatrix}$ mit $a + c = b + d$ bilden einen Teilring von $(\mathbb{Z})_2$ (bzw. von $(\mathbb{Q})_2$).

7.C Einheitengruppen, Körper

Bei einem Ring $(R, +, \cdot)$ ist das multiplikative Gebilde $(R, \cdot)$ assoziativ und hat ein neutrales Element 1. Von den Gruppeneigenschaften fehlt nur die Existenz von Inversen bezüglich der Multiplikation. Wir wollen diesen Punkt etwas näher untersuchen.

Die Rolle der 0 in $(R, \cdot)$:

Wir nehmen einmal an, die 0 habe ein inverses Element 0^{-1} mit $0^{-1} \cdot 0 = 1$ in $(R, \cdot)$. Dann gilt:

$$1 = 0^{-1} \cdot 0 = 0^{-1} \cdot (0 \cdot 0) = (0^{-1} \cdot 0) \cdot 0 = 1 \cdot 0 = 0$$

Also ist $0 = 1$ und damit R der Nullring.

Kontraposition ergibt:

Ist R nicht der Nullring, so hat das Element 0 kein Inverses in $(R, \cdot)$.

Mit anderen Worten: Ist $R \neq \{0\}$, so kann man durch 0 nicht dividieren.

Anmerkung: Für die Zahlbereichserweiterungen können wir daraus schließen: Es gibt sicher keinen Ring, der $(\mathbb{Z}, +, \cdot)$ als Teilring enthält und in dem 0 ein Inverses hätte. M. a. W.: Man kann $\mathbb{Z}$ zu keinem Ring erweitern, in dem die Gleichung $0x = 1$ in vernünftiger Weise lösbar wäre.

Wir betrachten nun die Menge der $x \in R$, welche Inverse x^{-1} bezüglich der Multiplikation in R haben.

7.5 Definition. Es sei $(R, +, \cdot)$ ein Ring und
$\mathscr{E}R =_{\text{def}} \{x \in R \mid x^{-1} \text{ existiert in } R\}$.
$\mathscr{E}R$ heißt die Menge der *Einheiten* von R.

7.6 Satz. *Für jeden Ring ist* $(\mathscr{E}R, \cdot)$ *mit der Multiplikation aus* $(R, +, \cdot)$ *eine Gruppe, die Einheitengruppe von R.*

Beweis. Für alle $x, y \in \mathscr{E} = \mathscr{E}R$ ist $x \cdot y$ definiert und eindeutig bestimmt. Liegt mit x und y auch xy in $\mathscr{E}$? Wegen $x, y \in \mathscr{E}$ gibt es die Elemente x^{-1}, $y^{-1} \in R$. Dann ist $(xy)(y^{-1}x^{-1}) = 1 = (y^{-1}x^{-1})(xy)$, also hat xy ein Inverses und $\mathscr{E}$ ist abgeschlossen. $(\mathscr{E}, \cdot)$ ist danach ein Gebilde. (Ass) gilt in

$(\mathscr{E}, \cdot)$, da $(R, \cdot)$ assoziativ ist. (Neutr) Wegen $1 = 1^{-1}$ ist $1 \in \mathscr{E}$, ein neutrales Element existiert in $\mathscr{E}$. (Inv) Nach Definition hat $x \in \mathscr{E}$ das Inverse $x^{-1} \in R$. Wir müssen zeigen, daß x^{-1} in $\mathscr{E}$ liegt. Da x^{-1} das Inverse $x = (x^{-1})^{-1}$ hat, ist das tatsächlich der Fall.

Beispiele von Einheitengruppen

1) $(\mathscr{E}\mathbb{Z}, \cdot) = (\{1, -1\}, \cdot)$, denn andere Elemente von $\mathbb{Z}$ haben keine Inversen.

2) $(\mathscr{E}U_n, \cdot_n)$. Wir betrachten zuerst die Beispiele $n = 5, 6$ (und schließen den Nullring U_1 von vornherein aus).

$U_5 = \{0, 1, 2, 3, 4\}$. Es ist

$2 \cdot_5 3 = 1$, also $2^{-1} = 3$ und $3^{-1} = 2$

$4 \cdot_5 4 = 1$, also $4^{-1} = 4$ in U_5,

Damit erhalten wir $\mathscr{E}U_5 = \{1, 2, 3, 4\}$.

$U_6 = \{0, 1, 2, 3, 4, 5\}$. Es ist $4 \cdot_6 3 = 0$. Wenn 4^{-1} existiert, so folgt

$$3 = 1 \cdot_6 3 = (4^{-1} \cdot_6 4) \cdot_6 3 = 4^{-1} \cdot_6 (4 \cdot_6 3) = 4^{-1} \cdot_6 0 = 0,$$

also $3 = 0$. Wegen $3 \neq 0$ folgt daraus mit Kontraposition, daß es kein zu 4 inverses Element in U_6 gibt. Aus $2 \cdot_6 3 = 0$ und $3 \cdot_6 2 = 0$ schließt man ähnlich, daß 2 und 3 keine Inversen in $(U_6, \cdot_6)$ haben können.

Es ist $5 \cdot_6 5 = 1$, also $5^{-1} = 5$ und wir erhalten: $\mathscr{E}U_6 = \{1, 5\}$

3) Wir betrachten nun $U_n = \{0, 1, \dots, n-1\}$. Es sei $k \in U_n$.

Behauptung: k hat Inverses in $U_n \Leftrightarrow \mathrm{ggT}(k, n) = 1$

Beweis: Wir benützen die additive Darstellung des ggT in der Form

$$\exists\, x, y \in \mathbb{Z} : xk + yn = 1 \Leftrightarrow \mathrm{ggT}(k, n) = 1.$$

a) Es sei $\mathrm{ggT}(k, n) = 1$. Dann haben wir $x, y \in \mathbb{Z}$ mit $xk + yn = 1$ und erhalten mit der Restabbildung $\rho : \mathbb{Z} \to U_n$

$$\begin{aligned} 1 = \rho\, 1 &= \rho(xk + yn) \\ &= \rho(xk) +_n \rho(yn) \\ &= \rho xk && \text{wegen } \rho yn = 0 \\ &= \rho x \cdot_n \rho k \\ &= \rho x \cdot_n k && \text{wegen } \rho k = k \text{ da } k \in U_n. \end{aligned}$$

Also ist $\rho x = k^{-1}$ in U_n.

b) Es gibt $x \in U_n$ mit $x \cdot_n k = 1$.

Dann ist $xk = qn + 1$ in $\mathbb{Z}$, also $xk + (-q)n = 1$ und damit $\operatorname{ggT}(k, n) = 1$.

4) Die Einheitengruppe von $((\mathbb{Q})_2, +, \cdot)$ besteht aus den Matrizen A mit $\det A \neq 0$ (vgl. Abschnitt 3.B), ist also $GL(\mathbb{Q})_2$.

5) Die Einheitengruppe von $((\mathbb{Z})_2, +, \cdot)$.

$$A = \begin{pmatrix} a & b \\ c & d \end{pmatrix} \in (\mathbb{Z})_2.$$

Hat A eine Inverse P in $((\mathbb{Z})_2, \cdot)$, so gilt $\det A \in \mathbb{Z}$ und $\det P \in \mathbb{Z}$ und $1 = \det(AP) = (\det A)(\det P)$, also $\det A \in \{1, -1\}$. – Andererseits folgt mit $\det A \in \{1, -1\}$ daß die Inverse A^{-1} von A in $(\mathbb{Q})_2$

$$A^{-1} = \begin{pmatrix} \dfrac{d}{\det A} & \dfrac{-b}{\det A} \\[2ex] \dfrac{-c}{\det A} & \dfrac{a}{\det A} \end{pmatrix}$$

in $(\mathbb{Z})_2$ liegt. Es gilt also $\mathscr{E}(\mathbb{Z})_2 = \{A \in (\mathbb{Z})_2 \mid \det A \in \{1, -1\}\}$.

6) Einheitengruppen von Quotientenbereichen haben wir schon in Abschnitt 2.D, (A 3.7) und (A 6.6) betrachtet.

7) Rationale Zahlen. Alle Elemente $\neq 0$ von $\mathbb{Q}$ haben Inverse, die Einheitengruppe ist die multiplikative Gruppe $(\mathbb{Q} \setminus \{0\}, \cdot)$ der rationalen Zahlen.

Im letzten Beispiel und bei U_5 haben wir den Extremfall, daß alle Elemente $\neq 0$ Inverse in $(R, \cdot)$ haben. Dieses Phänomen ist so wichtig, daß es die Einführung eines neuen Strukturtyps rechtfertigt.

7.7 Definition. Ein kommutativer Ring $(R, +, \cdot)$ heißt ein *Körper,* wenn $R \neq \{0\}$ ist und alle Elemente $\neq 0$ von R Inverse (bzgl. der Multiplikation) haben. M. a. W.: R ist Körper, falls $(R, \cdot)$ kommutativ und $\mathscr{E}R = R \setminus \{0\} \neq \emptyset$ gilt.

Welche der $(U_n, +_n, \cdot_n)$ sind Körper?

$(U_n, \cdot_n)$ ist kommutativ für alle n, also brauchen wir nur die Existenz von Inversen zu untersuchen:

Sei $k \in U_n \setminus \{0\}$.

k^{-1} existiert $\Leftrightarrow \operatorname{ggT}(k, n) = 1$ nach Beispiel 3).

Also müssen wir haben:

$$\forall k \in U_n \setminus \{0\}: \operatorname{ggT}(k, n) = 1$$

und das ist äquivalent zu: n ist Primzahl.

Also:

$$(U_n, +_n, \cdot_n) \textit{ ist Körper} \Leftrightarrow n \textit{ ist Primzahl.}$$

Die Kenntnis dieser Körper geht zurück auf Galois, man nennt sie deshalb auch *Galoisfelder.*

Ist n keine Primzahl, etwa $n = rs$ mit $1 < r, s < n$, so folgt $r \cdot_n s = 0$ in U_n. Man hat also ein Produkt aus zwei von Null verschiedenen Faktoren, das Null ist. Man nennt dann r und s Teiler von Null, kurz Nullteiler in U_n. Allgemein sagt man:

7.8 Definition. Ist $(R, +, \cdot)$ ein Ring und sind $r, s \in R$ mit $r \neq 0 \neq s$ und $rs = 0$, so heißen r und s *Nullteiler* in R. (0 ist kein Nullteiler nach dieser Definition).

Aufgaben

(A 7.7) Bestimmen Sie die Einheitsgruppen der Ringe $(U_8, +_8, \cdot_8)$ und $(U_{10}, +_{10}, \cdot_{10})$. Sind sie isomorph zu Ihnen bekannten Gruppen?

(A 7.8) Beweisen Sie: In jedem Körper gilt: $ab = 0 \Rightarrow a = 0$ oder $b = 0$.

(A 7.9) Bestimmen Sie alle Nullteiler von $(U_n, +_n, \cdot_n)$.

(A 7.10) Matrizen mit Elementen aus einem Ring: Für irgendeinen Ring R setzt man

$$(R)_2 =_{\text{def}} \left\{ \begin{pmatrix} a & b \\ c & d \end{pmatrix} \mid a, b, c, d \in R \right\}$$

und addiert und multipliziert diese Matrizen nach denselben Regeln wie die Matrizen mit Elementen aus $\mathbb{Q}$. Es stellt sich heraus, daß $(R)_2$ bezüglich dieser Verknüpfungen ein Ring ist.

Es sei $R = U_2$ der Körper mit den zwei Elementen 0, 1. Wie viel Elemente hat $(R)_2$ [$= (U_2)_2$]? Zeigen Sie, daß die Matrizen

$$\begin{pmatrix} 0 & 0 \\ 0 & 0 \end{pmatrix}, \begin{pmatrix} 1 & 0 \\ 0 & 1 \end{pmatrix}, \begin{pmatrix} 1 & 1 \\ 1 & 0 \end{pmatrix}, \begin{pmatrix} 0 & 1 \\ 1 & 1 \end{pmatrix} \in (R)_2$$

einen Körper (mit 4 Elementen!) bilden.

7.D Die additiven und multiplikativen Gruppen von $\mathbb{Q}$ und $\mathbb{R}$

Wir wollen in diesem Abschnitt untersuchen, welche Zusammenhänge zwischen den in der Überschrift genannten Gruppen bestehen bzw. nicht bestehen.

1) Es sei $\psi : (\mathbb{Q} \setminus \{0\}, \cdot) \to (\mathbb{Q}, +)$ ein Morphismus.

Da das neutrale Element der einen Gruppe in das neutrale Element der anderen Gruppe übergehen muß, erhalten wir $\psi\, 1 = 0$ und

$$0 = \psi\, 1 = \psi((-1)(-1)) = \psi(-1) + \psi(-1)$$
$$= 2\,(\psi(-1)) \qquad \text{in } (\mathbb{Q}, +)$$

Daraus folgt $\psi(-1) = 0$. Also kann ψ nicht bijektiv sein.

Ergebnis: Die Gruppen $(\mathbb{Q}, +)$ und $(\mathbb{Q} \setminus \{0\}, \cdot)$ sind nicht isomorph. Mit der gleichen Rechnung erhält man für $\mathbb{R}$:

Die Gruppen $(\mathbb{R}, +)$ und $(\mathbb{R} \setminus \{0\}, \cdot)$ sind nicht isomorph.

2) $(\mathbb{R}, +)$ und $(\mathbb{R}^+, \cdot)$

Wir definieren zunächst $\mathbb{R}^+ = \{x \in \mathbb{R} \mid 0 < x\}$. Es ist also $\mathbb{R}^+$ die Menge der positiven reellen Zahlen.

$(\mathbb{R}^+, \cdot)$ ist eine Untergruppe von $(\mathbb{R} \setminus \{0\}, \cdot)$. Wie in Satz 6.4 für $\mathbb{Q}$ beweist man auch für $\mathbb{R}$:

> Die multiplikative Gruppe $(\mathbb{R} \setminus \{0\}, \cdot)$ der reellen Zahlen ist isomorph zu dem direkten Produkt $(\{1, -1\}, \cdot) \times (\mathbb{R}^+, \cdot)$.

Ohne auf eine genauere Begründung einzugehen (diese erfolgt im Rahmen der Analysis), betrachten wir nun die durch $x \to 10^x$ definierte Funktion $f : \mathbb{R} \to \mathbb{R}^+$. Diese Funktion ist bijektiv und hat als Umkehrfunktion $\log : \mathbb{R}^+ \to \mathbb{R}$ (Es gilt also $\log(f(x)) = \log 10^x = x = 10^{\log x}$.)

Nun gilt, wie man aus der Analysis weiß:

$$\log(a\,b) = \log a + \log b.$$

Also ist $\log: (\mathbb{R}^+, \cdot) \to (\mathbb{R}, +)$ ein Morphismus und wegen der Bijektivität sogar ein Isomorphismus!

Es gilt also: *Die Gruppen* $(\mathbb{R}^+, \cdot)$ *und* $(\mathbb{R}, +)$ *sind vermöge*

$$\log : (\mathbb{R}^+, \cdot) \to (\mathbb{R}, +) \qquad \textit{isomorph.}$$

Dieser Isomorphismus ist die Grundlage für den Gebrauch der Logarithmentafeln und des Rechenschiebers.

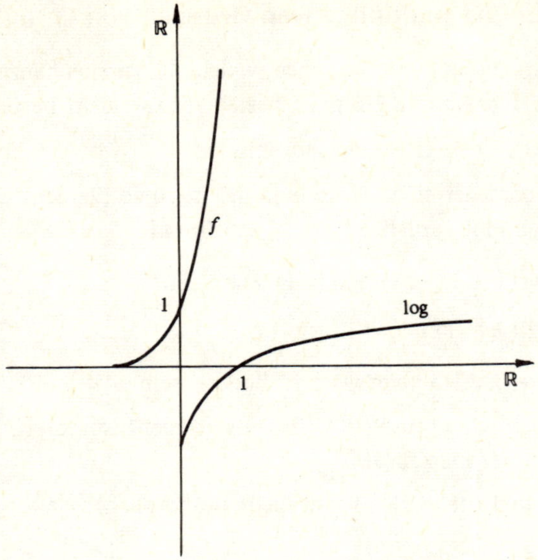

Abb. 63

3) Wir fragen nun nach einer entsprechenden Funktion für $\mathbb{Q}$. Die Situation ist in folgendem Diagramm beschrieben:

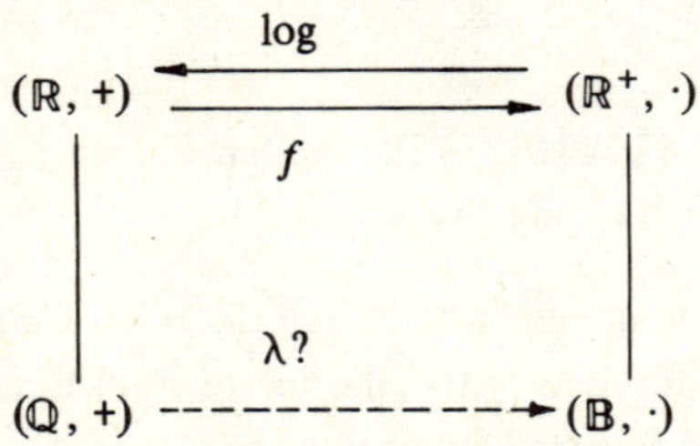

Abb. 64

Gibt es einen Isomorphismus $\lambda : (\mathbb{Q}, +) \to (\mathbb{B}, \cdot)$? Um diese Frage zu beantworten, nehmen wir einmal an

$$\lambda : (\mathbb{Q}, +) \to (\mathbb{B}, \cdot) \text{ ist ein Morphismus und fragen:}$$

Kann λ bijektiv sein?

Wenn λ surjektiv ist, gibt es $x \in \mathbb{Q}$ mit $\lambda x = 5 \in B$.

Für $\frac{x}{2} \in \mathbb{Q}$ erhalten wir dann

$$\lambda x = \lambda\left(\frac{x}{2} + \frac{x}{2}\right) = \lambda\left(\frac{x}{2}\right) \cdot \lambda\left(\frac{x}{2}\right) = 5 \quad \text{und mit}$$

$y = \lambda\left(\frac{x}{2}\right)$ haben wir: $\exists\, y \in \mathbb{B} : y \cdot y = y^2 = 5$.

In Abschnitt 6.C haben wir gesehen, daß es ein solches y in $\mathbb{B}$ nicht gibt, also kann λ nicht surjektiv sein (und damit erst recht nicht bijektiv):

Die Gruppen $(\mathbb{Q}, +)$ *und* $(\mathbb{B}, \cdot)$ *sind nicht isomorph.*

Wie schon bei den Quadratzahlen sehen wir hier wieder, daß durch die Einführung der Irrationalzahlen für $\mathbb{R}$ strukturell angenehmere Eigenschaften sich ergeben als für den Teilkörper $\mathbb{Q}$.

7.E Kennzeichnung von $\mathbb{Q}$ und $Q\mathcal{N}$

Ähnlich wie bei der Zahlbereichserweiterung von $\mathbb{N}$ nach $\mathbb{Z}$ wollen wir nun die Verhältnisse beim Übergang von $\mathbb{Z}$ nach $\mathbb{Q}$ algebraisch beschreiben. Das Ziel bei diesem Übergang ist es, für die Elemente von $\mathbb{Z}$ Inverse bezüglich der Multiplikation zu gewinnen und dabei aber nicht mehr neue Elemente als nötig einzuführen. Mit dem Begriff des Körpers präzisieren wir diese Forderungen:

Gesucht ist ein Körper $(K, +, \cdot)$ mit den Eigenschaften:

(i) *Es gibt einen injektiven Ringmorphismus* $\alpha : (\mathbb{Z}, +, \cdot) \to (K, +, \cdot)$

(ii) *Ist* $(L, +, \cdot)$ *ein Körper und* $\beta : (\mathbb{Z}, +, \cdot) \to (L, +, \cdot)$ *ein injektiver Ringmorphismus, so gibt es genau einen Ringmorphismus* $\xi : (K, +, \cdot) \to (L, +, \cdot)$ *mit* $\alpha \circ \xi = \beta$.

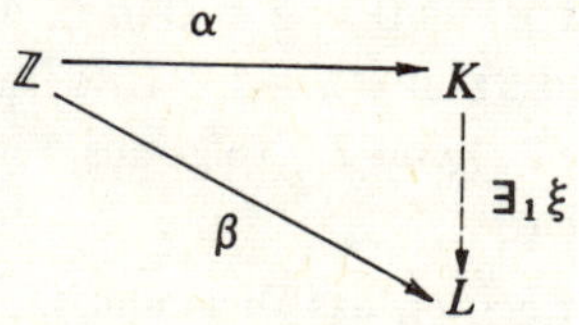

Abb. 65

Bedingung (ii) besagt mit anderen Worten, daß K so klein wie möglich mit der Eigenschaft (i) sein soll (K ist der kleinste Körper, welcher $\mathbb{Z}$ enthält.) Man kann auch sagen:

(ii) *Der Morphismus* α *aus* (i) *ist universell in Bezug auf die Menge der injektiven Ringmorphismen von* $\mathbb{Z}$ *in Körper.* (Dabei sind die zulässigen Lösungen der Gleichungen $\alpha \circ \xi = \beta$ auf Ringmorphismen beschränkt.)

7.9 Satz. Kennzeichnung von $\mathbb{Q}$ als Erweiterung von $\mathbb{Z}$.

a) $(\mathbb{Q}, +, \cdot)$ *erfüllt die Bedingungen* (i) *und* (ii) *mit der Einbettung* $\vartheta : \mathbb{Z} \to \mathbb{Q}$ *aus Abschnitt* 2.F.

b) *Jeder Körper* $(K, +, \cdot)$, *der die Bedingungen* (i) *und* (ii) *erfüllt, ist isomorph zu* $(\mathbb{Q}, +, \cdot)$.

Bemerkung: Wie beim Übergang von $\mathbb{N}$ nach $\mathbb{Z}$ sehen wir auch hier, daß durch die Forderungen (i) und (ii) das Ergebnis des Erweiterungsprozesses festgelegt ist. Welchen Weg man zur Konstruktion der rationalen Zahlen einschlägt, ist daher vom Standpunkt der Algebra aus gleichgültig. Hier müssen didaktische und methodische Überlegungen den Ausschlag geben. – Da es sich hier um Fragen der Zahlbereichserweiterung handelt, tun wir gut daran, ganze und rationale Zahlen auch in den Bezeichnungen auseinanderzuhalten. Wir werden deshalb die Elemente von $\mathbb{Q}$ immer in der Form $\frac{a}{b}$ mit $a, b \in \mathbb{Z}$ schreiben und a und $\frac{a}{1}$ unterscheiden. Es ist dann $\vartheta\alpha = \frac{a}{1}$ für $a \in \mathbb{Z}$. Da sich der Rechenaufwand zum Beweis nicht vergrößert, formulieren wir den Satz für beliebige Quotientenringe an Stelle von $\mathbb{Q}$ und kommutative Ringe an Stelle von L.

7.10 Satz. a) *Die Einbettung $\zeta : \mathbb{Z} \to Q\mathcal{N}$ ist universell in Bezug auf alle Ringmorphismen $\psi : \mathbb{Z} \to R$ mit der Eigenschaft*

$$z \in \mathcal{N} \Rightarrow \psi z \in \mathcal{E}R.$$

(Als Lösungen der Gleichung $\zeta \circ \xi = \psi$ sind dabei wieder nur Ringmorphismen zugelassen).

b) *$Q\mathcal{N}$ ist durch diese Eigenschaft bis auf Isomorphie bestimmt.*

Ehe wir an den Beweis gehen, zeigen wir, daß 7.9 tatsächlich ein Spezialfall dieses Satzes ist. Ist etwa $\beta : \mathbb{Z} \to L$ ein injektiver Ringmorphismus, so muß sein $\beta 0 = 0$ (da Morphismus) und $\forall z \neq 0 : \beta z \neq 0$ in L, da β injektiv. Also liegt für jedes $z \in \mathbb{Z} \setminus \{0\}$ das Bild βz in $\mathcal{E}L = L \setminus \{0\}$. Danach ist β von der in 7.10 beschriebenen Art und Teil a) von 7.9 folgt aus Teil a) von 7.10. Für die Teile b) ist die Implikation klar.

Beweis von Satz 7.10. a) Wir betrachten das Diagramm

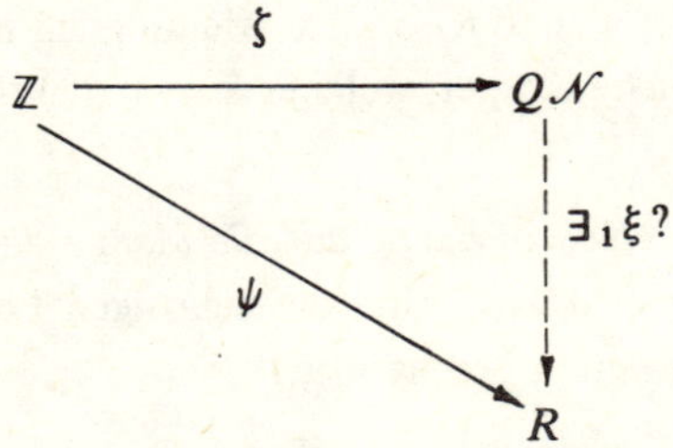

Abb. 66

Der Morphismus ξ ist zu konstruieren. Da es sich wieder um die eindeutige Lösung einer Funktionengleichung handelt, greifen wir auf Satz 0.2 zurück. Nun ist aber der Morphismus $\zeta : \mathbb{Z} \to Q\mathcal{N}$ meist nicht surjektiv, so daß sich 0.2 nicht unmittelbar anwenden läßt. Den Ausweg finden wir durch die Beobachtung:

Jedes $x \in Q\mathcal{N}$ läßt sich in der Form

$$x = \frac{r}{s} = \left(\frac{r}{1}\right)\left(\frac{s}{1}\right)^{-1} = (\zeta r)(\zeta s)^{-1}$$

mit $r \in \mathbb{Z}$, $s \in \mathcal{N}$ schreiben.

Nun auf einem Umweg zur Konstruktion von $\xi : Q\mathcal{N} \to R$. Es sei $\kappa : \mathbb{Z} \times \mathcal{N} \to Q\mathcal{N}$ die Äquivalenzklassenbildung mit $\kappa(r, s) = \frac{r}{s}$ und $\lambda : \mathbb{Z} \times \mathcal{N} \to R$ definiert durch $\lambda(r, s) = (\psi r)(\psi s)^{-1}$. Diese Definition ist möglich, da wegen $s \in \mathcal{N}$ das Inverse $(\psi s)^{-1}$ nach Voraussetzung existiert.

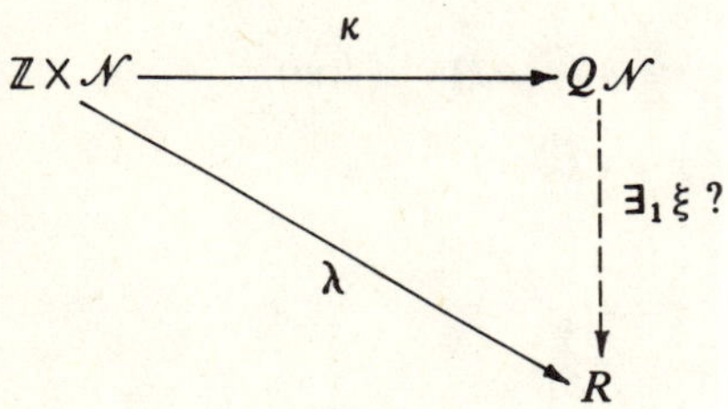

Abb. 67

Nun ist κ surjektiv, und wir müssen vor der Anwendung von 0.2 noch zeigen $\kappa x = \kappa y \Rightarrow \lambda x = \lambda y$, mit den entsprechenden Bedeutungen von x und y.

$$\begin{aligned}
\kappa(r, s) = \kappa(v, w) &\Rightarrow \frac{r}{s} = \frac{v}{w} && \\
&\Rightarrow rw = sv && (\text{in } \mathbb{Z}) \\
&\Rightarrow \psi(rw) = \psi(sv) && (\text{in } R) \\
&\Rightarrow \psi r\, \psi w = \psi s\, \psi v && (\psi \text{ Morphismus}) \\
&\Rightarrow (\psi r)(\psi s)^{-1} = (\psi v)(\psi w)^{-1} && (s, w \in \mathcal{N}!) \\
&\Rightarrow \lambda(r, s) = \lambda(v, w) &&
\end{aligned}$$

Also ist die Bedingung erfüllt und es gibt nach 0.2 genau eine Funktion $\xi : Q\mathcal{N} \to R$ mit $\kappa \circ \xi = \lambda$. Es ist dann

$$\xi \frac{r}{s} = \xi[\kappa(r, s)] = \lambda(r, s) = (\psi r)(\psi s)^{-1}.$$

Nun folgt für ζ und ψ, mit $r \in \mathbb{Z}$:

$$\zeta \circ \xi r = \xi(\zeta r) = \xi \frac{r}{1} = (\psi r)(\psi 1)^{-1}$$

Es ist aber $\psi\, 1 = 1 \in R$, also $(\psi\, 1)^{-1} = 1$ und damit

$$\zeta \circ \xi r = \psi r \cdot 1 = \psi r, \quad \text{d.h. } \zeta \circ \xi = \psi.$$

– Wir wissen aber noch nicht, ob ξ Ringmorphismus ist (nur für solche Lösungen interessieren wir uns), außerdem haben wir die Eindeutigkeit von ξ nur erst als Lösung von $\kappa \circ \xi = \lambda$.

Behauptung: $\xi : (Q\mathcal{N}, +, \cdot) \to (R, +, \cdot)$ ist Ringmorphismus.

Beweis.

$$\begin{aligned}
\xi\left(\frac{r}{s} + \frac{v}{w}\right) &= \xi \frac{rw + vs}{sw} \\
&= \psi\,(rw + vs)\,(\psi\, sw)^{-1} \\
&= [\psi r\, \psi w + \psi v\, \psi s]\,(\psi s)^{-1}\,(\psi w)^{-1} \\
&= \psi r\,(\psi s)^{-1} + \psi v\,(\psi w)^{-1} \\
&= \xi \frac{r}{s} + \xi \frac{v}{w} \\
\xi\left(\frac{r}{s} \cdot \frac{v}{w}\right) &= \psi r v\,(\psi\, sw)^{-1} \\
&= \psi r\, \psi v\,(\psi s)^{-1}\,(\psi w)^{-1} \\
&= [\psi r\,(\psi s)^{-1}]\,[\psi v\,(\psi w)^{-1}] \\
&= \left(\xi \frac{r}{s}\right)\left(\xi \frac{v}{w}\right)
\end{aligned}$$

$$\xi\left(\frac{1}{1}\right) = \psi\, 1\,(\psi\, 1)^{-1} = \psi\, 1 = 1 \in R.$$

Nun sei auch $\chi : (Q\mathcal{N}, +, \cdot) \to (R, +, \cdot)$ ein Ringmorphismus mit $\zeta \circ \chi = \psi$.

Dann ist für alle $\frac{r}{s} \in Q\mathcal{N}$:

$$\begin{aligned}
\chi \frac{r}{s} &= \chi\left[\frac{r}{1}\left(\frac{s}{1}\right)^{-1}\right] \\
&= \chi \frac{r}{1}\left(\chi \frac{s}{1}\right)^{-1} && \text{da } \chi \text{ Morphismus} \\
&= \chi\,(\zeta r)\,(\chi(\zeta s))^{-1} \\
&= \zeta \circ \chi r\,(\zeta \circ \chi s)^{-1} \\
&= \psi r\,(\psi s)^{-1} \\
&= \xi \frac{r}{s}.
\end{aligned}$$

Daraus folgt $\chi = \xi$. (Es gibt sehr wohl Funktionen χ, welche keine Morphismen sind, mit $\zeta \circ \chi = \psi$ und $\chi \neq \xi$.)

b) Es sei nun auch $\vartheta : \mathbb{Z} \to S$ universell im Sinne der Behauptung. Wir betrachten das Diagramm

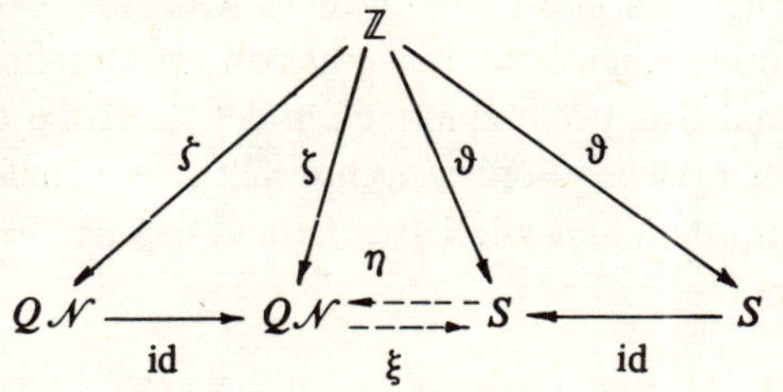

Abb. 68

und erhalten die Bijektivität von ξ und η aus Lemma 5.9, also sind $Q\mathcal{N}$ und S isomorph.

Bemerkung. Wir greifen noch einmal zurück auf die Bemerkung am Schluß von Teil a) des Beweises, für die wir jetzt ein Beispiel geben wollen, d.h. eine Funktion χ mit $\zeta \circ \chi = \psi$, welche kein Morphismus ist. Dazu sei $Q\mathcal{N} = \mathbb{D}\mathrm{ez}$ und $R = \mathbb{Q}$, sowie $\vartheta : \mathbb{Z} \to \mathbb{Q}$ die Einbettung von $\mathbb{Z}$ in $\mathbb{Q}$.

Wir setzen für $a \in \mathbb{D}\mathrm{ez}$

$$\chi a = \begin{cases} a \text{ falls } a \in \mathbb{Z} \\ 0 \text{ sonst} \end{cases}$$

Für jedes $r \in \mathbb{Z}$ hat man dann

$$\zeta \circ \chi r = \chi \frac{r}{1} = \frac{r}{1} = \vartheta r,$$

aber χ ist kein Morphismus wegen $\frac{1}{2} \in \mathbb{D}\mathrm{ez}$ und

$$\chi \frac{1}{2} = 0 \text{ und } \chi\left(\frac{1}{2} + \frac{1}{2}\right) = \chi 1 = 1 \neq \chi \frac{1}{2} + \chi \frac{1}{2} = 0.$$

Eine solche Funktion ist aber bei der Beschäftigung mit Ringen uninteressant. Wenn man mit Ringen arbeitet, z.B. Ringe vergleichen will, nützen beliebige Funktionen wenig, man kann nur solche Funktionen gebrauchen, welche die Ringstruktur respektieren. Diese Beobachtung gilt entsprechend für Gruppen, oder auch für geordnete Mengen (hier wird man Funktionen verwenden, welche die Ordnung respektieren, d.h. die monoton sind) und in vielen anderen Bereichen der Mathematik. Ohne einschränkende Forderungen an die Abbildungen arbeitet man eigentlich nur in der reinen Mengenlehre (z. B. in der Kardinalzahltheorie). Man kann sagen: In einer mathematischen Theorie betrachtet man jeweils eine Klasse von Objekten (etwa Gruppen) mit den *dazugehörigen* Abbildungen (etwa Gruppenmorphismen). Eine solche Versammlung (das Wort Menge muß man hier vermeiden) von Objekten und Funktionen zwischen den Objekten nennt man eine Kategorie. Die zugelassenen Funktionen heißen die Morphismen der Kategorie (z. B. Gruppen und Gruppenmorphismen in der Kategorie der Gruppen). Wie gewöhnlich müssen dabei gewisse Forderungen erfüllt sein, nämlich daß zu jedem Objekt die identische Abbildung zugelassen ist und daß das Verketten der Morphismen assoziativ ist.

Einige Beispiele von Kategorien sind: Die Mengen und beliebige Funktionen zwischen den Mengen (Mengenlehre); Gruppen und Gruppenmorphismen (Gruppentheorie); endliche Gruppen und Gruppenmorphismen; zyklische Gruppen und Gruppenmorphismen; Ringe und Ringmorphismen (Ringtheorie); Teilmengen des n-dimensionalen Raumes $\mathbb{R}^n$ und stetige Abbildungen (Topologie).

Ein wichtiger Begriff in der Theorie der Kategorien ist der des universellen Morphismus', dem wir auch schon öfter begegnet sind.

Darstellungen der Kategorienlehre findet man z. B. in MacLane–Birkhoff: Algebra (Englisch, Verlag Macmillan, New York [2]1969) oder in MacLane: Kategorien. Hochschultext VII, Springer Verlag Heidelberg 1972.

Anwendung von Satz 7.10: Bilder von $Q(\mathbb{Z} \setminus p\mathbb{Z})$.

Eine erste Anwendung des Satzes 7.10 war die Kennzeichnung von $\mathbb{Q}$ als Erweiterung von $\mathbb{Z}$. Wir geben noch ein anderes Beispiel für die Ausnutzung dieser Universaleigenschaft. – Kurz ausgedrückt besteht der Quotientenring $Q(\mathbb{Z} \setminus p\mathbb{Z})$ aus allen rationalen Zahlen, bei denen die Primzahl p (nach Kürzen) höchstens im Zähler vorkommt. Wir gebrauchen deshalb die Abkürzung $Q(\mathbb{Z} \setminus p\mathbb{Z}) = Q^p$.

1) Die Nennermenge $\mathbb{Z} \setminus p\,\mathbb{Z}$ besteht aus allen den Zahlen x, für die $\operatorname{ggT}(x, p) = 1$ gilt. Wir suchen zuerst Morphismen $\mathbb{Z} \to U_n$, bei denen diese Zahlen sämtlich in Einheiten übergeführt werden. Aus Beispiel 3), 7.C wissen wir: dies sind gerade die $k \in U_n$ mit $\operatorname{ggT}(k, n) = 1$. Also würde z. B. U_p ein geeigneter Ring sein. Da p eine Primzahl ist, gilt $\operatorname{ggT}(p^i, x) = 1 \Leftrightarrow \operatorname{ggT}(p, x) = 1$ für alle $i \in \mathbb{N}$, also werden auch bei $\rho : \mathbb{Z} \to U_{p^i}$ alle Elemente der Nennermenge $\mathbb{Z} \setminus p\,\mathbb{Z}$ in Einheiten abgebildet. Wir haben also für jedes $i \in \mathbb{N}$:

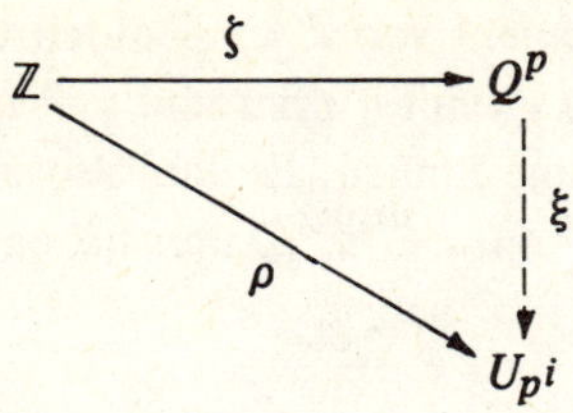

Abb. 69

genau einen Ringmorphismus $\xi : Q^p \to U_{p^i}$ mit $\zeta \circ \xi = \rho$. Da ρ surjektiv ist, muß auch ξ surjektiv sein. Für $i = 0$ hat man jeweils den trivialen Morphismus auf den Nullring $U_1 = \{0\}$.

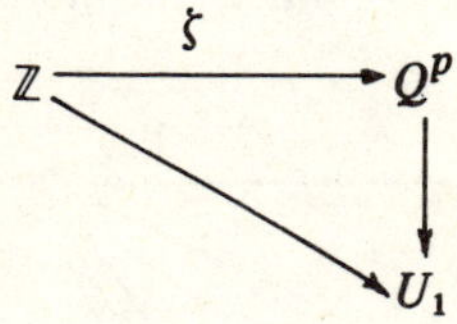

Abb. 70

Also gilt: *Für jedes $i \in \mathbb{N}_0$ ist U_{p^i} Bild von Q^p unter einem Ringmorphismus.*

2) Wir sind noch etwas ehrgeiziger und fragen nach *allen* Bildern von Q^p (natürlich nur bis auf Isomorphie). Es sei also $\varphi : Q^p \to R$ ein surjektiver Ringmorphismus. Wie kann man R beschreiben? Wir versuchen zuerst einmal die Wirkung von φ auf die ganzen Zahlen in Q^p herauszufinden, damit kommen wir vielleicht weiter, da wir die Bilder des Ringes $\mathbb{Z}$ ja schon kennen. Wir haben

$$\mathbb{Z} \xrightarrow{\zeta} Q^p \xrightarrow{\varphi} R, \text{ also}$$

$$\psi = \zeta \circ \varphi : \mathbb{Z} \to R.$$

Natürlich wissen wir jetzt nicht, ob ψ surjektiv ist. Jedenfalls ist aber $\psi\,\mathbb{Z} = U_n \subseteq R$ (andere Bilder als die U_n hat $\mathbb{Z}$ nicht). Weil die Bilder der Einheiten von Q^p besonders aufschlußreich sind, untersuchen wir einmal ψx für $x \in \mathbb{Z} \setminus p\,\mathbb{Z}$

$$x \in \mathbb{Z} \setminus p\mathbb{Z} \Rightarrow \left(\frac{x}{1}\right)^{-1} \text{ existiert in } Q^p$$

$$\Rightarrow \varphi\left(\frac{x}{1}\right)^{-1} \text{ ist invers zu } \varphi\frac{x}{1} = \zeta \circ \varphi x = \psi x \text{ in } R$$

Also ist ψx eine Einheit in R. Ist es auch eine Einheit in $U_n = \psi\,\mathbb{Z}$? Das wäre der Fall, wenn $(\psi x)^{-1}$ in U_n liegt. Jedenfalls ist ψx kein Nullteiler in R, also erst recht nicht in $U_n \subseteq R$. Nun gilt aber in U_n : r ist kein Nullteiler $\Leftrightarrow$ ggT $(r, n) = 1 \Leftrightarrow r$ ist Einheit. Also ist ψx Einheit in U_n.

Was kann man über n sagen, wenn jedes Element von $\mathbb{Z} \setminus p\mathbb{Z}$ durch ψ in eine Einheit von U_n abgebildet wird? Falls $n = q \cdot s$ mit q prim und $q \neq p$, so ist $q \in \mathbb{Z} \setminus p\mathbb{Z}$ und q Nullteiler in U_n, also keine Einheit. Es darf also in n keine andere Primzahl als p aufgehen, d. h. $n = p^i$ mit $i \in \mathbb{N}_o$. Damit haben wir aber:

$$\psi = \rho : \mathbb{Z} \to U_{p^i} \subseteq R$$

Aus Satz 7.10 folgt: Es gibt genau ein ξ mit $\zeta \circ \xi = \rho = \psi$, und dies ξ kennen wir schon aus 1): Es ist der dort definierte Morphismus $\xi : Q^p \to U_{p^i}$. Also ist $\varphi = \xi$, und da φ surjektiv vorausgesetzt war folgt $R = U_{p^i}$

Ergebnis:

Die Ringe U_{p^i} und keine anderen sind Bilder von Q^p unter Ringmorphismen.

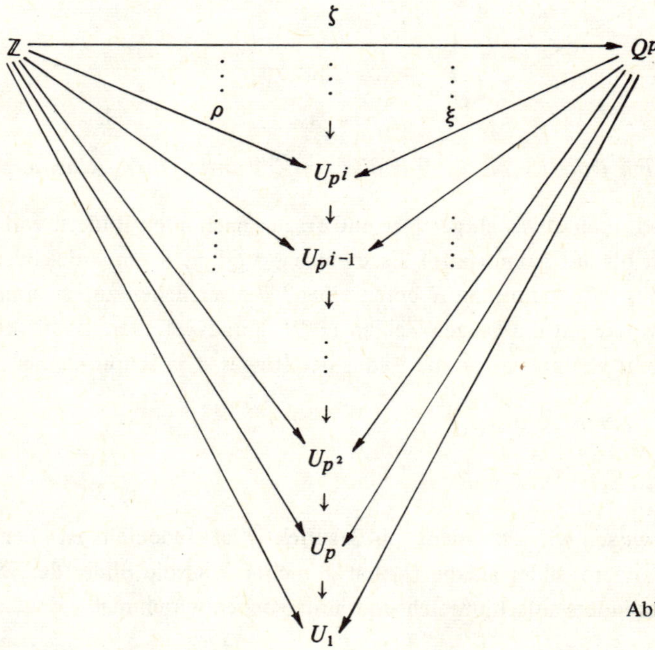

Abb. 71

7.F Die Isomorphie von Quotientenringen

Wir beginnen mit drei Beispielen. Die Mengen $\mathbb{N}$, $\mathscr{R} = \{b^2 \mid b \in \mathbb{N}\}$ und $\mathscr{S} = \{1\} \cup 6\mathbb{N} = \{1, 6, 12, 18, \ldots\}$ sind Nennermengen. Die entsprechenden Quotientenringe fassen wir gemäß der Einbettungen in Abschnitt 2.F als Teilringe von $\mathbb{Q}$ auf. Wir beobachten

$$Q\mathbb{N} = \{x \in \mathbb{Q} \mid \exists s \in \mathbb{N}; r \in \mathbb{Z} : x = \frac{r}{s}\} = \mathbb{Q},$$

da man jede rationale Zahl mit positivem Nenner schreiben kann (evtl. $\frac{-a}{-b}$ nehmen!)

$$Q\mathcal{R} = \{x \in \mathbb{Q} \mid \exists\, s \in \mathcal{R}, r \in \mathbb{Z} : x = \frac{r}{s}\}$$

$$= \{x \in \mathbb{Q} \mid \exists\, b \in \mathbb{N}, r \in \mathbb{Z} : x = \frac{r}{b^2}\}$$

Wegen $\frac{v}{w} = \frac{vw}{w^2}$ kann man jede rationale Zahl mit einem Quadrat im Nenner schreiben, also ist auch $Q\mathcal{R} = \mathbb{Q}$. Entsprechend erhält man aus $\frac{r}{s} = \frac{6r}{6s}$ die Gleichheit $Q\mathcal{S} = \mathbb{Q}$.

Damit haben wir drei ganz verschiedenartige Nennermengen mit gleichem Quotientenring. Man möchte nun gern ein Kriterium haben, mit dessen Hilfe man zwei Nennermengen ansehen kann, wann sie gleiche (bzw. isomorphe) Quotientenringe haben. Dabei muß man zuerst fragen: Was ist signifikant für einen Quotientenring $Q\mathcal{N}$? Nach Konstruktion offenbar doch die Menge der Elemente aus $\mathbb{Z}$, welche in $Q\mathcal{N}$ Inverse erhalten. Wie wir an den Beispielen sehen, sind das nicht nur die Elemente von $\mathcal{N}$, sondern u. U. wesentlich mehr. Wir reduzieren die Frage etwas: Ein Faktor -1 ist für die Inversenbildung unwesentlich, da man wie in $Q\mathbb{N}$ jeden Bruch mit positivem Nenner schreiben kann. Weiter sei $n \in \mathbb{N}$ mit der Primfaktorzerlegung $n = p_1^{\alpha_1} p_2^{\alpha_2} \ldots p_k^{\alpha_k}$. Hat jede der Primzahlen p_i ein Inverses in $Q\mathcal{N}$, so auch n (das Produkt von Einheiten ist wieder eine Einheit.) Damit ist das Problem auf die Primzahlen zurückgespielt. Wir äußern die Vermutung: Die Quotientenringe $Q\mathcal{N}$ und $Q\mathcal{M}$ sind gleich, wenn die gleichen Primzahlen in $Q\mathcal{N}$ und $Q\mathcal{M}$ Inverse erhalten.

Damit stellt sich als nächste Frage: Welche Primzahlen bekommen in $Q\mathcal{N}$ Inverse? Hier denken wir zurück an den Ring $\mathbb{D}$ez der Dezimalzahlen mit der Nennermenge $\{10^i \mid i \in \mathbb{N}_o\}$. Wir hatten gesehen, daß darin 2 und 5, die Primfaktoren der Elemente der Nennermenge, Inverse haben. In Erinnerung an das dortige Verfahren (Abschnitt 2.D, Beispiel am Ende) versuchen wir zu beweisen:

Erste Hilfsbemerkung. Es sei

$$PT\mathcal{N} =_{\text{def}} \{p \mid p \text{ ist Primzahl und } \exists\, n \in \mathcal{N} : p \mid n\}$$

die Menge der Primteiler (der Elemente) von $\mathcal{N}$. Dann gilt: *p ist Einheit in $Q\mathcal{N}$ genau dann, wenn $p \in PT\mathcal{N}$.*

Beweis:

$$p \in \mathscr{E}Q\mathscr{N} \Leftrightarrow \exists \frac{r}{s} \in Q\mathscr{N} : \frac{p}{1} \cdot \frac{r}{s} = \frac{1}{1}$$

$$\Leftrightarrow \exists\, r, s : pr = s \in \mathscr{N}$$

$$\Leftrightarrow p \in PT\mathscr{N}.$$

Für den Vergleich verschiedener Quotientenringe beweisen wir noch eine zweite Hilfsbemerkung: *Gilt $PT\mathscr{N} \subseteq PT\mathscr{M}$ für die Nennermengen $\mathscr{N}$ und $\mathscr{M}$, so hat jedes Element von $\mathscr{N}$ ein Inverses in $Q\mathscr{M}$.* Denn jeder Primteiler eines Elementes $n \in \mathscr{N}$ ist in $Q\mathscr{M}$ invertierbar, d.h. eine Einheit, also auch n als endliches Produkt von Einheiten. Nun zu dem angestrebten Kriterium:

7.11 Satz über die Isomorphie von Quotientenringen. *Für die Nennermengen $\mathscr{N}, \mathscr{M}$ gilt $Q\mathscr{N} \cong Q\mathscr{M}$ genau dann, wenn $PT\mathscr{N} = PT\mathscr{M}$.*

Beweis. a) Es sei $Q\mathscr{N} \cong Q\mathscr{M}$. Dann haben in $Q\mathscr{N}$ und $Q\mathscr{M}$ die gleichen Primzahlen Inverse (Einbettung von $\mathbb{Z}$ beachten) also gilt nach der ersten Hilfsbemerkung $PT\mathscr{N} = PT\mathscr{M}$.

b) Es sei $PT\mathscr{N} = PT\mathscr{M}$. Dann ist $PT\mathscr{N} \subseteq PT\mathscr{M}$ und $PT\mathscr{M} \subseteq PT\mathscr{N}$ und aus der zweiten Hilfsbemerkung erhalten wir: Alle Elemente von $\mathscr{N}$ haben Inverse in $Q\mathscr{M}$ und alle Elemente von $\mathscr{M}$ haben Inverse in $Q\mathscr{N}$.

Jetzt können wir Satz 7.10 anwenden und erhalten je genau einen Ringmorphismus $\xi : Q\mathscr{N} \to Q\mathscr{M}$ und $\eta : Q\mathscr{M} \to Q\mathscr{N}$ mit

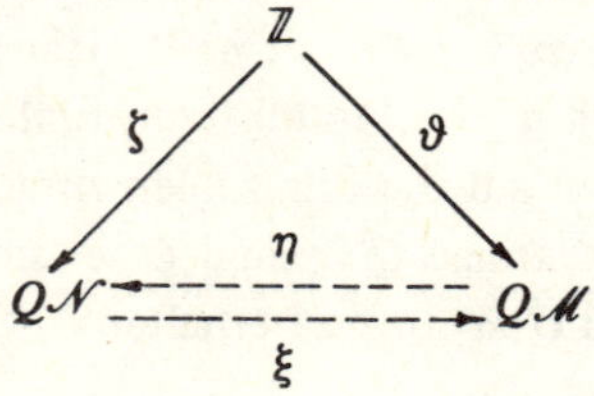

Abb. 72

wobei wir für die Einbettung von $\mathbb{Z}$ in $Q\mathscr{M}$ den Buchstaben ϑ gewählt haben. Aus der Eindeutigkeit von ξ und η folgt mit Lemma 5.9 (Diagramm ergänzen): ξ und η sind bijektiv, also $Q\mathscr{N}$ und $Q\mathscr{M}$ isomorph.

Anmerkung: Nach diesem Satz gibt es ebensoviele verschiedene (nicht isomorphe) Quotientenringe wie es verschiedene Teilmengen der Menge $\mathbb{P}$ aller Primzahlen gibt, das sind überabzählbar viele.

Aufgaben

(A 7.11) Überlegen Sie, daß man im Satz 7.11 sogar $Q\mathscr{M} = Q\mathscr{N}$ statt $Q\mathscr{N} \cong Q\mathscr{M}$ schreiben kann, wenn man die Quotientenringe entsprechend unserer Verabredung als Teilringe von $\mathbb{Q}$ auffaßt.

(A 7.12) Es sei $k \in \mathbb{N}$ und $\mathcal{N}_k = \{(5^k)^i \mid i \in \mathbb{N}_o\}$

$= \{1, 5^k, (5^k)^2, \ldots\}$

Zeigen Sie:

a) Alle $\mathcal{N}_k$ sind Nennermengen und für alle $k \in \mathbb{N}$ gilt $Q\mathcal{N}_k = Q\mathcal{N}_1$.

b) $\bigcap_{k=1}^{\infty} \mathcal{N}_k$ ist Nennermenge.

c) Vergleichen Sie $\bigcap_{k=1}^{\infty} [Q\mathcal{N}_k]$ und $Q[\bigcap_{k=1}^{\infty} \mathcal{N}_k]$.

(Dabei sind die $Q\mathcal{N}_k$ als Teilmengen von $\mathbb{Q}$ aufzufassen.)

(A 7.12) Es sei $\mathcal{M}$ die in (A 2.5) definierte Nennermenge. Bestimmen Sie alle $x \in PT\mathcal{M}$ mit $x < 200$ (Primzahltafel verwenden). Berechnen Sie ρx für $\rho : \mathbb{Z} \to U_4$ und äußern Sie eine Vermutung. (Der Beweis der richtigen Vermutung ist weit schwieriger als alle Aufgaben dieses Buches.)

§ 8. Die Gruppe $\mathbb{Q}/\mathbb{Z}$

Manchmal schreibt man die Elemente von $\mathbb{Q}$ als „gemischte Zahlen", etwa in der Form $3\frac{3}{5}$ $(= \frac{18}{5})$ oder $2\frac{7}{8}$ $(= \frac{23}{8})$. Dabei wollen wir 3 bzw. 2 als den Ganzteil und $\frac{3}{5}$ bzw. $\frac{7}{8}$ als den Bruchteil der betreffenden Zahlen bezeichnen. Für die Summe erhält man

$$3\frac{3}{5} + 2\frac{7}{8} = 6\frac{19}{40}.$$

Aus den Ganzteilen 3 und 2 ergibt sich hier der Ganzteil 6 und aus den Bruchteilen $\frac{3}{5}$ und $\frac{7}{8}$ der Bruchteil $\frac{19}{40}$. Es stellt sich heraus, daß auf diese Weise eine Verknüpfung der Bruchteile mit interessanten Eigenschaften definiert wird. Das entstehende Gebilde untersuchen wir in diesem Paragraphen.

8.A Die Gruppe $(\mathbb{Q}/\mathbb{Z}, +_1)$ und ihre endlichen Untergruppen

8.1 Definition: Es sei

$$\mathbb{Q}/\mathbb{Z} =_{\text{def}} \{x \in \mathbb{Q} \mid 0 \leqq x < 1\}$$

die Menge der rationalen Zahlen zwischen 0 und 1, mit 0 inklusive und 1 exklusive. Für $x, y \in \mathbb{Q}/\mathbb{Z}$ haben wir $0 \leqq x + y < 2$. Wir setzen

$$x +_1 y = \begin{cases} x + y \text{ falls } x + y < 1 \\ x + y - 1 \text{ falls } x + y \geqq 1. \end{cases}$$

$+_1$ ist eine Verknüpfung in $\mathbb{Q}/\mathbb{Z}$, wir nennen $+_1$ die *Addition modulo* 1.

Wir wollen nun zeigen: Es gibt einen surjektiven Morphismus $\beta : (\mathbb{Q}, +) \to (\mathbb{Q}/\mathbb{Z}, +_1)$ mit Kern $\mathbb{Z}$. Sei $x \in \mathbb{Q}$ eine rationale Zahl. Dann gibt es genau ein $m \in \mathbb{Z}$ mit $m \leqq x < m + 1$ (Satz 2.9). Wir setzen $[x] = m$ (wie in der Analysis üblich) und $\beta x = x - [x]$. Es sind also $[x]$ der Ganzteil und βx der Bruchteil von x.

(K 8.1) Berechnen Sie $\beta\frac{18}{23}$, $\beta\frac{-18}{23}$, $\beta\frac{69}{23}$.

Die Abbildung $\beta : \mathbb{Q} \to \mathbb{Q}/\mathbb{Z}$ ist surjektiv, denn für jedes $y \in \mathbb{Q}/\mathbb{Z}$ gilt ja $y \in \mathbb{Q}$ und $\beta y = y$. Es bleibt die Morphismusbedingung für β nachzuweisen. Für $a, b \in \mathbb{Q}/\mathbb{Z}$ ist $0 \leqq a + b < 2$ und

$$\beta(a + b) = \begin{cases} a + b \text{ falls } a + b < 1 \\ a + b - 1 \text{ falls } 1 \leqq a + b < 2 \end{cases}$$

Nach Definition $+_1$ haben wir also:

Für $a, b \in \mathbb{Q}/\mathbb{Z}$ ist $\beta(a + b) = a +_1 b$.

Für irgendein $x \in \mathbb{Q}$ und $k \in \mathbb{Z}$ gilt $\beta x = \beta(x + k)$, denn aus

$$m \leqq x < m + 1 \quad \text{folgt ja} \quad m + k \leqq x + k < m + k + 1.$$

Daraus erhalten wir für $x, y \in \mathbb{Q}$ und $-[x] - [y] \in \mathbb{Z}$:

$$\begin{aligned} \beta(x + y) &= \beta(x + y - [x] - [y]) \\ &= \beta(x - [x] + y - [y]) \\ &= \beta(\beta x + \beta y) \\ &= \beta x +_1 \beta y \text{ wegen } \beta x, \beta y \in \mathbb{Q}/\mathbb{Z}. \end{aligned}$$

β ist also Morphismus. Der Kern von β besteht aus allen $x \in \mathbb{Q}$ mit $\beta x = 0$, d.h. $\operatorname{Ker} \beta = \mathbb{Z}$.

Wir haben bewiesen:

8.2 Satz. *Die oben definierte Abbildung β ist ein surjektiver Morphismus $\beta : (\mathbb{Q}, +) \to (\mathbb{Q}/\mathbb{Z}, +_1)$ mit Kern $\mathbb{Z}$. Insbesondere folgt, daß $(\mathbb{Q}/\mathbb{Z}, +_1)$ eine kommutative Gruppe ist.*

(Der zweite Teil des Satzes folgt aus Satz 4.4.)

$(\mathbb{Q}/\mathbb{Z}, +_1)$ wird auch die Gruppe der rationalen Zahlen modulo 1 genannt. Es ist nützlich, für ein Element von $\mathbb{Q}/\mathbb{Z}$ das Inverse bzgl. $+_1$ leicht angeben zu können: Das Inverse von 0 ist natürlich 0. Ist $0 < x < 1$, so folgt $0 < 1 - x < 1$ (Rechnung in $\mathbb{Q}$!), also $1 - x \in \mathbb{Q}/\mathbb{Z}$ und $(1 - x) + x = 1$, d.h. $(1 - x) +_1 x = 0$.

Anmerkung. Die Abbildung $(x \to [x]) : \mathbb{Q} \to \mathbb{Z}$ ist kein Morphismus bezüglich der Addition, denn $[\frac{1}{2}] = 0$ und $[\frac{1}{2} + \frac{1}{2}] = 1 \neq [\frac{1}{2}] + [\frac{1}{2}]$.

8.3 Satz. *Für $n \in \mathbb{N}$ sei*

$$C_n = \left\{0, \frac{1}{n}, \frac{2}{n}, \ldots, \frac{n-1}{n}\right\}.$$

Dann ist $(C_n, +_1)$ eine zyklische Untergruppe der Ordnung n von $(\mathbb{Q}/\mathbb{Z}, +_1)$.

Beweis. C_n ist abgeschlossen bezüglich $+_1$ und wegen $\frac{k}{n} +_1 \frac{n-k}{n} = 0$ liegt mit jedem Element auch das Inverse bezüglich $+_1$ in C_n. Das Untergruppenkriterium ist also erfüllt. Es gilt $C_n = \langle \frac{1}{n} \rangle$, also ist C_n zyklisch, und da die Elemente 0, $\frac{1}{n}, \ldots, \frac{n-1}{n}$ in $\mathbb{Q}/\mathbb{Z}$ alle verschieden sind hat C_n auch n Elemente.

Folgerungen aus Satz 8.3:

1) Jedes Element von $\mathbb{Q}/\mathbb{Z}$ liegt in einer Gruppe C_n. Beweis: Es sei $x \in \mathbb{Q}/\mathbb{Z}$. Dann gibt es $k \in \mathbb{N}_0$ und $n \in \mathbb{N}$ mit $x = \frac{k}{n}$, also liegt x in C_n.

2) Wegen 1) hat insbesondere jedes Element von $\mathbb{Q}/\mathbb{Z}$ endliche Ordnung, es gibt also keine zu $(\mathbb{Z}, +)$ isomorphe Untergruppe von $(\mathbb{Q}/\mathbb{Z}, +_1)$

3) Zu je zwei Elementen $x, y \in \mathbb{Q}/\mathbb{Z}$ gibt es ein $n \in \mathbb{N}$ mit $x, y \in C_n$. Beweis: Es seien $x = \frac{r}{s}$ und $y = \frac{v}{w}$. Mit $n = sw$ hat man $x, y \in C_n$.

8.4 Satz. *Jede endliche Untergruppe von $\mathbb{Q}/\mathbb{Z}$ ist zyklisch.*

Beweis: Es sei $H = \{0, x_1, \ldots, x_n\}$ und $(H, +_1)$ Untergruppe von $(\mathbb{Q}/\mathbb{Z}, +_1)$. Weiter sei $x_i = \frac{r_i}{s_i}$ für $i = 1, \ldots, n$. Dann ist mit $k = s_1 s_2 \ldots s_n$ jedes $x_i \in C_k$, also $H \subseteq C_k$ und damit $(H, +_1)$ Untergruppe der zyklischen Gruppe $(C_k, +_1)$. Also ist $(H, +_1)$ selbst zyklisch.

8.5 Satz. *Zu jedem $n \in \mathbb{N}$ enthält $\mathbb{Q}/\mathbb{Z}$ genau eine zyklische Untergruppe der Ordnung n, nämlich C_n.*

Beweis: Es sei $x \in \mathbb{Q}/\mathbb{Z}$ und $|\langle x \rangle| = n$. Wir müssen zeigen: $\langle x \rangle = C_n$. Dafür genügt $x \in C_n$. Es ist n minimal aus $\mathbb{N}$ mit $0 = x +_1 \ldots +_1 x$ (n-mal).

Nun ist $x +_1 x +_1 \ldots +_1 x = \beta(x + x + \ldots + x)$, also $\beta(nx) = 0$, wobei nx in $\mathbb{Q}$ genommen ist. Daraus folgt $nx = a \in \mathbb{N}$, also $x = \frac{a}{n}$ und $x \in C_n$.

Aufgabe

(A 8.2) Beweisen Sie: Es gibt keinen surjektiven Morphismus

$$\varphi : (\mathbb{Q}, +) \to (\mathbb{Z}, +),$$

Hinweis: $x \in \mathbb{Q}$ mit $\varphi x = 1$ betrachten und $\varphi \frac{x}{2}$ untersuchen.

8.B Gegenüberstellung von $\mathbb{Z}$ und $\mathbb{Q}/\mathbb{Z}$

Ein Vergleich der Gruppen $(\mathbb{Z}, +)$ und $(\mathbb{Q}/\mathbb{Z}, +_1)$ zeigt eine Art Spiegelbildlichkeit dieser Gebilde. Wir stellen eine Liste auf. (Die letzte Behauptung für $\mathbb{Q}/\mathbb{Z}$ beweisen wir anschließend).

(a)	Eigenschaft von $\mathbb{Z}$	(b)	Eigenschaft von $\mathbb{Q}/\mathbb{Z}$
(1a)	Jedes Element $\neq 0$ hat unendliche Ordnung.	(1b)	Jedes Element hat endliche Ordnung.
(2a)	Jedes endliche Bild (unter einem Morphismus) ist zyklisch.	(2b)	Jede endliche Untergruppe ist zyklisch.
(3a)	Jede endliche zyklische Gruppe ist echtes Bild.	(3b)	Jede endliche zyklische Gruppe ist echte Untergruppe.
(4a)	Jede Untergruppe $\neq \{0\}$ ist unendlich.	(4b)	Jedes Bild $\neq \{0\}$ ist unendlich.

Ehe wir an den Beweis von (4b) gehen, wollen wir diesen Vergleich etwas erläutern. Man sieht bei den Eigenschaften (2), (3) und (4) jeweils auf der einen Seite „Bild" und auf der anderen Seite „Untergruppe". Diese Begriffe haben tatsächlich eine gewisse Symmetrie. Das *Bild* einer Gruppe G wird gegeben durch einen *surjektiven Morphismus* $\varphi : G \to \cdot$. Eine *Untergruppe* von G wird gegeben durch einen *injektiven Morphismus* $\varphi : \cdot \to G$, z.B. durch den „Einsetzungsmorphismus", welcher für eine Untergruppe $(H, *)$ der Gruppe $(G, *)$ durch $\sigma h = h$ mit $\sigma : H \to G$ definiert ist. Wir haben schon mehrfach Untergruppen erschlossen, indem wir injektive Morphismen in eine Gruppe angaben. Im Grunde wird also jede Untergruppe so bestimmt.

Nun zum Beweis von (4b). Wir formulieren die Aussage noch einmal.

8.6 Satz. *Jedes Bild $\neq \{0\}$ der Gruppe $(\mathbb{Q}/\mathbb{Z}, +_1)$ unter einem Gruppenmorphismus ist unendlich.*

Beweis. Es sei $\varphi : (\mathbb{Q}/\mathbb{Z}, +_1) \to (G, *)$ ein surjektiver Gruppenmorphismus und $G \neq \{e\}$. Dann gibt es in $\mathbb{Q}/\mathbb{Z}$ ein Element x mit $\varphi x \neq e$. Es sei $x = \frac{a}{b}$ mit $a, b \in \mathbb{N}$. Dann ist auch $\varphi \frac{1}{b} \neq e$, denn sonst wäre

$$\varphi\left(\frac{a}{b}\right) = \left(\varphi \frac{1}{b}\right) * \left(\varphi \frac{1}{b}\right) * \ldots * \left(\varphi \frac{1}{b}\right) \ (a\text{-mal})$$

$$= e * e * e * \ldots * e = e$$

Mit dem gleichen Argument erhält man $\forall n \in \mathbb{N} : \varphi(\frac{1}{b^n}) \neq e$. Wir werden nun zeigen, daß die $\varphi(\frac{1}{b^n})$ alle untereinander verschieden sind, genauer: Ist $\varphi \frac{1}{b^n} = \varphi \frac{1}{b^k}$ so folgt $n = k$. Dann liegen in der Gruppe G (mindestens) die unendlich vielen Elemente $\varphi \frac{1}{b^n}$.

Es sei $\varphi \frac{1}{b^n} = \varphi \frac{1}{b^k}$ mit $n \geqq k$. Es folgt

$$e = \varphi\left(\frac{1}{b^k} - \frac{1}{b^n}\right).$$

Dann ist wegen $b^k \in \mathbb{N}$ auch

$$e = \varphi\left[b^k \left(\frac{1}{b^k} - \frac{1}{b^n}\right)\right] = \varphi\left(1 - \frac{b^k}{b^n}\right) = \varphi\left(1 - \frac{1}{b^{n-k}}\right)$$

und da $1 - x$ das Inverse von x in $(\mathbb{Q}/\mathbb{Z}, +_1)$ ist, folgt

$$\varphi \frac{1}{b^{n-k}} = e, \text{ also } n = k,$$

da wir im Falle $n > k$ schon $\varphi \frac{1}{b^{n-k}} \neq e$ gezeigt hatten.

Aufgabe

(A 8.3) Verifizieren Sie

a) Durch $x \to x + x + x$ wird ein injektiver, nicht surjektiver Morphismus $\lambda : (\mathbb{Z}, +) \to (\mathbb{Z}, +)$ definiert.

b) Durch $x \to x +_1 x +_1 x$ wird ein surjektiver, nicht injektiver Morphismus $\mu : (\mathbb{Q}/\mathbb{Z}, +_1) \to (\mathbb{Q}/\mathbb{Z}, +_1)$ definiert.

8.C Struktureigenschaften von $\mathbb{Q}/\mathbb{Z}$

Die Gruppe $(\mathbb{Q}, +)$ wird durch den Morphismus β auf $(\mathbb{Q}/\mathbb{Z}, +_1)$ abgebildet. Die Untergruppen von $(\mathbb{Q}, +)$ gehen dabei in Untergruppen von $(\mathbb{Q}/\mathbb{Z}, +_1)$ über. Wir kennen schon viele Untergruppen von $(\mathbb{Q}, +)$:

Durch jede Nennermenge $\mathscr{N}$ wird eine Quotientengruppe $(Q\mathscr{N}, +)$ definiert. (Dabei fassen wir wieder $Q\mathscr{N}$ als Teilmenge von $\mathbb{Q}$ auf). Unsere weiteren Betrachtungen beziehen sich auf zwei Arten von Nennermengen: $\mathbb{Z} \setminus p\mathbb{Z}$ und $\{p^i \mid i \in \mathbb{N}_0\}$ für Primzahlen p. Wir setzen $Q(\mathbb{Z} \setminus p\mathbb{Z}) = Q^p$ wie in Abschnitt 7.E und $Q\{p^i \mid i \in \mathbb{N}_0\} = Q_p$ (nur Potenzen von p im Nenner nach Kürzen).

Für jedes $z \in \mathbb{Z}$ haben wir

$$z = \frac{z}{1} \in Q_p \text{ und } z = \frac{z}{1} \in Q^p,$$

also ist $\mathbb{Z} \subseteq Q_p \cap Q^p$. Ist $x = \frac{r}{p^n} \in Q_p$ nicht ganz, also etwa ggT $(r, p^n) = 1$ und $n > 0$, so läßt sich x (durch Erweitern) sicher nicht mit einem Nenner aus $\mathbb{Z} \setminus p\mathbb{Z}$ darstellen: Eine nicht ganze Zahl aus Q_p liegt nicht in Q^p. Damit erhalten wir $Q_p \cap Q^p = \mathbb{Z}$, die beiden Untergruppen $(Q_p, +)$ und $(Q^p, +)$ von $(\mathbb{Q}, +)$ sind sozusagen längs $\mathbb{Z}$ verheftet. Durch β werden alle Elemente von $\mathbb{Z}$ auf 0 abgebildet, und da die Bruchteile βx von rationalen Zahlen mit dem gleichen Nenner wie x geschrieben werden können, werden alle Elemente von Q_p auf Elemente von Q_p abgebildet (die zwischen 0 und 1 liegen). Entsprechend werden auch die Elemente von Q^p auf Elemente von Q^p abgebildet. Da es keine gemeinsamen Elemente x von Q_p und Q^p mit $0 < x < 1$ gibt, erhalten wir daraus

$$\beta Q_p \cap \beta Q^p = \{0\}.$$

Für die Gruppe $(\beta Q_p, +_1)$ hat man eine spezielle Bezeichnung, die wir später erklären werden. Man schreibt $\beta Q_p = U_{p^\infty}$ und nennt U_{p^∞} die *quasizyklische Gruppe vom Typ* p^∞. Um eine ähnliche Bezeichnung zu haben, setzen wir noch $\beta Q^p = W^p$.

Unser Interesse gilt jetzt dem Zusammenspiel der Gruppen U_{p^∞} und W^p in $\mathbb{Q}/\mathbb{Z}$. Es sei $\frac{a}{b} \in \mathbb{Q}$ mit $b \in \mathbb{N}$. Wir zerlegen $b = p^i q$, wobei wir ggT $(p^i, q) = 1$ fordern. Es gibt dann $x, y \in \mathbb{Z}$ mit $xp^i + yq = 1$, also ist

$$\frac{1}{b} = \frac{x p^i + y q}{p^i q} = \frac{x}{q} + \frac{y}{p^i},$$

und nach der Definition von q und p^i ist

$$\frac{a}{b} = \frac{ax}{q} + \frac{ay}{p^i}$$

mit $\frac{ay}{p^i} \in Q_p$ und $\frac{ax}{q} \in Q^p$.

Ergebnis: Jedes Element von $\mathbb{Q}$ läßt sich als Summe zweier Elemente darstellen, von denen das eine in Q_p und das andere in Q^p liegt.

Für $\mathbb{Q}/\mathbb{Z}$ ergibt sich dieselbe Tatsache:

Es sei $\frac{a}{b} \in \mathbb{Q}/\mathbb{Z}$, also $\frac{a}{b} \in \mathbb{Q}$ mit $0 \leqq \frac{a}{b} < 1$. Dann haben wir

in $\mathbb{Q}$: $\quad \frac{a}{b} = \frac{ax}{q} + \frac{ay}{p^i} \qquad$ und $\qquad \frac{a}{b} = \beta\frac{a}{b} = \beta\frac{ax}{q} +_1 \beta\frac{ay}{p^i}$:

$$\forall r \in \mathbb{Q}/\mathbb{Z} \ \exists s, t : s \in U_{p^\infty} \text{ und } t \in W^p \text{ und } r = s +_1 t.$$

8.7 Satz. *$\mathbb{Q}/\mathbb{Z}$ ist isomorph zum direkten Produkt aus U_{p^∞} und W^p.*

Beweis: Wir bezeichnen auch die Verknüpfung im direkten Produkt mit $+_1$. Es sei $(s, t) \in U_p \times W_p$.

Durch $\varphi : (s, t) \to s +_1 t$ (in $\mathbb{Q}/\mathbb{Z}$) wird eine Abbildung

$$\varphi : U_{p^\infty} \times W^p \to \mathbb{Q}/\mathbb{Z} \text{ definiert.}$$

φ ist injektiv:

Es sei $\quad \varphi(s, t) = \varphi(u, w)$, also

$$s +_1 t = u +_1 w$$

Daraus folgt

$$s +_1 (-u) = w +_1 (-t) \in W^p,$$

da w und $-t$ aus W^p sind.

Nun liegt aber $s +_1(-u)$ in U_{p^∞}, also $s +_1 (-u) \in W^p \cap U_p = \{0\}$ d. h. $s +_1 (-u) = 0$, folglich $s = u$.

Ebenso erhält man $t = w$, also $(s, t) = (u, w)$ und φ ist injektiv.

φ ist surjektiv: Wir haben gezeigt, daß es zu jedem $r \in \mathbb{Q}/\mathbb{Z}$ Elemente $s \in U_{p^\infty}$ und $t \in W_p$ mit $r = s +_1 t = \varphi(s, t)$ gibt.

φ ist Morphismus:

$$\begin{aligned} \varphi[(s, t) +_1 (u, w)] &= \varphi(s +_1 u, t +_1 w) \\ &= (s +_1 u) +_1 (t +_1 w) \\ &= (s +_1 t) +_1 (u +_1 w) \\ &= \varphi(s, t) +_1 \varphi(u, w). \end{aligned}$$

Damit ist Satz 8.7 bewiesen.

Bemerkungen

1) $(\mathbb{Q}, +)$ ist nicht isomorph zum direkten Produkt aus $(Q_p, +)$ und $(Q^p, +)$. Man kann zwar die Abbildung φ genau wie im Satz 7 definieren und erhält

wie im Beweis, daß φ surjektiver Morphismus ist. Wegen $Q_p \cap Q^p = \mathbb{Z}$ kann man jedoch nicht mehr schließen, daß φ injektiv ist. Dies ist auch tatsächlich nicht der Fall, wie man an dem Beispiel $p = 5$ und

$$\frac{-4}{21} + \frac{1}{5} = \frac{1}{5 \cdot 21} = \frac{17}{21} + \frac{-4}{5}$$

sieht. (In $\mathbb{Q}$ gilt $\frac{1}{5} \neq \frac{-4}{5}$, aber in $\mathbb{Q}/\mathbb{Z}$ erhalten wir $\beta\frac{1}{5} = \beta\frac{-4}{5}$!)

2) Man kann die Struktur der Gruppe $\mathbb{Q}/\mathbb{Z}$ auch vollständig mit Hilfe der Gruppen U_{p^∞} beschreiben. Dazu muß man allerdings die unendliche direkte Summe der Gruppen U_{p^∞} bilden ähnlich wie beim Struktursatz für $(\mathbb{B}, \cdot)$. Als Folgen sind zu nehmen Abbildungen $\alpha : \mathbb{N} \to \bigcup_{p \in \mathbb{P}} U_{p^\infty}$ mit $\alpha_i \in U_{p_i^\infty}$ und fast alle $\alpha_i = 0$. Dabei ist p_i die i-te Primzahl in natürlicher Ordnung. Der Beweis verläuft dann ganz ähnlich wie bei Satz 8.7.

Zum Schluß gehen wir noch etwas auf die Gruppe U_{p^∞} selbst ein. Sie enthält für jedes $i \in \mathbb{N}$ die Untergruppe C_{p^i} in der Anordnung

$$\{0\} = C_1 = C_{p^0} \subsetneqq C_{p^1} \subsetneqq C_{p^2} \subsetneqq C_{p^3} \subsetneqq \ldots \subsetneqq C_{p^i} \subsetneqq C_{p^{i+1}} \subsetneqq \ldots$$

und dies sind auch alle Untergruppen von U_{p^∞}. Daraus erklärt sich der Name „quasizyklisch vom Typ p^∞". Die Gruppen Q^p und U_{p^∞} verhalten sich zuein-

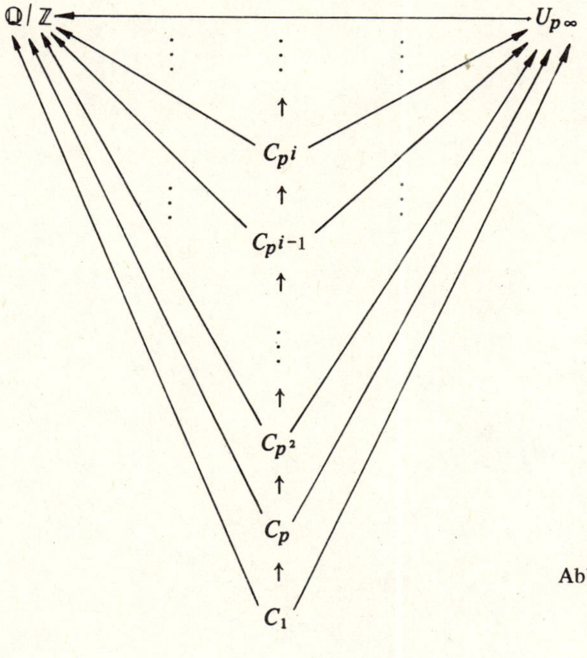

Abb. 73

ander wie die Gruppen $\mathbb{Z}$ und $\mathbb{Q}/\mathbb{Z}$, mit entsprechend modifizierten Aussagen (1 *a, b*) bis (4 *a, b*).(Statt „jede endliche zyklische Gruppe" muß man setzen „jede endliche zyklische Gruppe einer Ordnung p^i".) Die Analogie wird noch unterstrichen durch Abb. 73 im Vergleich mit dem Diagramm am Ende von Abschnitt 7. E. Hier sind alle Pfeile als Einsetzungsmorphismen zu verstehen, also etwa $\gamma : C_{p^i} \to U_{p^\infty}$ mit $\gamma : \frac{s}{p^i} \to \frac{s}{p^i}$, und alle auf verschiedenen Wegen vorgenommenen Einbettungen sind gleich. Alle Einsetzungsmorphismen sind injektiv, in 7.E lagen (außer ζ) lauter surjektive Morphismen vor. Außerdem gilt natürlich $C_{p^i} \cong U_{p^i}$. In 7.E hatten wir sämtliche Bilder von Q^p, hier haben wir sämtliche Untergruppen von U_{p^∞}.

§ 9. Endomorphismenringe

9.A Die Gruppe ($\mathbb{Z} \times \mathbb{Z}$, +)

Als Variable für die Elemente des direkten Produkts $(\mathbb{Z}, +) \times (\mathbb{Z}, +)$ verwenden wir deutsche Buchstaben $\mathfrak{a}, \mathfrak{b}, \ldots, \mathfrak{x}, \mathfrak{y}, \mathfrak{z}$ und bezeichnen die Verknüpfung im direkten Produkt wieder mit +, so daß wir erhalten: Für $\mathfrak{x} = (x_1, x_2)$ und $\mathfrak{y} = (y_1, y_2)$ aus $\mathbb{Z} \times \mathbb{Z}$ ist

$$\mathfrak{x} + \mathfrak{y} = (x_1, x_2) + (y_1, y_2) = (x_1 + y_1, x_2 + y_2).$$

Geometrische Veranschaulichung der Addition in ($\mathbb{Z} \times \mathbb{Z}$, +):

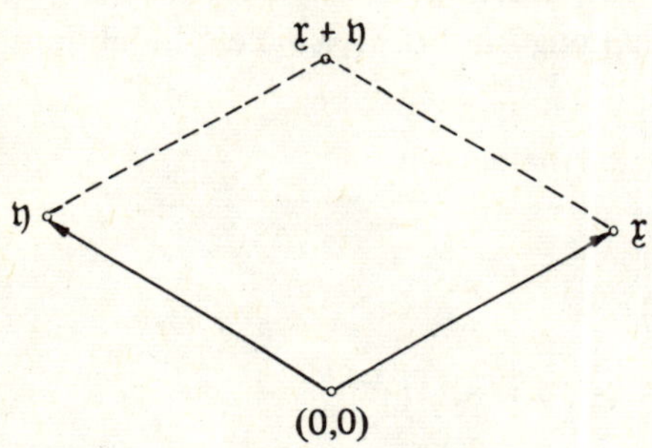

Abb. 74

Es ist $\mathfrak{x} + \mathfrak{y}$ der vierte Eckpunkt eines durch (0, 0), $\mathfrak{x}$ und $\mathfrak{y}$ bestimmten Parallelogramms.

Für $\mathfrak{a} = (a_1, a_2)$ betrachten wir die Untergruppe $\langle\mathfrak{a}\rangle = \theta_{\mathfrak{a}}\mathbb{Z}$ in $\mathbb{Z} \times \mathbb{Z}$. Sie besteht aus allen Elementen $k\mathfrak{a}$ mit $k \in \mathbb{Z}$ (additive Schreibweise!)

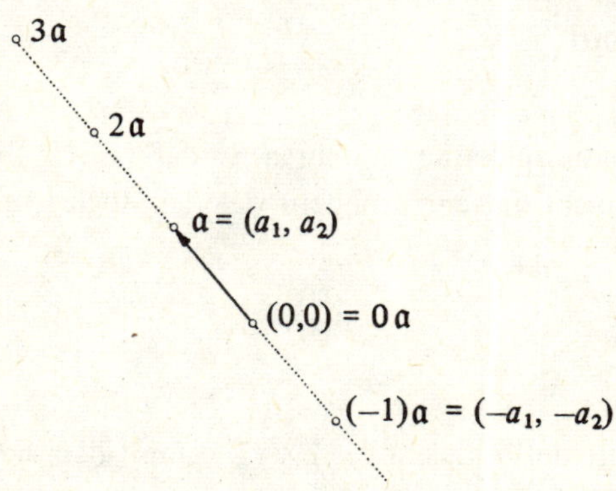

Abb. 75

Nun ist für $n > 0$: $n\mathfrak{a} = \underbrace{\mathfrak{a} + \mathfrak{a} + \ldots + \mathfrak{a}}_{n\text{-mal.}}$

$$= (a_1, a_2) + \ldots + (a_1, a_2)$$

$$= (n a_1, n a_2),$$

sowie $0 \cdot \mathfrak{a} = (0, 0)$, und für $k = -n < 0$ erhalten wir

$$\begin{aligned}(-n)\,\mathfrak{a} &= n(-\mathfrak{a})\\ &= n(-a_1, -a_2)\\ &= (-n a_1, -n a_2).\end{aligned}$$

Es ist also für alle $k \in \mathbb{Z}$: $k(a_1, a_2) = (k a_1, k a_2)$. Wir beachten dabei, daß das Produkt $k \cdot \mathfrak{a}$ rein gruppentheoretisch definiert ist mit Hilfe des Morphismus $\theta_{\mathfrak{a}}$, dagegen das Produkt $k a_1$ durch die Multiplikation in $\mathbb{Z}$ gegeben ist. (Eigentlich wäre für die Behauptung $k\mathfrak{a} = (k a_1, k a_2)$ ein Induktionsbeweis zu führen!)

Für jedes $\mathfrak{x} = (x_1, x_2) \in \mathbb{Z} \times \mathbb{Z}$ erhalten wir nun:

$$\begin{aligned}\mathfrak{x} &= (x_1, x_2)\\ &= (x_1, 0) + (0, x_2)\\ &= (x_1 \cdot 1, x_1 \cdot 0) + (x_2 \cdot 0, x_2 \cdot 1)\\ &= x_1\,(1, 0) + x_2\,(0, 1).\end{aligned}$$

Alle Elemente von $\mathbb{Z} \times \mathbb{Z}$ lassen sich aus (1, 0) und (0, 1) kombinieren!

9.B Multiplikationen auf $\mathbb{Z} \times \mathbb{Z}$

Wir wollen in $\mathbb{Z} \times \mathbb{Z}$ eine Multiplikation einführen, so daß $(\mathbb{Z} \times \mathbb{Z}, +, \cdot)$ ein Ring wird. Dazu hat man nicht nur eine, sondern vielerlei Möglichkeiten, von denen wir einige aufzählen.

(a) Wir setzen

$$(x_1, x_2) \circledast (y_1, y_2) = (x_1 y_1, x_2 y_2).$$

Es ist $(\mathbb{Z} \times \mathbb{Z}, \circledast)$ das direkte Produkt $(\mathbb{Z}, \cdot) \times (\mathbb{Z}, \cdot)$ mit dem neutralen Element (1, 1) bezüglich $\circledast$. Die Gesetze (Ass^a), (Komm^a) übertragen sich von $(\mathbb{Z}, \cdot)$ und (Distr^{a}) rechnet man leicht nach. Man wird den Ring $(\mathbb{Z} \times \mathbb{Z}, +, \textcircled{a})$ als das direkte Produkt $(\mathbb{Z}, +, \cdot) \times (\mathbb{Z}, +, \cdot)$ bezeichnen. Wie etwa bei $(U_6, +_6, \cdot_6)$ haben wir hier die Erscheinung, daß das Produkt von zwei Elementen 0 sein kann, auch wenn beide Faktoren $\neq 0$ sind. Der Ring $(\mathbb{Z} \times \mathbb{Z}, +, \textcircled{a})$ hat Nullteiler:

$$(2, 0) \textcircled{a} (0, 3) = (0, 0).$$

(K 9.1) Berechnen Sie $(2, 1) \textcircled{a} (1, 2)$.

(b) Es sei

$$(x_1, x_2) \textcircled{b} (y_1, y_2) = (x_1 y_1, x_1 y_2 + x_2 y_1).$$

Auch $(\mathbb{Z} \times \mathbb{Z}, +, \textcircled{b})$ ist ein kommutativer Ring, das neutrale Element bzgl. $\textcircled{b}$ ist $(1, 0)$. Es gibt Nullteiler:

$$(0, 2) \textcircled{b} (0, 3) = (0, 0)$$

(K 9.2) Berechnen Sie $(2,1) \textcircled{b} (1, 2)$.

(c) Es sei

$$(x_1, x_2) \textcircled{c} (y_1, y_2) = (x_1 y_1 + x_2 y_2, x_1 y_2 + x_2 y_1)$$

Auch $(\mathbb{Z} \times \mathbb{Z}, +, \textcircled{c})$ ist ein kommutativer Ring, neutral bzgl. $\textcircled{c}$ ist $(1, 0)$. Es gibt Nullteiler: $(1, 1) \textcircled{c} (1, -1) = (0, 0)$.

(K 9.3) Berechnen Sie $(2, 1) \textcircled{c} (1, 2)$.

(d) Es sei

$$(x_1, x_2) \textcircled{d} (y_1, y_2) = (x_1 y_1 - x_2 y_2, x_1 y_2 + x_2 y_1).$$

Auch $(\mathbb{Z} \times \mathbb{Z}, +, \textcircled{d})$ ist ein kommutativer Ring mit neutralem Element $(1, 0)$. Im Gegensatz zu den vorigen Beispielen hat dieser Ring keine Nullteiler. (Dazu muß man zeigen:

$$\mathfrak{x} \textcircled{d} \mathfrak{y} = (0, 0) \Rightarrow \mathfrak{x} = (0, 0) \text{ oder } \mathfrak{y} = (0, 0).)$$

(K 9.4) Berechnen Sie $(2, 1) \textcircled{d} (1, 2)$.

(e) Für $k \in \mathbb{Z}$ sei

$$(x_1, x_2) \textcircled{k} (y_1 y_2) = (x_1 y_1 + k x_2 y_2, x_1 y_2 + x_2 y_1)$$

Wir stellen fest: $\textcircled{b} = \textcircled{0}$ und $\textcircled{c} = \textcircled{1}$ und $\textcircled{d} = \textcircled{-1}$.

(K 9.5) Berechnen Sie $(2, 1) \textcircled{4} (1, 2)$.

9.1 Satz. a) *Für jedes* $k \in \mathbb{Z}$ *ist* ($\mathbb{Z} \times \mathbb{Z}$, +, Ⓚ) *ein kommutativer Ring mit neutralem Element* (1, 0) *bezüglich* Ⓚ.

b) *Ist* $k \neq l$, *so sind* ($\mathbb{Z} \times \mathbb{Z}$, +, Ⓚ) *und* ($\mathbb{Z} \times \mathbb{Z}$, +, Ⓛ) *nicht isomorph.*

Beweis. a) Wir wissen bereits, daß ($\mathbb{Z} \times \mathbb{Z}$, +) eine kommutative Gruppe ist. Es bleiben zu verifizieren:

($\mathbb{Z} \times \mathbb{Z}$, Ⓚ) ist assoziatives und kommutatives Gebilde mit dem neutralen Element (1, 0) sowie die Gültigkeit der Distributivgesetze. Dies geschieht durch einfache Rechnungen unter Beachtung der Definition von Ⓚ.

b) Wir beweisen die Kontraposition: Ist φ : ($\mathbb{Z} \times \mathbb{Z}$, +, Ⓚ) $\to$ ($\mathbb{Z} \times \mathbb{Z}$, +, Ⓛ) ein Isomorphismus, so folgt $k = l$.

b 1) Für jedes Element (x_1, x_2) aus $\mathbb{Z} \times \mathbb{Z}$ haben wir nach Abschnitt 9.A $(x_1, x_2) = x_1(1, 0) + x_2(0, 1)$. Daraus erhalten wir unter Ausnutzung von Aufgabe 5.7 in additiver Schreibweise:

$$\begin{aligned}\varphi(x_1, x_2) &= \varphi[x_1(1, 0) + x_2(0, 1)]\\ &= \varphi[x_1(1, 0)] + \varphi[x_2(0, 1)]\\ &= x_1\,\varphi(1, 0) + x_2\,\varphi(0, 1) \text{ nach Aufgabe 5.7.}\end{aligned}$$

b 2) φ muß das neutrale Element (1, 0) bezgl. Ⓚ auf das neutrale Element (1, 0) bzgl. Ⓛ abbilden, also ist $\varphi(1, 0) = (1, 0)$ und damit

$$\varphi(x_1, x_2) = (x_1, 0) + x_2\varphi(0, 1).$$

Es bleibt also nur noch $\varphi(0, 1)$ zu bestimmen. Es sei

$$\varphi(0, 1) = (a_1, a_2).$$

Dabei ist sicher $a_2 \neq 0$, denn sonst könnte φ nicht surjektiv sein. Wir haben nun

$$\begin{aligned}\varphi[(0, 1) \text{ Ⓚ } (0, 1)] &= (a_1, a_2) \text{ Ⓛ } (a_1, a_2)\\ &= (a_1^2 + l a_2^2, 2a_1a_2) \text{ nach Def. Ⓛ}\end{aligned}$$

und

$$\varphi[(0, 1) \text{ Ⓚ } (0, 1)] = \varphi(k, 0) = (k, 0) \text{ nach Def. Ⓚ}.$$

Wegen $a_2 \neq 0$ folgt daraus $a_1 = 0$ und $k = l a_2^2$.

b 3) Wir behaupten $a_2^2 = 1$. Da φ surjektiv ist, gibt es $(b_1, b_2) \in \mathbb{Z} \times \mathbb{Z}$ mit $\varphi(b_1, b_2) = (0, 1)$. Nun ist aber nach unseren Rechnungen $\varphi(b_1, b_2) =$

$(b_1, 0) + b_2(0, a_2)$, also $b_1 = 0$ und $b_2 a_2 = 1$. Wegen $b_2 \in \mathbb{Z}$ und $a_2 \in \mathbb{Z}$ folgt daraus $a_2 = 1$ oder $a_2 = -1$, also jedenfalls $a_2^2 = 1$ und wegen $k = l a_2^2$ haben wir $k = l$, was wir beweisen wollten.

Bemerkung. Wir haben damit eine Serie von Ringen erhalten, alle mit der gleichen additiven Gruppe $(\mathbb{Z} \times \mathbb{Z}, +)$, aber mit wesentlich verschiedenen Multiplikationen. Anders als bei den Zahlbereichen $\mathbb{N}$, $\mathbb{Z}$, $\mathbb{Q}$ wird hier mit der Menge $\mathbb{Z} \times \mathbb{Z}$ keinesfalls die Verknüpfung $\textcircled{k}$ „von Natur aus" mitgeliefert. Auch bei der Definition der Verknüpfungen in den U_n und in $(\mathbb{Q})_2$ lag eine gewisse Zwangsläufigkeit vor. Hier treten alle Multiplikationen $\textcircled{k}$ gleichberechtigt nebeneinander, keine von ihnen ist vor den anderen ausgezeichnet.

Aufgabe

(A 9.6) Untersuchen Sie, ob auch für $r \in \mathbb{Z}$ durch

$$(x_1, x_2) \boxed{r} (y_1, y_2) = (x_1 y_1, x_1 y_2 + x_2 y_1 + r x_2 y_2)$$

eine Multiplikation auf $\mathbb{Z} \times \mathbb{Z}$ definiert wird, so daß $(\mathbb{Z} \times \mathbb{Z}, +, \boxed{r})$ ein Ring ist.

9.C Endomorphismen: Definition und Beispiele

9.2 Definition. Ein Morphismus $\varphi : (G, *) \to (G, *)$ eines Gebildes $(G, *)$ in sich heißt ein *Endomorphismus* von $(G, *)$. Die Menge aller Endomorphismen von $(G, *)$ bezeichnet man mit $\mathrm{End}(G, *)$. Die Definition gilt sinngemäß für Gebilde mit mehreren Verknüpfungen.

Beispiel. Es sei $\otimes$ eine Multiplikation auf $\mathbb{Z} \times \mathbb{Z}$, so daß $(\mathbb{Z} \times \mathbb{Z}, +, \otimes)$ ein Ring (mit neutralem Element $\mathfrak{e}$ bzgl. $\otimes$) ist. Wir betrachten die durch

$$\mu_{\mathfrak{a}} : \mathfrak{x} \to \mathfrak{x} \otimes \mathfrak{a}$$

definierte Abbildung

$$\mu_{\mathfrak{a}} : \mathbb{Z} \times \mathbb{Z} \to \mathbb{Z} \times \mathbb{Z}$$

Behauptung: $\mu_{\mathfrak{a}} \in \mathrm{End}(\mathbb{Z} \times \mathbb{Z}, +)$, d. h. $\mu_{\mathfrak{a}}$ ist Morphismus bzgl. der Addition in $\mathbb{Z} \times \mathbb{Z}$. Dazu müssen wir zeigen:

$$\mu_{\mathfrak{a}}(\mathfrak{x} + \mathfrak{y}) = \mu_{\mathfrak{a}} \mathfrak{x} + \mu_{\mathfrak{a}} \mathfrak{y},$$

und das folgt so:

$$\begin{aligned}\mu_{\mathfrak{a}}(\mathfrak{x}+\mathfrak{y}) &= (\mathfrak{x}+\mathfrak{y}) \otimes \mathfrak{a}\\ &= \mathfrak{x} \otimes \mathfrak{a} + \mathfrak{y} \otimes \mathfrak{a}\\ &= \mu_{\mathfrak{a}}\mathfrak{x} + \mu_{\mathfrak{a}}\mathfrak{y},\end{aligned}$$

ist also eine triviale Folgerung aus dem Distributivgesetz. Was ergibt die Verkettung solcher Endomorphismen?

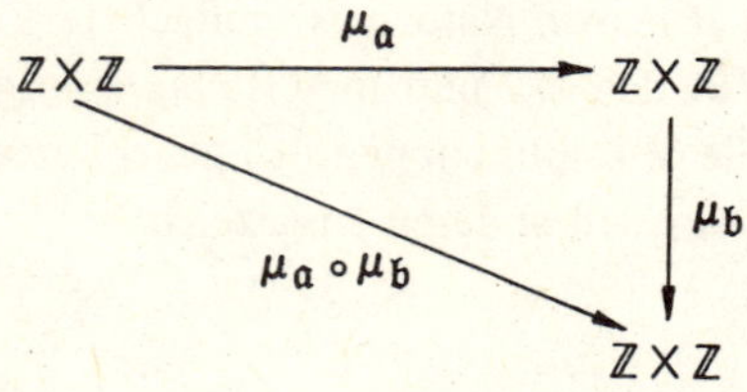

Abb. 76

Da die Verkettung von zwei Morphismen wieder einen Morphismus ergibt, erhalten wir $\mu_{\mathfrak{a}} \circ \mu_{\mathfrak{b}} \in \text{End}\,(\mathbb{Z} \times \mathbb{Z}, +)$. Nun gilt für alle $\mathfrak{x} \in \mathbb{Z} \times \mathbb{Z}$

$$\begin{aligned}\mu_{\mathfrak{a}} \circ \mu_{\mathfrak{b}} x &= \mu_{\mathfrak{b}}(\mu_{\mathfrak{a}}\mathfrak{x})\\ &= \mu_{\mathfrak{b}}(\mathfrak{x} \otimes \mathfrak{a})\\ &= (\mathfrak{x} \otimes \mathfrak{a}) \otimes \mathfrak{b}\\ &= \mathfrak{x} \otimes (\mathfrak{a} \otimes \mathfrak{b})\\ &= \mu_{\mathfrak{a} \otimes \mathfrak{b}}\mathfrak{x},\end{aligned}$$

also $\mu_{\mathfrak{a}} \circ \mu_{\mathfrak{b}} = \mu_{\mathfrak{a} \otimes \mathfrak{b}}$. Durch die Vorschrift $\mathfrak{a} \to \mu_{\mathfrak{a}}$ haben wir dem Element einen Endomorphismus $\mu_{\mathfrak{a}}$ zugeordnet, in Zeichen

$$\Psi : \mathfrak{a} \to \mu_{\mathfrak{a}} = \Psi(\mathfrak{a}) \qquad \text{mit}$$

$$\Psi : \mathbb{Z} \times \mathbb{Z} \to \text{End}\,(\mathbb{Z} \times \mathbb{Z}, +)$$

Nochmals die Zuordnung Element zu Funktion:

$$\mathfrak{a} \xrightarrow{\Psi} (\mathfrak{x} \xrightarrow{\mu_{\mathfrak{a}}} \mathfrak{x} \otimes \mathfrak{a})$$

Die Gleichung $\mu_{\mathfrak{a} \otimes \mathfrak{b}} = \mu_{\mathfrak{a}} \circ \mu_{\mathfrak{b}}$ schreibt sich nun

$$\Psi(\mathfrak{a} \otimes \mathfrak{b}) = (\Psi\mathfrak{a}) \circ (\Psi\mathfrak{b}),$$

besagt also: Die Abbildung $\Psi : \mathbb{Z} \times \mathbb{Z} \to \text{End}\,(\mathbb{Z} \times \mathbb{Z}, +)$ ist ein Morphismus

$$\Psi : (\mathbb{Z} \times \mathbb{Z}, \otimes) \to [\text{End}\,(\mathbb{Z} \times \mathbb{Z}, +), \circ],$$

bei dem die Multiplikation $\otimes$ in das Verketten der Endomorphismen übergeht.

Behauptung: Dieser Morphismus ist injektiv.

Zu zeigen: $\Psi\mathfrak{a} = \Psi\mathfrak{b} \Rightarrow \mathfrak{a} = \mathfrak{b}$. Es ist $\Psi\mathfrak{a} = \mu_{\mathfrak{a}}$ und $\Psi_{\mathfrak{b}} = \mu_{\mathfrak{b}}$.

Gilt $\mu_{\mathfrak{a}} = \mu_{\mathfrak{b}}$, so ist insbesondere

$\mu_{\mathfrak{a}}\mathfrak{e} = \mu_{\mathfrak{b}}\mathfrak{e}$ mit dem neutralen Element $\mathfrak{e}$ bzgl. $\otimes$, also $\mathfrak{a} = \mathfrak{e} \otimes \mathfrak{a} =$ $\mu_{\mathfrak{a}}\mathfrak{e} = \mu_{\mathfrak{b}}\mathfrak{e} = \mathfrak{e} \otimes \mathfrak{b} = \mathfrak{b}$. Wir fassen diese Betrachtungen zusammen:

9.3 Lemma. *Es sei* $(\mathbb{Z} \times \mathbb{Z}, +, \otimes)$ *ein Ring. Dann wird durch die Zuordnung* $\Psi : \mathfrak{a} \to \mu_{\mathfrak{a}}$ *mit* $\mu_{\mathfrak{a}} : \mathfrak{x} \to \mathfrak{x} \otimes \mathfrak{a}$ *ein injektiver Morphismus*

$$\Psi : (\mathbb{Z} \times \mathbb{Z}, \otimes) \to [\mathrm{End}\,(\mathbb{Z} \times \mathbb{Z}, +), \circ]$$

definiert.

Anmerkung: Es ist $\Psi_{\mathfrak{e}} = \mu_{\mathfrak{e}} = \mathrm{id}_{\mathbb{Z}\times\mathbb{Z}}$, wenn $\mathfrak{e}$ das neutrale Element bzgl. $\otimes$ ist, denn $\mu_{\mathfrak{e}}\mathfrak{x} = \mathfrak{x} \otimes \mathfrak{e} = \mathfrak{x}$ für alle $\mathfrak{x} \in \mathbb{Z} \times \mathbb{Z}$.

Bemerkung. Wir haben uns mit diesen Erörterungen auf eine neue Abstraktionsstufe begeben. War die erste Stufe der Abstraktion die Betrachtung allgemeiner Gebilde im Gegensatz zu den „konkreten“ Zahlbereichen (und Quotientenringen), so gehen wir nun in einer zweiten Stufe über zur Betrachtung von Morphismengebilden. Das sind Gebilde, deren Elemente Morphismen von Gebilden (der 1. Stufe etwa) sind. Die Schwierigkeiten für den Studierenden liegen wohl hauptsächlich in der Doppelrolle des Morphismus als Funktion einerseits und Element eines Gebildes andererseits, wie im Beispiel bei $\mu_{\mathfrak{a}}$ (vgl. auch Abschnitt 4.D).

Aufgabe

(A 9.7) Skizzieren Sie einige Elemente der „Vielfachenmengen“

$$\mu_{\mathfrak{a}}\, \mathbb{Z} \times \mathbb{Z} = \{\mathfrak{x} \otimes \mathfrak{a} \mid \mathfrak{x} \in \mathbb{Z} \times \mathbb{Z}\}$$

für folgende $\mathfrak{a}$ und Multiplikationen:

1) $\mathfrak{a} = (2, 1)$ und $\textcircled{a}$ aus Abschnitt 9.B

2) $\mathfrak{a} = (2, 1)$ und $\textcircled{-1}$

3) $\mathfrak{a} = (1, 2)$ und $\textcircled{0}$

4) $\mathfrak{a} = (2, 1)$ und $\textcircled{2}$

5) $\mathfrak{a} = (2, 1)$ und $\textcircled{4}$

Hinweis: Mit Hilfe von

$$(x_1, x_2) \otimes \mathfrak{a} = [x_1 (1, 0) + x_2 (0, 1)] \otimes \mathfrak{a}$$
$$= x_1 [(1, 0) \otimes \mathfrak{a}] + x_2 [(0, 1) \otimes \mathfrak{a}]$$

kann man die Aufgabe sehr reduzieren. Kariertes Papier verwenden!

9.D Endomorphismen: Allgemeine Theorie

Durch das Verketten von Endomorphismen erhalten wir für jedes Gebilde eine Verknüpfung in der Menge End$(G, *)$. Wir haben im Beispiel gesehen, daß das Verketten in enger Beziehung zur Multiplikation bei Ringen steht. Deshalb definieren wir nun auch ein Analogon zur Addition in Ringen:

9.4 Definition. Es sei $(G, *)$ eine kommutative Gruppe. Für $\alpha, \beta \in$ End$(G, *)$ definieren wir $\alpha \oplus \beta$ durch die Vorschrift

$$(\alpha \oplus \beta)\, g =_{\text{def}} (\alpha g) * (\beta g) \text{ für alle } g \in G.$$

9.5 Lemma. *Für jede kommutative Gruppe* $(G, *)$ *ist auch* [End$(G, *)$ $\oplus$] *eine kommutative Gruppe.*

Beweis: Wir müssen zeigen, daß a) $\oplus$ eine Verknüpfung in End$(G, *)$ ist, bezüglich der b) die Bedingungen (Ass), (Neutr), (Inv), (Komm) erfüllt sind.

a) Sicher ist $(\alpha \oplus \beta) : G \to G$ eine Funktion, so daß $\alpha \oplus \beta$ immer definiert und eindeutig bestimmt ist. Es bleibt die Abgeschlossenheit von End$(G, *)$ bezüglich $\oplus$ zu zeigen. Mit anderen Worten:

Ist $\alpha \oplus \beta$ ein Morphismus?

$$[\alpha \oplus \beta]\,[g * h] = [\alpha(g * h)] * [\beta(g * h)] \qquad \text{(Def. von } \oplus\text{)}$$
$$= [(\alpha g) * (\alpha h)] * [(\beta g) * (\beta h)] \qquad \alpha, \beta \text{ Morph.}$$
$$= (\alpha g) * [(\alpha h) * (\beta g)] * (\beta h) \qquad \text{(Ass) in } (G, *)$$
$$= (\alpha g) * [(\beta g) * (\alpha h)] * (\beta h) \qquad \text{(Komm) in } (G, *)$$
$$= [(\alpha g) * (\beta g)] * [(\alpha h) * (\beta h)] \qquad \text{(Ass)}$$
$$= [(\alpha \oplus \beta) g] * [(\alpha \oplus \beta)\, h] \qquad \text{Def von } \oplus$$

Also ist $\alpha \oplus \beta$ tatsächlich ein Morphismus $(G, *) \to (G, *)$ und damit $\alpha \oplus \beta \in$ End$(G, *)$.

Damit wissen wir, daß [End $(G, *)$, $\oplus$] ein Gebilde ist. (Die Rechnung macht wesentlichen Gebrauch vom Kommutativgesetz in $(G, *)$, ohne die Vertauschung kommt man nicht zurecht.)

b) (Ass) Es gilt $(\alpha \oplus \beta) \oplus \gamma = \alpha \oplus (\beta \oplus \gamma)$ für die Funktionen, wenn beide Seiten für alle $g \in G$ gleiche Werte annehmen:

$$\begin{aligned}[\alpha \oplus \beta] \oplus \gamma g &= ([\alpha \oplus \beta]g) * \gamma g \\ &= (\alpha g * \beta g) * \gamma g \\ &= \alpha g * (\beta g * \gamma g) \quad \text{hier werden Elemente von } G \text{ verknüpft!} \\ &= \alpha \oplus [\beta \oplus \gamma]g\end{aligned}$$

($\mathrm{Kom}^{\oplus}$) wird mit einer entsprechenden Rechnung bewiesen.

($\mathrm{Neutr}^{\oplus}$): Es sei e das neutrale Element von $(G, *)$ und die Funktion $\omega : G \to G$ definiert durch $\omega g = e$ für alle $g \in G$. ω ist Morphismus $(G, *) \to (G, *)$. Wir zeigen: ω ist neutrales Element von [End $(G, *)$, $\oplus$].

$$\begin{aligned}\alpha \oplus \omega\, g &= (\alpha g) * (\omega g) \\ &= (\alpha g) * e \\ &= \alpha g,\end{aligned}$$

also ist $\alpha \oplus \omega = \alpha$. Wegen ($\mathrm{Kom}^{\oplus}$) gilt auch $\omega \oplus \alpha = \alpha$.

($\mathrm{Inv}^{\oplus}$): Zu $\alpha \in$ End $(G, *)$ definieren wir $\alpha^{\oplus}$ durch

$$\alpha^{\oplus} g = (\alpha g)^*.$$

Es ist $\alpha \oplus \alpha^{\oplus} g = (\alpha g) * (\alpha g)^* = e$ für alle $g \in G$, also $\alpha \oplus \alpha^{\oplus} = \omega$ und damit $\alpha^{\oplus}$ ein Inverses von α in [End $(G, *)$, $\oplus$].

9.6 Satz. *Für jede kommutative Gruppe $(G, *)$ ist* [End $(G, *)$, $\oplus$, $\circ$] *ein Ring. Die Multiplikation $\circ$ in diesem Ring ist das Verketten von Funktionen mit dem neutralen Element* id_G.

In einem Diagramm veranschaulicht:

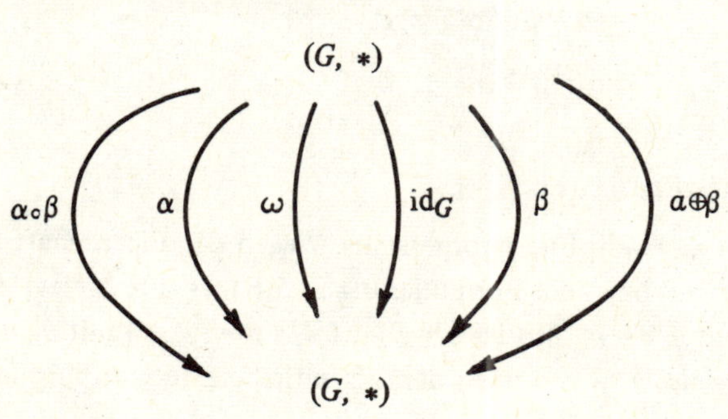

Abb. 77

Beweis. Wir haben zu zeigen:

(i) (End $(G, *)$, $\oplus$) ist kommutative Gruppe.

(ii) (End $(G, *)$, $\circ$) ist assoziatives Gebilde mit neutralem Element.

(iii) Es gelten die Distributivgesetze.

(i) ist klar nach Lemma 9.5.

(ii) Mit $(G, *) \xrightarrow{\alpha} (G, *) \xrightarrow{\beta} (G, *)$ ist auch $\alpha \circ \beta : (G, *) \to (G, *)$ ein Morphismus (Lemma 4.2), also ist (End $(G, *)$, $\circ$) ein Gebilde. (Ass) gilt da die Funktionsverkettung assoziativ ist und id_G ist neutrales Element (beachte: id_G ist Morphismus, wieder Lemma 4.2). Es sei schon hier erwähnt, daß (End$(G, *)$,$\circ$) in vielen Fällen nicht kommutativ ist.

(iii) Da wir die Kommutativität nicht zur Verfügung haben, müssen wir beide Distributivgesetze prüfen: Für alle $g \in G$ ist

$$\begin{aligned}
(\alpha \oplus \beta) \circ \gamma g &= \gamma\,[\alpha \oplus \beta g] \\
&= \gamma\,[(\alpha g) * (\beta g)] \\
&= [\gamma(\alpha g)] * [\gamma(\beta g)] \qquad \text{da } \gamma \text{ Morphismus} \\
&= [\alpha \circ \gamma g] * [\beta \circ \gamma g] \\
&= (\alpha \circ \gamma \oplus \beta \circ \gamma) g,
\end{aligned}$$

und es folgt

$$(\alpha \oplus \beta) \circ \gamma = \alpha \circ \gamma \oplus \beta \circ \gamma.$$

Für alle $g \in G$ ist

$$\begin{aligned}
\alpha \circ [\beta \oplus \gamma] g &= \beta \oplus \gamma\,(\alpha g) \\
&= \beta(\alpha g) * \gamma(\alpha g) \\
&= (\alpha \circ \beta) g * (\alpha \circ \gamma) g \\
&= (\alpha \circ \beta \oplus \alpha \circ \gamma) g,
\end{aligned}$$

also $\quad \alpha \circ [\beta \oplus \gamma] = \alpha \circ \beta \oplus \alpha \circ \gamma.$

Beispiel: Der Ring [End$(\mathbb{Z}, +)$, $\oplus$, $\circ$].

Sei $\varphi : (\mathbb{Z}, +) \to (\mathbb{Z}, +)$ ein Endomorphismus. Wegen der Eigenschaft (F) von $(\mathbb{Z}, +)$ (siehe Satz 5.3 bzw. die Formulierung in 5.B) ist φ festgelegt durch das Element $a \in \mathbb{Z}$ mit $\varphi 1 = a$, also ist $\varphi = \theta_a : (\mathbb{Z}, +) \to (\mathbb{Z}, +)$ mit $\theta_a n = n \cdot a$ (additive Schreibweise!). Wir kennen damit sämtliche Endomorphismen von

$(\mathbb{Z}, +)$, es gibt zu jedem $a \in \mathbb{Z}$ genau einen Endomorphismus $\theta_a \in \text{End}\,(\mathbb{Z}, +)$. Wir behaupten: Durch $\psi : a \to \theta_a$ ist ein Isomorphismus $\psi : (\mathbb{Z}, +, \cdot) \to [\text{End}\,(\mathbb{Z}, +), \oplus, \circ]$ gegeben. Wir wissen bereits, daß ψ bijektiv ist.

Es bleiben zu zeigen:

$$\psi\,(a + b) = (\psi\, a) \oplus (\psi\, b),$$

$$\psi\, a\, b = (\psi\, a) \circ (\psi\, b) \text{ und}$$

$$\psi\, 1 = \text{id}_{\mathbb{Z}}$$

Wegen $\psi\,(a + b) = \theta_{a+b}$,

$$(\psi\, a) \oplus (\psi\, b) = \theta_a \oplus \theta_b$$

und $\psi\,(a\, b) = \theta_{a\, b}$

$$(\psi\, a) \circ (\psi\, b) = \theta_a \circ \theta_b$$

müssen wir also die Gleichheit dieser Abbildungen nachweisen.

Für alle $x \in \mathbb{Z}$ haben wir

$$\begin{aligned} \theta_{a+b}\, x &= x\,(a + b) \\ &= x\, a + x\, b \\ &= \theta_a\, x + \theta_b\, x \\ &= (\theta_a \oplus \theta_b)\, x \end{aligned}$$

und

$$\begin{aligned} \theta_{a\, b}\, x &= x\,(a\, b) \\ &= (x\, a)\, b \\ &= (\theta_a\, x)\, b \\ &= \theta_b\, (\theta_a\, x) \\ &= \theta_a \circ \theta_b\, x, \end{aligned}$$

also tatsächlich

$$\begin{aligned} \theta_{a+b} &= \theta_a \oplus \theta_b \\ \theta_{a\, b} &= \theta_a \circ \theta_b. \end{aligned}$$

Wegen $\Psi_1 = \theta_1 = \text{id}_{\mathbb{Z}}$ ist auch die letzte Bedingung erfüllt.

Damit haben wir bewiesen: Der Ring $(\mathbb{Z}, +, \cdot)$ ist isomorph zum Endomorphismenring seiner additiven Gruppe. Man kann dies Ergebnis benutzen, um von der additiven Gruppe $(\mathbb{Z}, +)$ die Multiplikation in $\mathbb{Z}$ zu definieren und so den Ring $(\mathbb{Z}, +, \cdot)$ aufzubauen.

Das Ergebnis des Beispiels gestattet eine wesentliche Verallgemeinerung.

9.7 Hauptsatz. *Sei $(R, +, \cdot)$ ein Ring. Dann gibt es einen injektiven Ringmorphismus $(R, +, \cdot) \to [\text{End}\,(R, +) \oplus, \circ]$.*

Mit anderen Worten:

Jeder Ring ist (isomorph zu einem) Teilring des Endomorphismenrings seiner additiven Gruppe.

Bemerkung: Dieser Satz sagt aus, daß man mit den Endomorphismenringen von kommutativen Gruppen im wesentlichen alle Ringe erfaßt hat. Unsere Absicht ist es, diese Erkenntnis auf die Ringe $(\mathbb{Z} \times \mathbb{Z}, +, \textcircled{k})$ anzuwenden und dadurch eine Erklärung für die vielen verschiedenen Möglichkeiten der Multiplikation auf $\mathbb{Z} \times \mathbb{Z}$ zu erhalten.

Beweis von Satz 9.7. Aus unserem Beispiel in 9.C wissen wir schon, wie wir den gesuchten Morphismus zu definieren haben.

a) Für jedes $a \in R$ ist die durch $\mu_a : x \to xa$ definierte Abbildung $\mu_a \in \text{End}\,(R, +)$. Beweis: Es ist $\mu_a\,(x + y) = (x + y)\,a = x\,a + y\,a = \mu_a x + \mu_a y$, also $\mu_a : (R, +) \to (R, +)$ ein Gruppenmorphismus.

b) Wir definieren nun

$$\Psi : R \to \text{End}\,(R, +) \text{ durch } \Psi : a \to \mu_a$$

Veranschaulichung im Diagramm:

$$a \xrightarrow{\Psi} (x \overset{\mu_a}{\to} x\,a)$$

Behauptung: Ψ ist injektiver Ringmorphismus.

b 1) $\Psi\,(a + b) = (\Psi\,a) \oplus (\Psi\,b)$

Für alle $x \in R$ gilt:

$$\begin{aligned} \mu_{a+b}\,x &= x\,(a + b) \\ &= x\,a + x\,b \\ &= \mu_a x + \mu_b\,x \\ &= (\mu_a \oplus \mu_b)\,x, \end{aligned}$$

also ist $\Psi\,(a + b) = \mu_{a+b} = \mu_a \oplus \mu_b = (\Psi\,a) \oplus (\Psi\,b)$.

b 2) $\Psi(ab) = (\Psi a) \circ (\Psi b)$

Für alle $x \in R$ ist

$$\begin{aligned} \mu_{ab}\, x &= (x a) b \\ &= (\mu_a x) b \\ &= \mu_b (\mu_a x) \\ &= (\mu_a \circ \mu_b) x, \end{aligned}$$

also ist $\Psi(ab) = \mu_{ab} = \mu_a \circ \mu_b = (\Psi a) \circ (\Psi b)$.

b 3) Es ist

$$\psi\, 1 = \mu_1 = \mathrm{id}_R\ .$$

b 4) Ψ ist injektiv:

$$\Psi a = \Psi b \Rightarrow \mu_a = \mu_b \Rightarrow \mu_a\, 1 = \mu_b\, 1 \Rightarrow 1 \cdot a = 1 \cdot b \Rightarrow a = b.$$

Bemerkung zum Beweis.

Es ist instruktiv, sich einmal klarzumachen, an welchen Stellen im Beweis die Ringeigenschaften von $(R, +, \cdot)$ wesentlich verwendet werden.

(i) $(R, +)$ ist kommutative Gruppe: Diese Eigenschaft war grundlegend für die Konstruktion von [End $(R, +)$, ⊕, ∘] in Lemma 9.5 und Satz 9.6.

(ii) $(R, \cdot)$ ist assoziativ: Teil b 2); hat neutrales Element: Teil b 3).

(iii) Distributivgesetz $(x + y)\, a = x a + y a$ Teil a); Distributivgesetz $x (a + b) = x a + x b$ Teil b 1).

Insbesondere sollte man die verschiedene Rolle der beiden Distributivgesetze beachten. Die Kommutativität von $(R, \cdot)$ haben wir nirgends vorausgesetzt oder gebraucht, also haben die beiden Distributivgesetze tatsächlich unterschiedliche Bedeutung.

Aufgabe

(A 9.8) Bestimmen Sie [End $(U_n, +_n)$, ⊕, ∘].

9.E Die Darstellung von [End ($\mathbb{Z} \times \mathbb{Z}$, +), ⊕, ∘] mit Matrizen

Es sei noch einmal an die Aufgabe 5.7 erinnert, deren Ergebnis wir hier in additiver Schreibweise wiedergeben: Für jeden Gruppenmorphismus $\varphi : G \to H$ ist $\varphi(ng) = n\,[\varphi g]$ für alle $g \in G$. Wir wollen dies auf die Endomorphismen von $(\mathbb{Z} \times \mathbb{Z}, +)$ anwenden. Nach Abschnitt 9.A können wir jedes Element von $(\mathbb{Z} \times \mathbb{Z}, +)$ aus (1, 0) und (0, 1) kombinieren:

$$(x_1, x_2) = x_1 (1, 0) + x_2 (0, 1),$$

also gilt für jeden Endomorphismus φ:

$$\begin{aligned} \varphi (x_1, x_2) &= \varphi [x_1 (1, 0) + x_2 (0, 1)] \\ &= \varphi [x_1 (1, 0)] + \varphi [x_2 (0, 1)] \\ &= x_1 \varphi (1, 0) + x_2 \varphi (1, 0). \end{aligned}$$

Mit anderen Worten: *Man kann* $\varphi \mathfrak{x}$ *für jedes* $\mathfrak{x} \in \mathbb{Z} \times \mathbb{Z}$ *berechnen, sobald nur* $\varphi(1, 0)$ *und* $\varphi(0, 1)$ *bekannt sind.* Wir wissen aber, daß $\varphi(1, 0)$ ein Paar ganzer Zahlen ist wegen $\varphi : \mathbb{Z} \times \mathbb{Z} \to \mathbb{Z} \times \mathbb{Z}$, etwa

$$\varphi(1, 0) = (a_{11}, a_{21}) \in \mathbb{Z} \times \mathbb{Z} \text{ und}$$

$$\varphi(0, 1) = (a_{12}, a_{22}) \in \mathbb{Z} \times \mathbb{Z}.$$

Dann haben wir

$$\begin{aligned} \varphi(x_1, x_2) &= x_1 (a_{11}, a_{21}) + x_2 (a_{12}, a_{22}) \\ &= (x_1 a_{11} + x_2 a_{12}, x_2 a_{21} + x_2 a_{22}). \end{aligned}$$

Denken wir nun zurück an unsere Einführung der Matrizen in 3.A, so erscheint es vernünftig, dem Endomorphismus φ die Matrix $\begin{pmatrix} a_{11} & a_{12} \\ a_{21} & a_{22} \end{pmatrix} \in (\mathbb{Z})_2$ zuzuordnen.

Diese Matrix gewinnen wir durch Auswertung von φ an den Stellen (1, 0) und (0, 1), wir müssen dabei aber beachten, daß die Paare $\varphi(1, 0)$ und $\varphi(0, 1)$ in den *Spalten* der zugeordneten Matrix stehen. Wir bezeichnen deshalb jetzt durch $(\varphi(1, 0), \varphi(0, 1))$ die Matrix, in deren Spalten die Paare $\varphi(1, 0)$ bzw. $\varphi(1, 0)$ stehen. Damit können wir nun eine Funktion $\Gamma : \text{End}(\mathbb{Z} \times \mathbb{Z}, +) \to (\mathbb{Z})_2$ durch

$$\Gamma : \varphi \quad \to \quad (\varphi(1, 0), \varphi(0, 1)) = \begin{pmatrix} a_{11} & a_{12} \\ a_{21} & a_{22} \end{pmatrix}$$

definieren.

9.8 Lemma. Γ : End ($\mathbb{Z} \times \mathbb{Z}$, +) → $(\mathbb{Z})_2$ *ist bijektiv.*

Beweis:

(i) Γ ist injektiv. Wir nehmen an, es seien $\alpha, \beta \in$ End ($\mathbb{Z} \times \mathbb{Z}$, +) und $\Gamma\alpha = \Gamma\beta$, d.h.

$$\Gamma\alpha = (\alpha(1, 0), \alpha(0, 1)) = \Gamma\beta = (\beta(1, 0), \beta(0, 1)).$$

Dann ist $\alpha(1, 0) = \beta(1, 0)$ und $\alpha(0, 1) = \beta(0, 1)$. Daraus folgt für alle $(x_1, x_2) \in \mathbb{Z} \times \mathbb{Z}$

$$\alpha(x_1, x_2) = x_1\ \alpha(1, 0) + x_2\ \alpha(0, 1)$$

$$= x_1\ \beta(1, 0) + x_2\ \beta(0, 1) = \beta(x_1, x_2),$$

also $\alpha = \beta$.

(ii) Γ ist surjektiv. Gegeben sei $\begin{pmatrix} a_{11} & a_{12} \\ a_{21} & a_{22} \end{pmatrix} \in (\mathbb{Z})_2$.

Wir müssen ein $\alpha \in$ End ($\mathbb{Z} \times \mathbb{Z}$, +) angeben mit

$$\Gamma\alpha = \begin{pmatrix} a_{11} & a_{12} \\ a_{21} & a_{22} \end{pmatrix} \text{ d.h. ein } \alpha \text{ mit}$$

$$\alpha(1, 0) = (a_{11}, a_{21}) \text{ und } \alpha(0, 1) = (a_{21}, a_{22}).$$

Wir definieren nun einfach

$$\alpha\ (x_1, x_2) = (a_{11}x + a_{12}x_2, a_{21}x_1 + a_{22}x_2)$$

Sicher ist α : $\mathbb{Z} \times \mathbb{Z} \to \mathbb{Z} \times \mathbb{Z}$ eine Funktion. Eine einfache Rechnung zeigt

$$\alpha[(x_1, x_2) + (y_1, y_2)] = \alpha(x_1, x_2) + \alpha(y_1, y_2),$$

d.h. α ist ein Morphismus bzgl. + und damit $\alpha \in$ End ($\mathbb{Z} \times \mathbb{Z}$, +).

Weiter sieht man

$$\alpha(1, 0) = (a_{11}, a_{21}) \text{ sowie } \alpha(0, 1) = (a_{12}, a_{22}),$$

also $\Gamma\alpha = \begin{pmatrix} a_{11} & a_{12} \\ a_{21} & a_{22} \end{pmatrix}$ und Γ ist surjektiv.

Beispiel: Zu der Matrix $\begin{pmatrix} 1 & 2 \\ 3 & 4 \end{pmatrix}$ gehört der Endomorphismus

$$\alpha : (x_1, x_2) \to x_1\ (1, 3) + x_2\ (2, 4) = (x_1 + 2x_2, 3x_1 + 4x_2)$$

Es ist also etwa

$$\alpha(-2, 5) = (8, 14) \text{ und}$$

$$\alpha(7, 3) = (13, 33) \text{ usw.}$$

Wir wollen nun auch den Zusammenhang der Operationen im Matrizenring mit denen im Endomorphismenring herstellen.

9.9 Lemma. *Es seien* $\alpha, \rho \in \text{End}(\mathbb{Z} \times \mathbb{Z}, +)$. *Dann ist*

a) $\Gamma(\alpha \oplus \rho) = \Gamma\alpha + \Gamma\rho$

b) $\Gamma(\rho \circ \alpha) = (\Gamma\alpha) \cdot (\Gamma\rho)$.

Beweis. Es seien

$$\Gamma\alpha = \begin{pmatrix} a & b \\ c & d \end{pmatrix} \text{ und } \Gamma\rho = \begin{pmatrix} p & q \\ r & s \end{pmatrix}.$$

a) Es ist

$$\begin{aligned} \alpha \oplus \rho\,(1, 0) &= \alpha(1, 0) + \rho\,(1, 0) \\ &= (a, c) + (p, r) \\ &= (a + p, c + r) \end{aligned}$$

und

$$\begin{aligned} \alpha \oplus \rho\,(0, 1) &= \alpha\,(0, 1) + \rho\,(0, 1) \\ &= (b, d) + (q, s) \\ &= (b + q, d + s). \end{aligned}$$

Danach ist

$$\begin{aligned} \Gamma(\alpha \oplus \rho) &= (\alpha \oplus \rho\,(1, 0), \alpha \oplus \rho\,(0, 1)\,] \\ &= \begin{pmatrix} a + p, b + q \\ c + r, d + s \end{pmatrix} \\ &= \begin{pmatrix} a, & b \\ c, & d \end{pmatrix} + \begin{pmatrix} p, & q \\ r, & s \end{pmatrix} \\ &= \Gamma\alpha + \Gamma\rho. \end{aligned}$$

b) Es ist

$$\begin{aligned}\rho\circ\alpha(1,0) &= \alpha(\rho(1,0))\\ &= \alpha(p,r)\\ &= (ap+br, cp+dr)\end{aligned}$$

und

$$\begin{aligned}\rho\circ\alpha(0,1) &= \alpha(\rho(0,1)\\ &= \alpha(q,s)\\ &= (aq+bs, cq+ds).\end{aligned}$$

Danach ist

$$\begin{aligned}\Gamma(\rho\circ\alpha) &= (\rho\circ\alpha(1,0), \rho\circ\alpha(0,1))\\ &= \begin{pmatrix} ap+br, & aq+bs\\ cp+dr, & cq+ds\end{pmatrix}\\ &= \begin{pmatrix} a & b\\ c & d\end{pmatrix}\cdot\begin{pmatrix} p & q\\ r & s\end{pmatrix} = (\Gamma\alpha)\cdot(\Gamma\rho).\end{aligned}$$

Nach diesem Lemma ist Γ ein Morphismus bezüglich der Addition, jedoch leider *nicht* bezüglich der Multiplikation, denn Γ vertauscht die Faktoren. Der Ring $(\mathbb{Z})_2$ ist nicht kommutativ, also läßt sich diese Sache nicht aus der Welt schaffen. Tatsächlich rührt sie her von unserer Konvention über die Schreibweise bei der Verkettung von Funktionen: Wir hatten ja $\alpha\circ\rho\,\mathfrak{x} = \rho(\alpha\,\mathfrak{x})$ vereinbart, und uns dabei an der Diagrammschreibweise

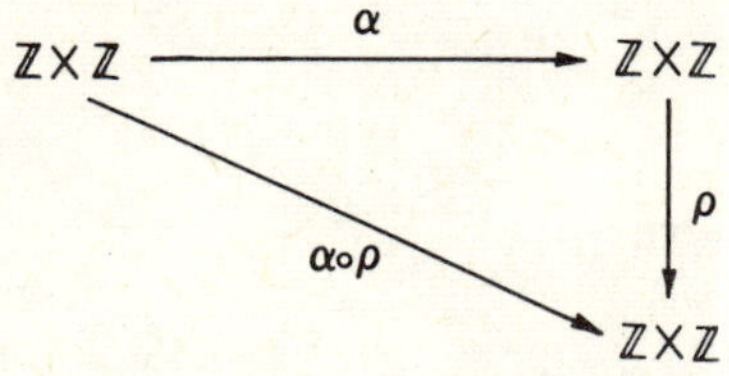

Abb. 78

orientiert. Bei den Matrizen dagegen hatten wir in Abschnitt 3.A die Multiplikation gemäß der üblichen Schreibweise an Hand der Reihenfolge $\alpha\,(\rho\mathfrak{x})$ eingeführt. Diese Vertauschung kommt hier nun wieder zum Vorschein. Wir nehmen das in Kauf und beseitigen die terminologische Unstimmigkeit auf angemessene Weise, indem wir Γ einen Antiisomorphismus nennen.

Dann können wir unsere Überlegungen so zusammenfassen:

9.10 Hauptsatz. *Die Ringe* [End $(\mathbb{Z}\times\mathbb{Z}, +)$, $\oplus$, $\circ$] *und* $((\mathbb{Z})_2, +, \cdot)$ *sind vermöge* Γ *antiisomorph.*

Bemerkung: Dieser Satz holt den Ring [End $(\mathbb{Z}\times\mathbb{Z}, +)$, $\oplus$, $\circ$] wieder von der zweiten Abstraktionsstufe herunter. Die Matrizen sind ja im Vergleich zu den Endomorphismen relativ konkrete Objekte, man schreibt sie mit Zahlen hin und weiß damit zu rechnen. Für andere Ringe ist eine entsprechende Konkretisierung allerdings nicht in jedem Falle möglich.

9.F. Noch einmal Multiplikationen auf $\mathbb{Z}\times\mathbb{Z}$

Wir wollen nun unsere beiden Hauptsätze auf den Fall der in Abschnitt 9.B eingeführten Ringe anwenden. Dazu rufen wir die betreffenden Aussagen in Erinnerung: Hauptsatz 9.6: Jeder Ring ist isomorph zu einem Unterring des Endomorphismenrings seiner additiven Gruppe. Das bedeutet für unsere Ringe $(\mathbb{Z}\times\mathbb{Z}, +, \textcircled{k})$: isomorph zu einem Teilring von [End $(\mathbb{Z}\times\mathbb{Z}, +)$, $\oplus$, $\circ$].

Hauptsatz 9.10 sagt: [End $(\mathbb{Z}\times\mathbb{Z}, +)$, $\oplus$, $\circ$] ist antiisomorph zu $((\mathbb{Z})_2, +, \cdot)$. Es muß uns also gelingen, die Ringe von Abschnitt 9.B als Teilringe von $((\mathbb{Z})_2, +, \cdot)$ wiederzufinden.

Die verschiedenen Zuordnungen aus unserer Theorie schreiben wir uns einmal auf. Wir gehen jetzt immer von einem Ring $(\mathbb{Z}\times\mathbb{Z}, +, \textcircled{k})$ aus.

Es sei $\mathfrak{a}\in\mathbb{Z}\times\mathbb{Z}$. Die Abbildung von $\mathfrak{a}$ nach End $(\mathbb{Z}\times\mathbb{Z}, +)$ erfolgt durch

$$\mathfrak{a}\overset{\Psi}{\twoheadrightarrow}(\mathfrak{x}\overset{\mu_{\mathfrak{a}}}{\to}\mathfrak{x}\textcircled{k}\mathfrak{a})$$

und $\mu_{\mathfrak{a}}$ wird nach $(\mathbb{Z})_2$ abgebildet durch

$$\mu_{\mathfrak{a}}\overset{\Gamma}{\twoheadrightarrow}(\mu_{\mathfrak{a}}(1,0), \mu_{\mathfrak{a}}(0,1)),$$

also insgesamt wegen

$$\mu_{\mathfrak{a}}(1,0) = (1,0)\textcircled{k}\mathfrak{a} \qquad \text{und} \qquad \mu_{\mathfrak{a}}(0,1) = (0,1)\textcircled{k}\mathfrak{a}:$$

$$\mathfrak{a}\xrightarrow{\Psi\circ\Gamma}((1,0)\textcircled{k}\mathfrak{a}, (0,1)\textcircled{k}\mathfrak{a})$$

Ist $\mathfrak{a} = (a, b)$, so erhalten wir

$$(1, 0) \circledast (a, b) = (a, b)$$

$$(0, 1) \circledast (a, b) = (0 \cdot a + k \cdot 1 \cdot b, 0 \cdot b + 1 \cdot a) = (kb, a), \qquad \text{also}$$

$$\mathfrak{a} = (a, b) \xrightarrow{\Psi \circ \Gamma} \begin{pmatrix} a & kb \\ b & a \end{pmatrix}.$$

Wir wollen uns nun überlegen, daß wegen der Kommutativität der Ringe $(\mathbb{Z} \times \mathbb{Z}, +, \circledast)$ das „anti", d.h. die Vertauschung der Faktoren durch Γ, keine Rolle spielt:

Wir erhalten für $\mathfrak{a}, \mathfrak{x} \in \mathbb{Z} \times \mathbb{Z}$:

$$\begin{aligned} \Psi \circ \Gamma (\mathfrak{a} \circledast \mathfrak{x}) &= \Psi \circ \Gamma (\mathfrak{x} \circledast \mathfrak{a}) \quad \text{wegen } \mathfrak{a} \circledast \mathfrak{x} = \mathfrak{x} \circledast \mathfrak{a} \\ &= \Gamma (\Psi (\mathfrak{x} \circledast \mathfrak{a})) \\ &= \Gamma (\mu_{\mathfrak{x}} \circ \mu_{\mathfrak{a}}) \\ &= (\Gamma \mu_{\mathfrak{a}}) \cdot (\Gamma \mu_{\mathfrak{x}}) \\ &= (\Psi \circ \Gamma \mathfrak{a}) \cdot (\Psi \circ \Gamma \mathfrak{x}) \end{aligned}$$

Wir wissen nun: Ψ ist injektiv, Γ ist bijektiv, also $\Psi \circ \Gamma$ injektiv. Ψ und Γ sind Morphismen bezüglich der Addition, also auch $\Psi \circ \Gamma$. Nach der eben ausgeführten Rechnung ist $\Psi \circ \Gamma$ auch ein Morphismus bzgl. der Multiplikation. Für das neutrale Element $\mathfrak{e}$ bzgl. $\circledast$ gilt

$$\Psi \circ \Gamma \mathfrak{e} = \Gamma (\mu_{\mathfrak{e}}) = \Gamma (\mathrm{id}_{\mathbb{Z} \times \mathbb{Z}}) = \begin{pmatrix} 1 & 0 \\ 0 & 1 \end{pmatrix}$$

Damit haben wir bewiesen:

Durch die Vorschrift

$$(a, b) \to \begin{pmatrix} a & kb \\ b & a \end{pmatrix}$$

wird ein injektiver Ringmorphismus

$$\Psi \circ \Gamma : (\mathbb{Z} \times \mathbb{Z}, +, \circledast) \to ((\mathbb{Z})_2, +, \cdot) \text{ definiert.}$$

Insbesondere bilden also die Matrizen der angegebenen Form einen Ring, d.h. einen Teilring von $((\mathbb{Z})_2, +, \cdot)$. Betrachten wir nur diesen Teilring, so erhalten wir als Endergebnis:

9.11 Satz. ($\mathbb{Z} \times \mathbb{Z}$, +, $\textcircled{k}$) *ist isomorph zu dem Ring der Matrizen von der Form* $\begin{pmatrix} a & kb \\ b & a \end{pmatrix}$ mit $a, b \in \mathbb{Z}$.

Das erste in Abschnitt 9.B diskutierte Beispiel ist nicht in der Serie der Ringe ($\mathbb{Z} \times \mathbb{Z}$, +, $\textcircled{k}$) enthalten. Wir hatten definiert:

$$(x_1, x_2) \textcircled{a} (y_1, y_2) = (x_1 y_1, x_2 y_2).$$

Mit $\mathfrak{r} = (r, s)$ erhalten wir:

$$\begin{aligned} \Psi \circ \Gamma (\mathfrak{r}) &= \Gamma (\Psi \mathfrak{r}) \\ &= \Gamma (\mu_{\mathfrak{r}}) \\ &= (\mu_{\mathfrak{r}} (1, 0), \mu_{\mathfrak{r}} (0, 1)) \\ &= ((1, 0) \textcircled{a} (r, s), (0, 1) \textcircled{a} (r, s)) \\ &= ((r, 0), (0, s)) \\ &= \begin{pmatrix} r & 0 \\ 0 & s \end{pmatrix}. \end{aligned}$$

Wir hatten uns schon überlegt, daß man ($\mathbb{Z} \times \mathbb{Z}$, +, $\textcircled{a}$) das direkte Produkt ($\mathbb{Z}$, +, $\cdot$) $\times$ ($\mathbb{Z}$, +, $\cdot$) nennen sollte. Da auch dieser Ring kommutativ ist, erhalten wir: *Das direkte Produkt* ($\mathbb{Z}$, +, $\cdot$) $\times$ ($\mathbb{Z}$, +, $\cdot$) *ist isomorph zu dem Ring der Matrizen von der Form* $\begin{pmatrix} r & 0 \\ 0 & s \end{pmatrix}$ *mit* $r, s \in \mathbb{Z}$.

Ergänzung. Man sieht leicht, daß auch ($\mathbb{Z}$, +, $\cdot$) vermittels

$$a \to \begin{pmatrix} a & 0 \\ 0 & a \end{pmatrix}$$

isomorph zu einem Ring von Matrizen ist. Dieser Isomorphismus ist aber nicht durch $\Psi \circ \Gamma$ gegeben, da wir hier nicht die für die Anwendung von $\Psi \circ \Gamma$ wesentliche additive Gruppe ($\mathbb{Z} \times \mathbb{Z}$, +) vorliegen haben.

Anmerkung. Es ist uns gelungen, die anfänglich beziehungslos nebeneinander stehenden verschiedenen Multiplikationen auf $\mathbb{Z} \times \mathbb{Z}$ nun doch in Zusammenhang zu bringen. Was wie eine Ansammlung von Kuriositäten aussah, ist in einer Theorie eingefangen und übersichtlich geworden, das Konstruktionsprinzip ist offengelegt.

Aufgabe:

Beweisen Sie:

$(\mathbb{Z} \times \mathbb{Z}, +, \textcircled{k})$ hat Nullteiler genau dann, wenn k eine Quadratzahl ist.

Lösung: Wir verwenden die Darstellung von $(\mathbb{Z} \times \mathbb{Z}, +, \textcircled{k})$ mit Matrizen der Form $\begin{pmatrix} a & bk \\ b & a \end{pmatrix}$

Haben wir Nullteiler, so gibt es zwei Matrizen $A, B \neq \begin{pmatrix} 0 & 0 \\ 0 & 0 \end{pmatrix}$ mit $AB = \begin{pmatrix} 0 & 0 \\ 0 & 0 \end{pmatrix}$.

Wir sollen daraus folgern, daß k eine Quadratzahl ist. Dazu betrachten wir $\det \begin{pmatrix} a & bk \\ b & a \end{pmatrix} = a^2 - kb^2$. Hier tauchen jedenfalls schon einmal Quadrate auf.

Dann bilden wir bei unserer Gleichung $AB = 0$ die Determinante: $\det AB = \det \begin{pmatrix} 0 & 0 \\ 0 & 0 \end{pmatrix} = 0$. Nun ist $\det AB = \det A \cdot \det B$ und es folgt: $\det A = 0$ oder $\det B = 0$, da die Determinantenwerte in $\mathbb{Z}$ liegen. Wir nehmen an $\det A = 0$ und $A = \begin{pmatrix} a & bk \\ b & a \end{pmatrix}$, also $a^2 - kb^2 = 0$. Wäre $b = 0$, so würde $a^2 = 0$ und damit $a = b = 0$, also $A = \begin{pmatrix} 0, & 0 \\ 0, & 0 \end{pmatrix}$ folgen. Da $A \neq \begin{pmatrix} 0, & 0 \\ 0, & 0 \end{pmatrix}$ angenommen war, ist $b \neq 0$ und $k = \frac{a^2}{b^2}$ eine Quadratzahl.

Für die Umkehrung nehmen wir an es sei $k = r^2$ mit $r \in \mathbb{Z}$. Wir müssen zwei von $\begin{pmatrix} 0 & 0 \\ 0 & 0 \end{pmatrix}$ verschiedene Matrizen angeben, deren Produkt $\begin{pmatrix} 0 & 0 \\ 0 & 0 \end{pmatrix}$ ist. Dazu schreiben wir einfach einmal eine Produktmatrix auf und versuchen dann durch geeignete Wahl der Koeffizienten Nullteiler zu finden.

$$\begin{pmatrix} a & bk \\ b & a \end{pmatrix} \begin{pmatrix} c & dk \\ d & c \end{pmatrix} = \begin{pmatrix} ac + bdk, & (ad + cb)k \\ ad + cb, & ac + bdk \end{pmatrix}$$

Wir versuchen zuerst $b = d = 1$ und erhalten für das Produkt

$$\begin{pmatrix} ac + k, & (a + c)k \\ a + c, & ac + k \end{pmatrix}.$$

Soll hier die Nullmatrix stehen, so muß $a + c = 0$ und $ac = -k$ gelten. Dies erreichen wir mit $a = r$ und $c = -r$! Ergebnis:

$$\begin{pmatrix} r & k \\ 1 & r \end{pmatrix} \begin{pmatrix} -r & k \\ 1 & -r \end{pmatrix} = \begin{pmatrix} 0 & 0 \\ 0 & 0 \end{pmatrix},$$

und die beiden Faktoren sind wegen der 1 links unten sicher $\neq \begin{pmatrix} 0, & 0 \\ 0, & 0 \end{pmatrix}$. Also haben wir Nullteiler gefunden.

Aufgaben

(A. 9.9) Bestimmen Sie die zu den μ_a von (A 9.7), 1) –5) gehörigen Matrizen aus $(\mathbb{Z})_2$.

(A 9.10). Die Multiplikation $\boxed{r}$ auf $\mathbb{Z} \times \mathbb{Z}$ wurde in (A 9.6) definiert. Ermitteln Sie das Bild von $(\mathbb{Z} \times \mathbb{Z}, +, \boxed{r})$ in $((\mathbb{Z})_2, +, \cdot)$.

§ 10. Angeordnete Ringe und Körper

10.A Definitionen und einfache Eigenschaften

In den Ringen $\mathbb{Z}$, $Q\mathcal{N}$ und den Körpern $\mathbb{Q}$, $\mathbb{R}$ ist uns eine Anordnung der Elemente bekannt. Wir erinnern uns daran, daß in $\mathbb{Q}$ durch

$$\mathbb{B} = \{x \in \mathbb{Q} \mid x = \frac{a}{b} \text{ mit } a\,b \in \mathbb{N}\}$$

zunächst die Menge der positiven rationalen Zahlen definiert wurde und dann gesagt wurde

$$x \leqq y \text{ für } x, y \in \mathbb{Q} \quad \Leftrightarrow_{\text{def}} \quad y - x \in \mathbb{B} \text{ oder } y = x.$$

Ebenso hatten wir in den $Q\mathcal{N}$ zuerst eine Menge positiver Elemente definiert und mit deren Hilfe die Ordnungsrelation $\leqq$. Die Einzelheiten der Beweise (Ordnungsrelation, Monotoniegesetze) hatten wir in Abschnitt 2.E ausgelassen, sie sollen jetzt im allgemeinen Rahmen nachgeholt werden. Ausschlaggebend sind dabei die schon in Abschnitt 2.E angeführten drei Eigenschaften der Positivbereiche, die wir nun in die allgemeine Definition aufnehmen:

10.1 Definition. Es sei $(R, +, \cdot)$ ein Ring und P eine *nicht leere* Teilmenge von R. Die Menge P heißt ein *Positivbereich* von R und R angeordnet durch P, falls P die folgenden Eigenschaften hat:

(Pi) $\quad x, y \in P \Rightarrow x + y \in P$ *und* $xy \in P$

(Pii) $\quad 0 \notin P$

(Piii) $\quad x \notin P$ *und* $x \neq 0 \Rightarrow -x \in P$.

Will man bei einem angeordneten Ring den Positivbereich P kurz angeben, so schreibt man $(R, +, \cdot, P)$.

Beispiele: Angeordnete Ringe sind $(\mathbb{Z}, +, \cdot, \mathbb{N})$, $(\mathbb{Q}, +, \cdot, \mathbb{B})$ und $(Q\mathcal{N}, +, \cdot, \mathcal{P}\mathcal{N})$.

Erläuterung. Wir nennen P auch die Menge der positiven Elemente von R. (Dies hat nichts mit der Operation + in $(R, +, \cdot)$ zu tun!) Wir haben $0 \notin P$ und $P \neq \emptyset$ verlangt, also kann R nicht der Nullring sein. Wiedergabe von (Pi–iii) in anderen Worten: (i) Summe und Produkt von positiven Elementen sind positiv, (ii) 0 ist nicht positiv, (iii) ist $x \neq 0$, so ist wenigstens eines der Elemente x oder $-x$

positiv. Wir sehen sofort, daß nicht beide Elemente x und $-x$ positiv sein können. Es würde dann nämlich mit (i) folgen $x + (-x) = 0 \in P$, was in (ii) ausdrücklich verboten ist. Wir haben also in verschärfter Form (Piii) *Trichotomie: Ist $x \neq 0$, so liegt genau eines der Elemente x oder $-x$ in P.*

Von der gewöhnlichen Arithmetik her ist uns geläufig, daß Quadratzahlen immer positiv sind. Die entsprechende Aussage gilt in jedem angeordneten Ring:

10.2 Lemma. *In jedem angeordneten Ring sind die Quadrate aller von* 0 *verschiedenen Elemente positiv.*

Beweis: Es sei $(R, +, \cdot, P)$ geordnet und $0 \neq x \in R$. Nach (iii) liegt x oder $-x$ in P, also gilt nach (i) $x^2 \in P$ oder $(-x)^2 \in P$. Nun haben wir in jedem Ring unabhängig von einer Anordnung $x^2 = (-x)^2$ (vgl. 7.A) also ist $x^2 \in P$.

Folgerung: Das neutrale Element 1 der Multiplikation in R ist immer positiv, denn wegen $R \neq \{0\}$ ist $1 \neq 0$ und wegen $1^2 = 1$ ist 1 ein Quadrat, also positiv.

Mit diesem Lemma kann man leicht feststellen, daß es in gewissen Ringen überhaupt keinen Positivbereich geben kann. Betrachten wir etwa den Matrixring

$((\mathbb{Z})_2, +, \cdot)$. Das neutrale Element der Multiplikation ist $E = \begin{pmatrix} 1 & 0 \\ 0 & 1 \end{pmatrix}$, also

$-E = \begin{pmatrix} -1 & 0 \\ 0 & -1 \end{pmatrix}$. Wir haben $\begin{pmatrix} 0 & -1 \\ 1 & 0 \end{pmatrix} \begin{pmatrix} 0 & -1 \\ 1 & 0 \end{pmatrix} = \begin{pmatrix} -1 & 0 \\ 0 & -1 \end{pmatrix}$, also ist $-E$

ein Quadrat. Gäbe es einen Positivbereich in $((\mathbb{Z})_2, +, \cdot)$, so müßten E und $-E$ als Quadrate in P liegen, was wegen der Trichotomie (iii) unmöglich ist. Also kann es in $((\mathbb{Z})_2, +, \cdot)$ und ebenso in $((\mathbb{Q})_2, +, \cdot)$ keinen Positivbereich geben. Ein ähnliches Beispiel gibt $(U_5, +_5, \cdot_5)$. Hier ist $2 \cdot_5 2 = 4$, also 4 ein Quadrat und $1 +_5 4 = 0$, also $4 = -1$ in U_5. Wie in $(\mathbb{Z})_2$ sieht man, daß $(U_5, +_5, \cdot_5)$ keinen Positivbereich haben kann. Anders geartet ist der Ring $(\mathfrak{P}M, \nabla, \cap)$ für eine Menge M. Für jedes $X \in \mathfrak{P}M$ gilt $X \nabla X = \emptyset$, also in anderen Zeichen $X = -X$. Auf Grund der Trichotomie darf nur eines der Elemente X und $-X$ in einem Positivbereich liegen, was hier unmöglich ist. Also kann es auch in $(\mathfrak{P}M, \nabla, \cap)$ keinen Positivbereich geben.

Wir wollen nun den Übergang vom Positivbereich zur Ordnungsrelation in R vollziehen.

10.3 Definition. Ist $(R, +, \cdot, P)$ ein geordneter Ring mit Positivbereich P, so definieren wir

$$x <_P y \Leftrightarrow_{\text{def}} y - x \in P.$$

(gelesen: x ist kleiner als y bezüglich P, auch: y ist größer als x bezüglich P)

Wir werden später an einem Beispiel sehen, daß es Ringe mit mehreren verschiedenen Positivbereichen gibt. Die Bezugnahme auf P ist deshalb in der Bezeichnung angebracht.

Mit dieser Definition gilt

$$P = \{x \in R \mid 0 <_P x\},$$

P ist also die Menge der Elemente von R, welche bei der durch P definierten Relation $<_P$ größer als 0 sind.

10.4 Lemma. *Ist $(R, +, \cdot, P)$ ein angeordneter Ring, so hat die Relation $<_P$ in R die Eigenschaften:*

(a) *Für beliebige $x, y \in R$ gilt entweder $x <_P y$ oder $x = y$ oder $y <_P x$.*

(b) *$<_P$ ist transitiv.*

(c) $\forall a, b, x \in R$:

$$a <_P b \Rightarrow a + x <_P b + x.$$

(d) $\forall a, b, x \in R$:

$$a <_P b \text{ und } 0 <_P x \Rightarrow ax <_P bx.$$

Beweis: (a) folgt sofort aus (iii), denn es ist entweder $y - x \in P$ oder $y - x = 0$ oder $x - y \in P$. (Genau einer der Fälle tritt ein.)

(b) Es sei $x <_P y$ und $y <_P z$. Dann ist $y - x \in P$ und $z - y \in P$, also nach (Pi) $(y - x) + (z - y) = z - x \in P$ und deshalb $x <_P z$.

(c) Ist $b-a \in P$, so folgt

$$(b + x) - (a + x) = b - a \in P,$$

also $a + x <_P b + x$.

(d) Aus $b - a \in P$ und $x \in P$ folgt nach (Pi) $(b - a)x = bx - ax \in P$, also $ax <_P bx$.

Definiert man nun

$$a \leqq_P b \Leftrightarrow_{\text{def}} a <_P b \text{ oder } a = b,$$

so läßt sich mit einfachen Rechnungen (Fallunterscheidungen!) verifizieren:

10.5a Satz. *Für jeden Ring $(R, +, \cdot, P)$ mit Positivbereich P ist $\leqq_P$ eine lineare Ordnungsrelation und es gelten die Monotoniegesetze:*

$$(\text{Mon}^+)\quad \forall a, b, x : a \leqq_P b \Rightarrow a + x \leqq_P b + x$$

$$(\text{Mon}^\cdot)\quad \forall a, b, x : a \leqq_P b \text{ und } 0 \leqq_P x \Rightarrow ax \leqq_P bx.$$

10.5b Satz. *Ist* $(R, +, \cdot)$ *ein vom Nullring verschiedener Ring, und* $\leqq$ *eine lineare Ordnungsrelation in der Menge* R, *für die die Monotoniegesetze* (Mon^+) *und* $(\mathrm{Mon}^\cdot)$ *von Satz 10.5a erfüllt sind, so wird durch*

$$P = \{x \in R \mid 0 < x\}$$

ein Positivbereich in $(R, +, \cdot)$ *definiert und es ist* $x \leqq y \Leftrightarrow y - x \in P$ *oder* $x = y$.

Beweis. Wir zeigen zuerst $1 \in P$, also insbesondere $P \neq \emptyset$. Da R nicht der Nullring ist, gilt $1 \neq 0$. Die Relation $\leqq$ ist linear, also gilt $0 < 1$ oder $1 < 0$. Im Falle $0 < 1$ ist $1 \in P$, also $P \neq \emptyset$. Im Falle $1 < 0$ erhalten wir mit (Mon^+): $1 + (-1) < 0 + (-1)$, also $0 < -1$ und daraus mit $(\mathrm{Mon}^\cdot)$: $0 \cdot (-1) < (-1) \cdot (-1) = 1$, also $0 < 1$ und wieder $1 \in P$. Die Eigenschaft (i) von P folgt nun sofort aus (Mon^+) bzw. $(\mathrm{Mon}^\cdot)$. (ii) gilt nach Definition von P und (iii) folgt mit Hilfe der Linearität.

Bemerkung. Nach diesen Sätzen ist es *gleichgültig, ob man zur Definition der Anordnung in einem Ring von einem Positivbereich oder einer Ordnungsrelation ausgeht.* Wie wir eingangs bemerkt haben, benutzt man bei $\mathbb{Z}$ und $\mathbb{Q}$ Positivbereiche.

Aufgaben

(A 10.1) Beweisen Sie: Ein angeordneter Ring ist nullteilerfrei (D.h.

$$ab = 0 \Rightarrow a = 0 \text{ oder } b = 0).$$

(A 10.2) Beweisen Sie: In einem angeordneten Ring gelten:

a) $a < b \Rightarrow -b < -a$

b) Sind a, b Einheiten und positiv, so gilt:

$$a < b \Rightarrow b^{-1} < a^{-1}.$$

10.B Die Körper $\mathbb{Q}(k)$

Da jeder Körper ein Ring (mit zusätzlichen Eigenschaften) ist, gelten unsere Bemerkungen über Positivbereich und Anordnung auch für Körper. Wir wollen uns jetzt ein Beispiel verschaffen, das in Bezug auf die Anordnung interessanter ist als die uns geläufigen Zahlbereiche.

In $(\mathbb{Q})_2$ betrachten wir die Teilmenge

$$\mathbb{Q}ⓚ =_{\text{def}} \{A \in (\mathbb{Q})_2 \mid A = \begin{pmatrix} a & bk \\ b & a \end{pmatrix} \text{ mit } a, b \in \mathbb{Q}\}.$$

Es sind dies Matrizen von der gleichen Bauart wie bei den Ringen $(\mathbb{Z} \times \mathbb{Z}, +, ⓚ)$, hier jedoch mit rationalen Koeffizienten.

10.6 Satz. *Für jedes $k \in \mathbb{Q}$ ist $(\mathbb{Q}ⓚ, +, \cdot)$ ein kommutativer Teilring des Matrizenringes $((\mathbb{Q})_2, +, \cdot)$. Der Ring $(\mathbb{Q}ⓚ, +, \cdot)$ ist ein Körper genau dann, wenn k keine Quadratzahl in $\mathbb{Q}$ ist.*

Beweis. Sind $A = \begin{pmatrix} a & bk \\ b & a \end{pmatrix}$ und $C = \begin{pmatrix} c & dk \\ d & c \end{pmatrix}$ Matrizen aus $\mathbb{Q}ⓚ$, so verifiziert man durch Rechnung sofort $-A; A + C; A \cdot C \in \mathbb{Q}ⓚ$.

Ferner ist $\begin{pmatrix} 1 & 0 \\ 0 & 1 \end{pmatrix} = \begin{pmatrix} 1, & 0k \\ 0, & 1 \end{pmatrix} \in \mathbb{Q}ⓚ$. Danach ist $(\mathbb{Q}ⓚ, +)$ eine Untergruppe von $(\mathbb{Q}_2, +)$, das neutrale Element von $((\mathbb{Q})_2, +, \cdot)$ gehört zu $\mathbb{Q}ⓚ$ und $\mathbb{Q}ⓚ$ ist multiplikativ abgeschlossen. Also ist $(\mathbb{Q}ⓚ, +, \cdot)$ ein Teilring von $((\mathbb{Q})_2, +, \cdot)$. Man rechnet aus: $AC = CA$ für alle $A, C \in \mathbb{Q}ⓚ$, also ist der Teilring kommutativ. Damit ist die erste Aussage bewiesen. Teil 2(a) Es sei k eine Quadratzahl, also $k = r^2$ mit einem geeigneten $r \in \mathbb{Q}$. Dann ist $R = \begin{pmatrix} r & k \\ 1 & r \end{pmatrix}$ eine von $\begin{pmatrix} 0 & 0 \\ 0 & 0 \end{pmatrix}$ verschiedene Matrix aus $\mathbb{Q}ⓚ$ und $\det R = r^2 - k = 0$. Also kann R keine Inverse in $\mathbb{Q}_2$ haben, und damit auch keine Inverse in $\mathbb{Q}ⓚ$. Der Ring $(\mathbb{Q}ⓚ, +, \cdot)$ ist sicher kein Körper.

(b) Es sei nun k keine Quadratzahl.

Wir setzen $A = \begin{pmatrix} a & bk \\ b & a \end{pmatrix}$ und nehmen an $\det A = a^2 - kb_2 = 0$. Ist $b^2 \neq 0$, so folgt $k = a^2(b^2)^{-1} = (ab^{-1})^2$, also wäre k eine Quadratzahl. Da wir dies ausgeschlossen hatten, muß $b^2 = 0$ und damit $a^2 = 0$, folglich $A = \begin{pmatrix} 0, & 0 \\ 0, & 0 \end{pmatrix}$ sein.
Kontraposition ergibt:

Ist $A \neq \begin{pmatrix} 0, & 0 \\ 0, & 0 \end{pmatrix}$, so ist $\det A \neq 0$.

Also hat A eine Inverse in $(\mathbb{Q})_2$. Diese ist

$$C = \begin{pmatrix} \dfrac{a}{a^2 - kb^2}, & \dfrac{-bk}{a^2 - kb^2} \\ \\ \dfrac{-b}{a^2 - kb^2}, & \dfrac{a}{a^2 - kb^2} \end{pmatrix} \quad \text{und mit}$$

$$c = \frac{a}{a^2 - kb^2} \quad \text{sowie } d = \frac{-b}{a^2 - kb^2} \quad \text{sehen wir}$$

$$C = \begin{pmatrix} c & dk \\ d & c \end{pmatrix} \in \mathbb{Q}ⓚ.$$

$(\mathbb{Q}ⓚ, +, \cdot)$ ist danach ein kommutativer Ring, in dem jedes Element $\neq \begin{pmatrix} 0, & 0 \\ 0, & 0 \end{pmatrix}$ ein Inverses bezüglich der Multiplikation hat, das heißt ein Körper.

10.7 Lemma. *Durch* $\varphi : a \to \begin{pmatrix} a & 0 \cdot k \\ 0 & a \end{pmatrix} = \begin{pmatrix} a & 0 \\ 0 & a \end{pmatrix}$ *wird ein injektiver Ringmorphismus*

$$\varphi : (\mathbb{Q}, +, \cdot) \to (\mathbb{Q}ⓚ, +, \cdot)$$

definiert.

Beweis: Man verifiziert ohne Mühe, daß φ injektiv und ein Morphismus bzgl. Addition und Multiplikation ist.

Damit ist $(\mathbb{Q}, +, \cdot)$ eingebettet in $(\mathbb{Q}ⓚ, +, \cdot)$, wie wir früher $\mathbb{Z}$ in $\mathbb{Q}$ eingebettet hatten. Man kann also sagen: $\mathbb{Q}$ ist Teilkörper von $\mathbb{Q}ⓚ$. Wir berechnen nun in $\mathbb{Q}ⓚ$:

$$\begin{pmatrix} 0 & k \\ 1 & 0 \end{pmatrix} \cdot \begin{pmatrix} 0 & k \\ 1 & 0 \end{pmatrix} = \begin{pmatrix} k & 0 \\ 0 & k \end{pmatrix}.$$

Es ist also die Matrix $\begin{pmatrix} k & 0 \\ 0 & k \end{pmatrix}$ ein Quadrat in $\mathbb{Q}ⓚ$! Wir können sagen: Ausgehend von einer Zahl $k \in \mathbb{Q}$, welche keine Quadratzahl in $\mathbb{Q}$ ist, haben wir einen Oberkörper von $\mathbb{Q}$ konstruiert, nämlich $\mathbb{Q}ⓚ$, in dem k (eigentlich $\begin{pmatrix} k & 0 \\ 0 & k \end{pmatrix}$) eine Quadratzahl ist. Mit anderen Worten: Zu der Gleichung $x^2 = k$, die in $\mathbb{Q}$ keine Lösung hat, haben wir eine „Zahlbereichserweiterung" $\mathbb{Q}\textcircled{k}$ konstruiert mit der Eigenschaft, daß nun eine Lösung von $x^2 = k$ existiert .

Man hat übrigens auch

$$\begin{pmatrix} 0 & -k \\ -1 & 0 \end{pmatrix} \begin{pmatrix} 0 & -k \\ -1 & 0 \end{pmatrix} = \begin{pmatrix} k & 0 \\ 0 & k \end{pmatrix}.$$

Bemerkung. -1 ist keine Quadratzahl in $\mathbb{Q}$, also ist $Q\textcircled{-1}$ ein Körper.

Dann ist

$$\begin{pmatrix} 0 & -1 \\ 1 & 0 \end{pmatrix}^2 = \begin{pmatrix} 0 & 1\cdot(-1) \\ 1 & 0 \end{pmatrix}^2 = \begin{pmatrix} -1 & 0 \\ 0 & -1 \end{pmatrix}$$

also $-E = \begin{pmatrix} -1 & 0 \\ 0 & -1 \end{pmatrix}$ ein Quadrat in $\mathbb{Q}\textcircled{-1}$. Daraus folgt wie in Abschnitt 10.A, daß es keinen Positivbereich in $\mathbb{Q}\textcircled{-1}$ geben kann. (Das gilt natürlich in jedem $\mathbb{Q}\textcircled{k}$ mit $k < 0$ in $\mathbb{Q}$.)

Man kann sagen, die Matrizen

$$\begin{pmatrix} 0 & k \\ 1 & 0 \end{pmatrix} \text{ und } \begin{pmatrix} 0 & -k \\ -1 & 0 \end{pmatrix} = -\begin{pmatrix} 0 & k \\ 1 & 0 \end{pmatrix} \text{ seien „Wurzeln" von}$$

$\begin{pmatrix} k & 0 \\ 0 & k \end{pmatrix}$. Wir definieren nun eine Abbildung $\alpha : \mathbb{Q}\textcircled{k} \to \mathbb{Q}\textcircled{k}$ welche diese beiden „Wurzeln" vertauscht:

10.8 Satz. *Durch*

$$\alpha : \begin{pmatrix} a & bk \\ b & a \end{pmatrix} \to \begin{pmatrix} a & -bk \\ -b & a \end{pmatrix}$$

wird ein Isomorphismus

$$\alpha : (\mathbb{Q}\textcircled{k}, +, \cdot) \to (\mathbb{Q}\textcircled{k}, +, \cdot)$$

definiert.

Beweis. Man sieht $\alpha \circ \alpha = \mathrm{id}_{\mathbb{Q}\textcircled{k}}$, also hat α die Inverse $\alpha^{-1} = \alpha$ und α ist bijektiv.

Morphismusbedingungen:

Addition:

$$\alpha\left[\begin{pmatrix} a & bk \\ b & a \end{pmatrix} + \begin{pmatrix} c & dk \\ d & c \end{pmatrix}\right] = \alpha\begin{pmatrix} a+c, & (b+d)k \\ b+d, & a+c \end{pmatrix}$$

$$= \begin{pmatrix} a+c, & -(b+d)k \\ -(b+d), & a+c \end{pmatrix}$$

$$= \begin{pmatrix} a & -bk \\ -b & a \end{pmatrix} + \begin{pmatrix} c & -dk \\ -d & c \end{pmatrix}$$

$$= \alpha\begin{pmatrix} a & bk \\ b & a \end{pmatrix} + \alpha\begin{pmatrix} c & dk \\ d & c \end{pmatrix}$$

Multiplikation:

$$\alpha\left[\begin{pmatrix} a & bk \\ b & a \end{pmatrix} \cdot \begin{pmatrix} c & dk \\ d & c \end{pmatrix}\right]$$

$$= \alpha\begin{pmatrix} ac+bdk, & (ad+bc)k \\ ad+bc, & ac+bdk \end{pmatrix}$$

$$= \begin{pmatrix} ac+bdk, & -(ad+bc)k \\ -(ad+bc), & ac+bdk \end{pmatrix}$$

$$= \begin{pmatrix} a & -bk \\ -b & a \end{pmatrix} \cdot \begin{pmatrix} c & -dk \\ -d & c \end{pmatrix}$$

$$= \alpha\begin{pmatrix} a & bk \\ b & a \end{pmatrix} \cdot \alpha\begin{pmatrix} c & dk \\ d & c \end{pmatrix}$$

Neutrales Element:

$$\alpha\begin{pmatrix} 1 & 0 \\ 0 & 1 \end{pmatrix} = \begin{pmatrix} 1 & 0 \\ 0 & 1 \end{pmatrix}$$

Wie man für die Morphismen eines Gebildes in sich den besonderen Namen Endomorphismen gebraucht, so hat man auch die Gewohnheit, Isomorphismen eines Gebildes auf sich *Automorphismen* zu nennen. α ist also ein Automorphismus von ($\mathbb{Q}$ ⓚ, +, ·).

10.C Anordnungen von $\mathbb{Q}$ ⑤

Wir betrachten zuerst die Wirkung von Automorphismen auf Positivbereiche:

10.9 Lemma. *Es sei* $(R, +, \cdot)$ *ein Ring mit Positivbereich* P *und* $\alpha : (R, +, \cdot) \to (R, +, \cdot)$ *ein Automorphismus von* $(R, +, \cdot)$. *Dann ist auch* $\alpha P = \{\alpha x \mid x \in P\}$ *ein Positivbereich von* $(R, +, \cdot)$.

Beweis: Da P nicht leer ist, ist auch αP nicht leer. Eigenschaften von αP:

(i) $p, q \in \alpha P \Rightarrow \exists\, x, y \in P : \alpha x = p, \alpha y = q.$

$x, y \in P \Rightarrow x + y, x \cdot y \in P$

$\Rightarrow \alpha(x + y), \alpha(xy) \in \alpha P$

$\Rightarrow (\alpha x) + (\alpha y), (\alpha x)\, \alpha y) \in \alpha P$

$\Rightarrow p + q, p \cdot q \in \alpha P.$

(ii) $\alpha\, 0 = 0$ und $0 \notin P$ und α bijektiv $\Rightarrow 0 \notin \alpha P.$

(iii) $p \notin \alpha P$ und $p \neq 0$

$\Rightarrow \exists\, x : \alpha x = p$ und $x \notin P$

$\Rightarrow -x \in P$

$\Rightarrow \alpha\,(-x) = -p \in \alpha P.$

Wir sind nun in der Lage, ein Beispiel eines Körpers mit zwei verschiedenen Positivbereichen P_1 und P_2, also auch zwei verschiedenen Ordnungsrelationen $\leqq_1$ und $\leqq_2$, anzugeben. Da es uns nur auf ein Beispiel ankommt, betrachten wir den Körper $\mathbb{Q}$ ⑤ , obwohl man die folgenden Überlegungen auch allgemeiner durchführen kann.

10.10 Satz. *In dem Körper* $\mathbb{Q}$ ⑤ *sind die unten angegebenen Mengen* P_1 *und* P_2 *zwei verschiedene Positivbereiche.*

Definition von P_1 und P_2:

Es sei

$$A = \begin{pmatrix} a & b\,5 \\ b & a \end{pmatrix}.$$

$P_1 =_{\text{def}} \{A \in \mathbb{Q}\,⑤ \mid (\det A > 0 \text{ und } a > 0) \text{ oder } (\det A < 0 \text{ und } b < 0)\}$

$P_2 =_{\text{def}} \{A \in \mathbb{Q}\,⑤ \mid (\det A > 0 \text{ und } a > 0) \text{ oder } (\det A < 0 \text{ und } b > 0)\}$

Beweis. Wir zeigen zuerst, daß P_1 und P_2 verschieden sind:

Es ist

$$\det \begin{pmatrix} 0 & (-1)\,5 \\ -1 & 0 \end{pmatrix} = 0 - 5 < 0 \text{ und } b = -1 < 0,$$

also $\begin{pmatrix} 0 & (-1)\,5 \\ -1 & 0 \end{pmatrix}$ in P_1, aber nicht in P_2.

Zweitens zeigen wir, daß mit dem Automorphismus

$$\alpha : \begin{pmatrix} a & b\,5 \\ b & a \end{pmatrix} \to \begin{pmatrix} a & -b\,5 \\ -b & a \end{pmatrix}$$

gilt: $\alpha P_1 = P_2$ (und $\alpha P_2 = P_1$).

Beweis: Wir haben behauptet, daß für jedes $A \in P_1$ gilt $\alpha A \in P_2$, und daß für jedes $C \in P_2$ ein $A \in P_1$ existiert mit $\alpha A = C$.

Ist $A \in P_1$, so gilt ($\det A > 0$ und $a > 0$) oder ($\det A < 0$ und $b < 0$). Ist $\det A > 0$ und $a > 0$, so folgt

$$\det \begin{pmatrix} a & -b\,5 \\ -b & a \end{pmatrix} = a^2 - 5\,b^2 = \det \begin{pmatrix} a & b\,5 \\ b & a \end{pmatrix} > 0$$

und es bleibt $a > 0$, also ist $\alpha\, A \in P_2$.

Gilt $\det A < 0$ und $b < 0$, so folgt wieder $\det \alpha\, A = \det A < 0$, aber $-b > 0$, also ist $\alpha\, A \in P_2$.

Entsprechend folgt: Für jedes $C \in P_2$ ist $\alpha\, C \in P_1$. Dann ist $\alpha(\alpha C) = C$, also gibt es zu jedem $C \in P_2$ ein A $(= \alpha C) \in P_1$ mit $\alpha A = C$.

Drittens werden wir nun zeigen, daß P_1 ein Positivbereich von $\mathbb{Q}\,\textcircled{5}$ ist. Nach Lemma 10.9 ist dann auch P_2 ein Positivbereich von $\mathbb{Q}\,\textcircled{5}$. Bei diesem Beweis machen wir, wie schon bei der Definition von P_1, starken Gebrauch von der Ordnungsrelation $\leqq$ und dem Betrag in $\mathbb{Q}$. Die Durchführung der einzelnen Beweisschritte erfordert viel Rechentechnik.

Eigenschaft (Pii): $\begin{pmatrix} 0, & 0 \\ 0, & 0 \end{pmatrix} \notin P_1$ gilt wegen $\det \begin{pmatrix} 0 & 0 \\ 0 & 0 \end{pmatrix} = 0$

Eigenschaft (Piii). Es sei $X = \begin{pmatrix} x & y5 \\ y & x \end{pmatrix} \neq \begin{pmatrix} 0 & 0 \\ 0 & 0 \end{pmatrix}$

und $X \notin P_1$.

Es ist $\det X = \det -X \neq 0$, also muß einer der Fälle $\det X > 0$ oder $\det X < 0$ vorliegen. (Bei $\det X \neq 0$ benutzen wir wesentlich, daß 5 keine Quadratzahl ist).

1. Ist $\det X > 0$, so kann nicht $x > 0$ sein, denn sonst wäre $X \in P_1$. Also ist $x < 0$ und somit $-x > 0$. Dann haben wir $\det(-X) = \det X > 0$ und $-x > 0$, also $-X \in P_1$.

2. Ist $\det X < 0$, so kann nicht $y < 0$ sein, denn sonst wäre $X \in P_1$. Also ist $y < 0$ und damit $-y > 0$. Wir haben dann $\det(-X) = \det X < 0$ und $-y < 0$, also $-X \in P_1$.

Eigenschaft (Pi). Wir betrachten zunächst die Multiplikation von Elementen aus P_1. Zur Durchführung des Beweises brauchen wir an mehreren Stellen einen Hilfssatz:

Es seien $a, b \in \mathbb{Q}$ und $a > 0$. Ist dann $a^2 > b^2$, so folgt $a > |b|$.

Wir beweisen die Kontraposition $a \leqq |b| \Rightarrow a^2 \leqq b^2$ (unter der Voraussetzung $a > 0$). Ist nämlich $a \leqq |b|$, so folgt $0 < a \leqq |b|$ und mit (Mon$^\cdot$) in $\mathbb{Q}$:

$$0 < a \cdot a \leqq |b| \cdot a \quad \text{sowie}$$

$$0 < a \cdot |b| \leqq |b| \cdot |b| = b^2, \text{ also mit der Transitivität}$$

$$a \cdot a = a^2 \leqq b^2.$$

Damit ist der Hilfssatz bewiesen.

Es seien nun $R = \begin{pmatrix} r & s5 \\ s & r \end{pmatrix}$ und $X = \begin{pmatrix} x & y5 \\ y & x \end{pmatrix}$ sowie $R, X \in P_1$.

Wir unterscheiden folgende Fälle:

(1) $\det R > 0$ und $\det X > 0$

(2) $\det R > 0$ und $\det X < 0$

(3) $\det R < 0$ und $\det X > 0$.

(4) $\det R < 0$ und $\det X < 0$.

In jedem dieser Fälle werden wir $RX \in P_1$ zeigen.

Fall (1). Wegen $R, X \in P_1$ muß sein $r > 0$ und $x > 0$.

Wir erhalten $\det RX = \det R \det X > 0$ und müssen wegen

$$RX = \begin{pmatrix} rx + 5sy, & (ry + sx)5 \\ ry + sx, & rx + 5sy \end{pmatrix}$$

zeigen, daß $rx + 5sy > 0$ ist.

Nach Voraussetzung haben wir

$\det R > 0$, also $r^2 > 5s^2$ und

$\det X > 0$, also $x^2 > 5y^2$.

Daraus folgt $r^2x^2 > 5^2s^2y^2$. Wegen $r > 0$ und $x > 0$ haben wir $rx > 0$ und aus dem Hilfssatz erhalten wir $rx > |5sy| = 5|sy|$. Daraus folgt $rx + 5sy > 0$, gleichgültig ob $sy > 0$ oder $sy < 0$ gilt.

Fall (2) Wir haben $x > 0$ und $y < 0$. Es ist $\det RX = \det R \det X < 0$, also müssen wir $ry + sx < 0$ zeigen. Nach Voraussetzung haben wir $\det R = r^2 - 5s > 0$, also $r^2 > 5s^2$ und $\det X = x^2 - 5y^2 < 0$, also $5y^2 > x^2$.

Daraus folgt $5r^2y^2 > 5s^2x^2$, also $r^2y^2 > s^2x^2$. Wegen $r > 0$ und $y < 0$ haben wir $r(-y) > 0$ und mit $r^2y^2 = r^2(-y)^2$ erhalten wir aus dem Hilfssatz $r(-y) > |sx|$. Daraus folgt $r(-y) - sx > 0$, gleichgültig ob $xs > 0$ oder $xs < 0$ gilt. Es wird also $ry + sx < 0$ und damit $RX \in P_1$.

Fall (3) $\mathbb{Q}$ ⑤ ist kommutativ, also geht dieser Fall durch Vertauschung der Faktoren in Fall (2) über.

Fall (4). Wir wissen $s < 0$ und $y < 0$. Es ist $\det RX = \det R \det X > 0$, also müssen wir $rx + 5sy > 0$ zeigen.

Nach Voraussetzung haben wir $\det R < 0$, also $5s^2 > r^2$ und $\det X < 0$, also $5y^2 > x^2$. Daraus folgt $5^2s^2y^2 = (5sy)^2 > r^2x^2$ und mit $sy > 0$ nach dem Hilfssatz $5sy > |rx|$. Damit wird $5sy + rx > 0$, gleichgültig ob $rx > 0$ oder $rx < 0$ ist. Also ist $RX \in P_1$.

Addition von Elementen aus P_1.

Es sei $V = \begin{pmatrix} v, & w5 \\ w, & v \end{pmatrix} \in P_1$.

Wir behaupten zunächst

$$E + V = \begin{pmatrix} 1 & 0 \\ 0 & 1 \end{pmatrix} + \begin{pmatrix} v, & 5w \\ w, & v \end{pmatrix} = \begin{pmatrix} 1+v, & 5w \\ w, & 1+v \end{pmatrix} \in P_1.$$

Fall (1): Es sei det $V > 0$ und $v > 0$. Dann ist $v + 1 > 0$ und det $(E + V) = (v + 1)^2 - 5w^2 > v^2 - 5w^2 > 0$, also $E + V \in P_1$.

Fall (2) det $V < 0$ und $w < 0$.

(2a) Falls det $(E + V) < 0$, gilt $E + V \in P_1$

(2b) Falls det $E + V > 0$, so ist $v + 1 > 0$ zu zeigen.

Ist $v > 0$, so sind wir fertig. Ist $v < 0$, so folgt

$$\begin{aligned} \det (E + V) &= (v + 1)^2 - 5w^2 \\ &= v^2 + 2v + 1 - 5w^2 \\ &= (v^2 - 5w^2) + 2v + 1 > 0 \end{aligned}$$

und mit det $V = v^2 - 5w^2 < 0$ muß gelten $2v + 1 > 0$, also wegen $v < 0$ erst recht $v + 1 > 0$. Damit haben wir in jedem Fall

$$E + V \in P_1.$$

Es seien nun $R, X \in P_1$. Wir beobachten $R^{-1} = (R^{-1})^2 R$ und erhalten wegen $(R^{-1})^2 \in P_1$ und $R \in P_1$, daß auch $R^{-1} \in P_1$ ist.

Dann ist $R + X = R^{-1}(E + RX)$

und mit $RX = V \in P_1$ erhalten wir auch $E + RX \in P_1$ nach unserer ersten Überlegung, also schließlich $R + X = R^{-1}(E + RX) \in P_1$. Damit ist der Beweis von Satz 10.10 abgeschlossen.

10.D Einbettung von $\mathbb{Q}(5)$ in $\mathbb{R}$

Wir wollen nun die Beziehungen zwischen $\mathbb{Q}(5)$ und $\mathbb{R}$ klären. Dabei setzen wir die Anordnungseigenschaften von $\mathbb{R}$ und die Existenz eines Elementes $\sqrt{5} \in \mathbb{R}$ mit $0 < \sqrt{5}$ und $(\sqrt{5})^2 = 5$ als bekannt voraus.

Da wir in $\mathbb{Q}$ ⑤ den zu $\mathbb{Q}$ isomorphen Teilkörper der Matrizen

$\begin{pmatrix} a & 0 \\ 0 & a \end{pmatrix}$ und ferner das Element $\begin{pmatrix} 0 & 5 \\ 1 & 0 \end{pmatrix}$ mit $\begin{pmatrix} 0 & 5 \\ 1 & 0 \end{pmatrix}^2 = \begin{pmatrix} 5 & 0 \\ 0 & 5 \end{pmatrix}$

haben, liegt es nahe, die Abbildung

$$\psi : \begin{pmatrix} a & b5 \\ b & a \end{pmatrix} \to a + b\sqrt{5} \text{ von } \mathbb{Q} \text{ ⑤ nach } \mathbb{R} \text{ zu untersuchen.}$$

10.11 Satz. *Die Abbildung* $\psi : \mathbb{Q}$ ⑤ $\to \mathbb{R}$ *mit* $\psi \begin{pmatrix} a & b5 \\ b & a \end{pmatrix} = a + b\sqrt{5}$ *ist ein injektiver Ringmorphismus.*

Beweis. Wir zeigen zuerst, daß ψ injektiv ist. Es seien $A = \begin{pmatrix} a & b5 \\ b & a \end{pmatrix}$ und

$C = \begin{pmatrix} c & d5 \\ d & c \end{pmatrix}$ sowie $a + b\sqrt{5} = \psi A = \psi C = c + d\sqrt{5}$.

Dann ist $a - c = (d - b)\sqrt{5}$.

Wäre nun $d - b \neq 0$, so würde folgen

$$\sqrt{5} = \frac{a - c}{d - b} \in \mathbb{Q}, \text{ da } a, b, c, d \in \mathbb{Q} \text{ vorausgesetzt ist.}$$

Da $\sqrt{5}$ sicher nicht rational ist, muß also $b = d$ sein und folglich auch $a = c$. Es ist also

$$\begin{pmatrix} a & b5 \\ b & a \end{pmatrix} = \begin{pmatrix} c & d5 \\ d & c \end{pmatrix}$$

und damit ψ injektiv.

Morphismusbedingungen:

Addition:

$$\begin{aligned} \psi(A + C) &= \psi \begin{pmatrix} a + c, & (b + d)5 \\ b + d, & a + c \end{pmatrix} \\ &= a + c + (b + d)\sqrt{5} \\ &= (a + b\sqrt{5}) + (c + d\sqrt{5}) \\ &= \psi A + \psi C \end{aligned}$$

Multiplikation:

$$\psi(A\,C) = \psi\begin{pmatrix} ac + bd5, & (ad + bc)5 \\ ad + bc, & ac + bd5 \end{pmatrix}$$

$$= ac + bd\,5 + (ad + bc)\sqrt{5}$$

$$= (a + b\sqrt{5})\,(c + d\sqrt{5})$$

$$= (\psi A)\ (\psi C).$$

Neutrales Element:

$$\psi\begin{pmatrix} 1 & 0 \\ 0 & 1 \end{pmatrix} = 1 + 0\sqrt{5} = 1$$

Bemerkungen:

1) Man kann nach diesem Satz ohne Mühe nachrechnen

$$A \in P_2 \Leftrightarrow \psi A > 0 \text{ in } \mathbb{R}$$

und erhält damit sofort, daß P_2 ein Positivbereich in $\mathbb{Q}$ ⑤ ist. Mit dem Automorphismus $\alpha : \mathbb{Q}$ ⑤ $\to \mathbb{Q}$ ⑤ beweist man dann, daß auch P_1 ein Positivbereich ist.

2) Nach Satz 10.11 kann man sagen, daß mit $\mathbb{Q}$ ⑤ eigentlich nichts anders vorliegt als die Menge der reellen Zahlen der Form $a + b\sqrt{5}$ mit $a, b \in \mathbb{Q}$. Der wesentliche Punkt unserer Konstruktion von $\mathbb{Q}$ ⑤ ist aber gerade die Vermeidung der reellen Zahlen. In $\mathbb{R}$ wird die Existenz von $\sqrt{5}$ mit Grenzwertmethoden bewiesen, deren Bereitstellung wesentlich komplizierter ist als unser direktes Verfahren. Es ist gerade typisch für die Algebra, eine Erweiterung wie die von $\mathbb{Q}$ zu $\mathbb{Q}$ ⓚ ohne Grenzprozesse zu konstruieren. Für negative $k \in \mathbb{Q}$ würde überdies auch die Verwendung reeller Zahlen keine Wurzel liefern. Wegen der Darstellung $a + b\sqrt{5}$ der Elemente aus $\mathbb{Q}$ ⑤ ist es üblich, die Bezeichnung $\mathbb{Q}(\sqrt{5})$ an Stelle von $\mathbb{Q}$ ⑤ zu nehmen. Entsprechend schreibt man auch statt $(\mathbb{Z} \times \mathbb{Z}, +,$ ⓚ$)$ kürzer $\mathbb{Z}(\sqrt{k})$, falls k keine Quadratzahl ist.

Aufgabe

(A 10.3) Bestimmen Sie

$$\{x \in \mathbb{R} \mid \det\begin{pmatrix} a - x, & b5 \\ b, & a - x \end{pmatrix} = 0\}$$

10.E $\mathbb{Z}$ und $\mathbb{Q}$ als angeordnete Gebilde

Wir wollen zuerst zeigen, daß es in $\mathbb{Z}$ nur einen Positivbereich gibt, nämlich $\mathbb{N}$.

Es sei P ein Positivbereich des Ringes $(\mathbb{Z}, +, \cdot)$. Dann ist $1 \in P$, und da die Summe zweier Elemente aus P wieder in P liegen muß, folgt $2 = 1 + 1 \in P$ und $3 = 2 + 1 \in P$ usw. Mit Induktion erhält man: $\mathbb{N} \subseteq P$. Da von zwei Elementen x und $-x$ höchstens eines in P liegen kann, folgt $\mathbb{N} = P$.

Da $\mathbb{N}$ tatsächlich ein Positivbereich von $\mathbb{Z}$ ist, erhalten wir:

10.12 Satz. *Der Ring* $(\mathbb{Z}, +, \cdot)$ *hat genau einen Positivbereich, nämlich* $\mathbb{N}$. *Infolgedessen gibt es in* $\mathbb{Z}$ *auch keine andere lineare Ordnungsrelation, welche* (Mon$^+$) *und* (Mon$^\cdot$) *erfüllt, als die gewöhnliche.*

Für den Körper $\mathbb{Q}$ möchte man ein entsprechendes Ergebnis haben. Der Weg dazu führt über einige allgemeine Eigenschaften angeordneter Körper.

Es sei $(K, +, \cdot, P)$ ein angeordneter Körper und e das neutrale Element der Multiplikation von K. Wir betrachten den Gruppenmorphismus $\theta_e : (\mathbb{Z}, +) \to (K, +)$ welcher definiert ist durch $\theta_e\, n = n \cdot e$ für alle $n \in \mathbb{Z}$. Wegen $e \in P$ erhalten wir $\theta_e\, 2 = e + e \in P$ und mit Induktion: $\theta_e n \in P$ für alle $n \in \mathbb{N}$, also jedenfalls $\theta_e n \neq 0$ für $n \in \mathbb{N}$. Dann ist aber auch $\theta_e\,(-n) \neq 0$ und der Kern von θ_e besteht nur aus 0. Dann wissen wir, daß der Gruppenmorphismus θ_e injektiv ist.

Wir zeigen weiter, daß θ_e auch ein Morphismus bezüglich der Multiplikation ist. Für $n \in \mathbb{N}$ und $a \in \mathbb{Z}$ erhalten wir

$$\begin{aligned}\theta_e\,(na) &= \theta_e\,(a + \ldots + a) = n \cdot \theta_e\, a\\ &= (\theta_e\, a) + (\theta_e\, a) + \ldots + (\theta_e\, a)\\ &= (\theta_e\, a)\,[e + \ldots + e]\\ &= (\theta_e\, a) \cdot (\theta_e\, n)\end{aligned}$$

Für $-n \in \mathbb{N}$ erhält man die Behauptung entsprechend. Wir setzen deshalb einfach

$$\theta_e\, n = n \in K,$$

und haben damit $\mathbb{Z}$ in K eingebettet.

(Achtung! für $K = \mathbb{Q}$ Ⓚ bedeutet dies $n = \begin{pmatrix} n & 0 \\ 0 & n \end{pmatrix}$)

Damit haben wir:

10.13 Lemma. *Jeder angeordnete Körper $(K, +, \cdot, P)$ enthält eine isomorphe Kopie von $(\mathbb{Z}, +, \cdot)$ als Teilring. Dabei liegt das Bild von $\mathbb{N}$ in P.*

Wir greifen nun auf die Charakterisierung von $\mathbb{Q}$ als Erweiterung von $\mathbb{Z}$ zurück. Es sei wieder $(K, +, \cdot)$ ein Körper mit Positivbereich P und $\theta = \theta_e$ der oben definierte Ringmorphismus. Wir erhalten das Diagramm

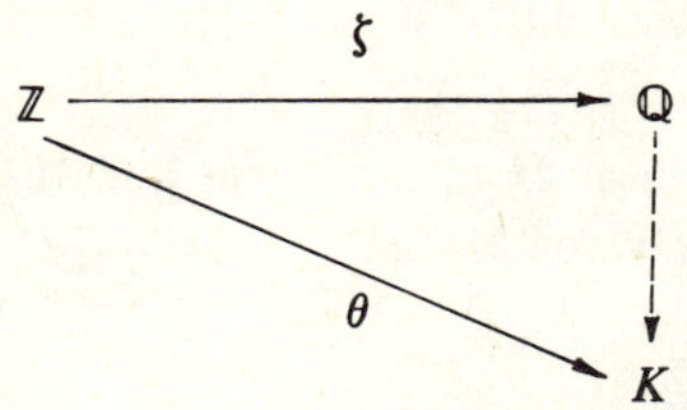

Abb. 79

wobei $\zeta = (z \to \frac{z}{1})$ die Einbettung von $\mathbb{Z}$ in $\mathbb{Q}$ ist und θ ein injektiver Ringmorphismus. Da jeder Ringmorphismus die neutralen Elemente der Multiplikation respektiert, gibt es außer $\zeta : \mathbb{Z} \to \mathbb{Q}$ und $\theta : \mathbb{Z} \to K$ überhaupt keine anderen Ringeinbettungen von $\mathbb{Z}$ in $\mathbb{Q}$ bzw. K, d h. im Diagramm sind ζ und θ eindeutig festgelegt. Nach Satz 7.9/10 gibt es nun genau einen Ringmorphismus ξ : $\mathbb{Q} \to K$ mit $\zeta \circ \xi = \theta$. Da bei θ die natürlichen Zahlen in P abgebildet werden, gehen auch bei ξ alle natürlichen Zahlen nach P und folglich auch alle Quotienten von natürlichen Zahlen. Es liegt also das ganze Bild von $\mathbb{B}$ in P. ζ und θ sind injektiv, also muß auch ξ injektiv sein. Ferner ist ξ durch (die eindeutig bestimmten Morphismen) ζ und θ eindeutig bestimmt, also gibt es nur diese eine Einbettung $\xi : (\mathbb{Q}, +, \cdot) \to (K, +, \cdot)$. Ergebnis:

10.14 Satz. Einbettung von $\mathbb{Q}$ in K. *Ist $(K, +, \cdot)$ ein Körper mit Positivbereich P, so gibt es genau einen injektiven Ringmorphismus $\xi : (\mathbb{Q}, +, \cdot) \to (K, +, \cdot)$. Dabei gilt $\xi\, \mathbb{B} \subseteq P$.*

Folgerung für $\mathbb{Q}$. Setzen wir $(\mathbb{Q}, +, \cdot)$ mit dem Positivbereich P in diesem Satz an die Stelle des Körpers $(K, +, \cdot)$ mit dem Positivbereich P, so ergibt sich: Es gibt genau einen Morphismus $\xi : (\mathbb{Q}, +, \cdot) \to (\mathbb{Q}, +, \cdot)$, und für diesen gilt $\xi\, \mathbb{B} \subseteq P$. Nun hat aber der identische Morphismus $\mathrm{id}_{\mathbb{Q}}$ diese Eigenschaften, also ist $\xi = \mathrm{id}_{\mathbb{Q}}$ und $\mathbb{B} \subseteq P$. Wegen der Trichotomie ist dann $\mathbb{B} = P$. Also gilt:

10.15 Satz. *Der Körper $(\mathbb{Q}, +, \cdot)$ hat genau einen Positivbereich, nämlich $\mathbb{B}$. Infolgedessen gibt es in $\mathbb{Q}$ auch keine andere lineare Ordnungsrelation, welche* (Mon^+) *und* $(\mathrm{Mon}^{\cdot})$ *erfüllt als die gewöhnliche.*

10.E Beschreibung des Körpers $\mathbb{R}$ der reellen Zahlen

Wir haben in diesem Buch mehrfach die Zahlbereiche $\mathbb{Q}$ und $\mathbb{R}$ verglichen, ohne eine genaue Definition der reellen Zahlen zu geben. Dies wollen wir jetzt nachholen, wenn wir auch auf Beweise nicht eingehen können. Auch auf eine nähere Motivierung der folgenden Begriffe verzichten wir.

Es sei nur gesagt, daß eine Vorstellung der Lückenlosigkeit der Zahlengeraden im Hintergrund der folgenden Definition steht.

10.16 Definition. Es sei $(L, \leqq)$ eine linear geordnete Menge und $M \subseteq L$. Ein Element $b \in L$ heißt eine *obere Schranke* von M, falls

$$\forall m \in M : m \leqq b.$$

Falls eine obere Schranke von M existiert, heißt M nach oben beschränkt.

Ein Element $s \in L$ heißt eine *kleinste obere Schranke* von M, falls gilt:

s ist obere Schranke von M und

$$\forall b \in L : (b \text{ ist obere Schranke} \Rightarrow s \leqq b).$$

Falls eine kleinste obere Schranke der Menge M existiert, ist diese natürlich eindeutig bestimmt.

Wir betrachten nun einen geordneten Körper $(K, +, \cdot, \leqq)$, wobei wir hier statt eines Positivbereichs die lineare Ordnung $\leqq$ in K (mit den Monotoniegesetzen) verwenden. Ein solcher Körper heißt *vollständig*, wenn jede nicht leere nach oben beschränkte Teilmenge von K eine obere Grenze besitzt.

10.17 Satz. Existenz und Kennzeichnung der reellen Zahlen.

a) *Es gibt einen vollständigen Körper, nämlich den Körper* $(\mathbb{R}, +, \cdot, \leqq)$ *der reellen Zahlen.*

b) *Jeder vollständige Körper ist isomorph zu* $\mathbb{R}$.

Einen Beweis dieses Satzes findet man etwa in dem Buch von Oberschelp: Aufbau des Zahlensystems (Moderne Mathematik in elementarer Darstellung 7, Vandenhoeck & Ruprecht, 2. Aufl., Göttingen 1972.)

Als Ergänzung zeigen wir noch:

10.18 Satz. $\mathbb{R}$ *ist archimedisch angeordnet, das heißt:*

$$\forall x \in \mathbb{R} \, \exists \, n \in \mathbb{N} : x \leqq n.$$

Beweis: Die natürlichen Zahlen liegen in $\mathbb{R}$, denn nach 10.13 enthält der angeordnete Körper $\mathbb{R}$ eine isomorphe Kopie von $\mathbb{Z}$, und zwar derart, daß alle natürlichen Zahlen positiv sind. Wir zeigen nun: Gibt es in einem angeordneten Körper K ein Element x mit $n < x$ für alle $n \in \mathbb{N}$, so ist der K nicht vollständig. Durch Kontraposition folgt dann unser Satz. Es sei x eine obere Schranke von $\mathbb{N}$. Dann ist $\mathbb{N}$ eine nicht leere, nach oben beschränkte Teilmenge von K. Dann ist auch $x - 1$ eine obere Schranke von $\mathbb{N}$, denn sonst gäbe es $k \in \mathbb{N}$ mit $x - 1 < k$, also $x < k + 1$ und x wäre keine obere Schranke. Zu jeder oberen Schranke x von $\mathbb{N}$ gibt es also noch eine kleinere obere Schranke von $\mathbb{N}$, d.h. es existiert keine kleinste obere Schranke von $\mathbb{N}$, und K ist nicht vollständig.

ALPHABETE

Deutsche Buchstaben

A	𝔞	𝔄
B	𝔟	𝔅
C	𝔠	ℭ
D	𝔡	𝔇
E	𝔢	𝔈
F	𝔣	𝔉
G	𝔤	𝔊
H	𝔥	ℌ
I	𝔦	ℑ
J	𝔧	𝔍
K	𝔨	𝔎
L	𝔩	𝔏
M	𝔪	𝔐
N	𝔫	𝔑
O	𝔬	𝔒
P	𝔭	𝔓
Q	𝔮	𝔔
R	𝔯	ℜ
S	𝔰	𝔖
T	𝔱	𝔗
U	𝔲	𝔘
V	𝔳	𝔙
W	𝔴	𝔚
X	𝔵	𝔛
Y	𝔶	𝔜
Z	𝔷	ℨ

Griechische Buchstaben

Alpha	α	A
Beta	β	B
Gamma	γ	Γ
Delta	δ	Δ
Epsilon	ϵ	E
Zeta	ζ	Z
Eta	η	H
Theta	ϑ	Θ
Iota	ι	I
Kappa	κ	K
Lambda	λ	Λ
My	μ	M
Ny	ν	N
Xi	ξ	Ξ
Omikron	o	O
Pi	π	Π
Rho	ρ	P
Sigma	σ	Σ
Tau	τ	T
Phi	φ	Φ
Chi	χ	X
Ypsilon	υ	ϒ
Psi	ψ	Ψ
Omega	ω	Ω

LISTE DER WICHTIGSTEN SYMBOLE

SACHVERZEICHNIS

Helmut Karzel / Kay Sörensen / Dirk Windelberg
Einführung in die Geometrie

Studia Mathematica Taschenbuch 1 in UTB (UTB 184)
1972. 218 Seiten mit 70 Abbildungen, Kunststoffeinband

Aus dem Inhalt:

Ebene Inzidenzgeometrie / Räumliche Inzidenzräume / Anordnung / Absolute Geometrie / Euklidische Geometrie / Hyperbolische Geometrie /

Beginnend mit Inzidenzgeometrien wird die euklidische und hyperbolische Geometrie durch schrittweise Einführung weiterer Strukturen systematisch entwickelt. Bei der Untersuchung dieser Strukturen werden in sich abgeschlossene und einzeln lesbare Einführungen in die affine, projektive und Anordungsgeometrie gegeben. Auf verschiedene neuere Entwicklungen der axiomatischen Geometrie wird eingegangen.

Horst Tietz
Lineare Geometrie

Studia Mathematica Taschenbuch 2 in UTB (UTB 248)
2. Auflage 1972. 230 Seiten, Kunststoffeinband

Aus dem Inhalt:

Der Anschauungsraum / Vektorräume / Dualität / Abbildungstheorie / Orthogonalität / Lineare Punkträume / Verwandte und weiterführende Literatur – Namen- und Sachverzeichnis

Das Buch verfolgt wesentlich didaktische Ziele. Ein Einführungskapitel – es eignet sich auch für den Schulunterricht – bringt die Vektorrechnung des Anschauungsraumes; damit werden einerseits zu Beginn Methoden bereitgestellt, auf die der parallele Physik-Kurs nicht warten kann, andererseits wird so der axiomatische Aufbau der Theorie motiviert. Die Anlage ist so breit, daß sie sich als Grundlage für Relativitätstheorie, Differentialgeometrie, Funktionalanalysis etc. eignet.

Das Buch vermittelt eine solide Einführung in die Begriffswelt der heutigen Mathematik und in die fundamentalen Theoreme der linearen Algebra. Dieses Programm entspricht dem Lernziel, das der Vorlesung über lineare Algebra innerhalb des Studiums aufgetragen ist: sie hat den Zugang zur Mathematik freizulegen ... Das Buch ist sehr übersichtlich gestaltet und ist leicht lesbar. Es kann als Parallellektüre zu einer Vorlesung über lineare Algebra, wie auch zum Selbststudium empfohlen werden.

M. Jeger / Revue de mathématiques élémentaires

VANDENHOECK & RUPRECHT IN GÖTTINGEN UND ZÜRICH